国家重点研发计划项目（2018YFC0808100）资助
国家自然科学基金项目（52074278）资助

矿井热动力灾变风烟流演化特性与智能化应急联动控制系统研究

王　凯◎著

U0353912

中国矿业大学出版社

·徐州·

内 容 提 要

本书运用矿井通风、火灾科学、爆炸动力学、安全监控、应急救援等专业知识,对矿井热动力灾害开展了理论分析、数值模拟、实验研究和现场应用验证,研究了矿井热动力灾害演化及风烟流联动控制机制所涉及的关键科学问题。全书共分七章,主要包括绪论、矿井热动力灾害特性与风烟流的演化规律、矿井火灾受控演化模拟与巷网分区风烟流量调控技术、瓦斯爆炸对通风设施的破坏机理与通风系统恢复技术、灾后矿工逃生路径优选理论与引导技术、远程应急救援系统的研发与应用、研究展望等内容。

本书可作为普通高等学校安全工程、应急管理等专业的高年级学生教材,也可作为煤矿安全管理人员和工程技术人员的参考书。

图书在版编目(CIP)数据

矿井热动力灾变风烟流演化特性与智能化应急联动控制系统研究 / 王凯著. —徐州 : 中国矿业大学出版社,2021.11

ISBN 978 - 7 - 5646 - 4237 - 2

Ⅰ.①矿… Ⅱ.①王… Ⅲ.①矿井—热害—防治—研究 Ⅳ.①TD727

中国版本图书馆 CIP 数据核字(2020)第 214105 号

书　　名	矿井热动力灾变风烟流演化特性与智能化应急联动控制系统研究
著　　者	王　凯
责任编辑	黄本斌
出版发行	中国矿业大学出版社有限责任公司
	(江苏省徐州市解放南路　邮编221008)
营销热线	(0516)83884103　83885105
出版服务	(0516)83995789　83884920
网　　址	http://www.cumtp.com　E-mail:cumtpvip@cumtp.com
印　　刷	徐州中矿大印发科技有限公司
开　　本	787 mm×1092 mm　1/16　印张 14.75　字数 281 千字
版次印次	2021 年 11 月第 1 版　2021 年 11 月第 1 次印刷
定　　价	56.00 元

(图书出现印装质量问题,本社负责调换)

前　言

矿井火灾和爆炸作为典型的热动力灾害,一旦发生极易造成重大人员伤亡和财产损失,还会诱发次生灾害。本书针对该类事故救援难度大、技术要求高、危险性强、灾害后果严重的特点,运用物质隔离型安全补偿方法,驱动关联通风设施隔离火灾烟流并实现控风排烟,达到灾变风烟流智能化调控救援的目的。本书运用矿井通风、火灾科学、爆炸动力学、安全监控、应急救援等专业知识,对矿井热动力灾害开展了理论分析、数值模拟、实验研究和现场应用验证,研究了热动力灾害演化及风烟流联动控制机制所涉及的关键科学问题,取得了如下创新性成果:

(1) 分析了巷道火灾蔓延模型、燃烧产物及其危害,研究了顺流、逆流在不同倾角条件下火灾蔓延速度与烟流滚退距离计算方法,通过大量火灾动力学模拟(fire dynamics simulator,FDS),拟合出风速和热释放速率的烟流滚退距离间的关系,并与前人实验和数学推导公式进行了对比验证。以煤矿现场通风系统为物理模型,开展 FDS 模拟,对比分析采取烟流控制措施前后不同地点的温度、烟气浓度、能见度等火灾参数的变化规律,论证了不同烟流控制方式对灭火救灾和人员逃生的影响。提出了灾变过程中保证烟流区高效灭火和非烟流区安全撤人的风量分配方法,通过简化风网结构迭代解算反演出火风压的动态值,将其代入灾变风网中迭代解算,获取救灾过程中各分支风量的动态结果。

(2) 研究了矿井瓦斯爆炸特性的衰减规律,计算不同位置的超压特征值,确定其对通风设施的破坏效应。根据几种典型采掘工作面瓦斯爆炸的局部通风系统模型,建立了利用弱面板模拟通风设施的管网实验模型,研究了局部风网模型下拐弯、分岔、通风设施破坏等对超压波的激励效应,确定了局部通风系统中不同位置通风设施的破坏优先级,为通风设施的防爆配置和分级管理提供依据。本书提出了在关键通风设施位置预置常开自动风门,当瓦斯爆炸冲击波破坏原有通风设施后泄压,预置常开风门自动关闭。设计了一种含磁性锁解的防爆泄压风门,在爆炸冲击超压作用下打开风门,实现大断面泄压;在冲击波通过后风门在弹力和自重作用下自动复位,系统具有连续自动泄压复位功能,能够有效克服瓦斯爆炸对通风设施的破坏,从而恢复通风系统。

(3) 结合巷道火灾救灾、瓦斯爆炸后通风系统恢复的特点,以及灾变过程的调控方法对应急救援设备的要求,研发了基于可编程逻辑控制器(programmable logic controller,PLC)和光通信的矿用本安兼隔爆型控制器并组建了地面中心站,动态监测井下灾害频发点、区域风量、风门开关状态及开度调控情况。设计了具有防止夹人或物、克服巷道变形、开度可调功能的风门结构,风门的动力源具备井下压气和备用高压气瓶的"双保险"功能,系统电源具有外电和备用电池的"双保险"功能。开发了地面中心站和上位机的软件,实现了救灾系统远程人工控制、智能控制和井下自动控制相结合的"三保险"功能,以及救灾过程中风网风量的远程智能调控及分支风量动态显示。在龙东煤矿进行了救灾过程远程风量智能调控技术的现场应用,取得了良好效果。

(4) 研究矿井灾变风烟流控制与人员逃生的多元信息融合,用以提高逃生与救援效率。基于矿井风网结构实况建立元胞自动机模型,利用巷道中烟流、温度、能见度等参数演化特性和逃生困难程度模型融合计算确定了最优逃生路径,并在唐山沟煤矿 12# 煤层进行了最优逃生路径筛选技术的实践应用,得出了灾变后的最优逃生路径。建立了针对煤矿火灾的多元信息融合平台,通过矿井常态通风和灾变风烟流参数动态监测,与通风设施远程控制交互匹配,仿真模拟灾变风烟流联动调控与人员逃生路径。

本书通过发展应急联动调控系统各模块、防火冗余组件与软硬件信息交互技术,获取灾变特征参数实现全风网灾变探测、研判、决策、调控一体化协同联动。以平战结合理念构建复杂风网灾变通风应急联动调控机制,促进矿井通风智能化防灾、减灾、救灾体系建设,为井下工作人员的生命安全提供保障。

感谢蒋曙光教授对本书高屋建瓴的指导;感谢郝海清、蔡炜垚、张雨晨、王梓婷、陈慧妍、李婉蓉等对本书编排的辛勤付出;感谢我爱人倪炎女士及家人在生活中的鼎力支持,使我能够全身心地投入本书的撰写工作中。最后,感谢国家重点研发计划项目、国家自然科学基金项目、中国矿业大学出版社给予的支持,希望本书能够为矿井热动力灾害智能防控创新工作发挥引导作用。

由于作者水平所限,书中难免有疏漏之处,敬请广大读者不吝赐教。

作　者

2020 年 7 月

目　　录

1 绪 论

1.1 背景与意义

2019 年,我国原煤产量 38.5 亿 t,同比增长 4.0%。全年能源消费总量 48.6 亿 t 标准煤,同比增长 3.3%,其中煤炭消费量增长 1.0%,煤炭消费量占能源消费总量的 57.7%,同比下降 1.5 个百分点[1]。2020 年 1 月初,全国煤矿安全生产工作会议在北京召开,会议通报,2019 年全国煤矿发生死亡事故 170 起、死亡 316 人,同比分别下降 24.1% 和 5.1%;百万吨死亡率 0.083,同比下降 10.8%[2]。安全生产成效明显,但形势依然严峻,"一通三防"工作薄弱等问题亟待解决;强化风险意识,提升应急救援水平,完善安全预防控制体系,推进矿井智能化建设势在必行。当前,矿井通风应急决策与联动调控的自动化水平不高,火灾、爆炸等灾变时期矿井通风系统风流逆转、烟气扩散机理及灾害防控机制认识不清,因局部失效造成通风系统级联崩溃,易导致重特大事故[3-5]。由于井下巷道空间狭小、网络结构错综复杂,热动力灾害极易造成风烟流紊乱,促使火灾、爆炸相互转化,导致次生灾害[6-7]。亟待开展矿井灾变通风智能决策与应急控制关键技术研究,推进矿井通风数字化、信息化与智能化的升级改造,全面提升矿山监控预警水平和应急处置能力。《煤矿安全生产"十三五"规划》要求推进煤矿自动化、信息化、智能化改造,提升煤矿灾害事故监控预警水平和应急处置能力。研究矿井灾变网络风烟流演化与控风技术,开发灾变风流应急调控与智能决策关键技术装备,对保障矿井通风系统安全稳定,提升灾害防控能力意义重大。

目前,我国煤炭资源开采的保障能力不足,95% 的煤炭产量来自井工开采,井下开采的平均深度达到 500 m,中东部矿区部分矿井开采深度超过 1 000 m,且开采深度仍在以每年 10~12 m 的速度加大[8]。煤层赋存条件更加复杂,开采条件急剧恶化,井下水、火、煤尘、瓦斯、顶板等五大灾害威胁加剧,矿井重大灾害事故频发。2005 年以来,一次死亡 30 人以上的特大事故中,煤矿事故占工矿企业的比例为 60.8%~86.3%,煤矿事故已成为制约我国能源安全和煤炭工业可持续发展的关键因素[9-10]。分析我国煤矿事故发生的原因,煤层自然条件差、采深大、灾害源多、生产条件恶劣等;其中,煤与瓦斯突出、瓦斯煤尘爆炸和矿井火灾等灾害对煤矿安全生产威胁最为严重[11-12]。在加速机械化生产和严格控制煤矿事故过程中,顶板和机械伤害等小型伤亡事故发生频率降低幅度较大,但是瓦斯爆炸、主进风巷火灾等重大灾害事故仍然居高不下[13]。2015—2019年我国典型的矿井火灾事故及人员伤亡统计见表1-1;2018年我国典型的矿井瓦斯爆炸事故及人员伤亡统计见表1-2。这些重大恶性事故,不但造成了大量人员伤亡和国家财产巨大损失,给很多家庭带来伤痛和苦难,在社会上造成了很大的负面影响,而且成为制约我国煤炭工业可持续发展和国家能源安全的重要因素。

表 1-1　2015—2019 年我国典型的矿井火灾事故及人员伤亡统计

时间	单位	灾害地点	直接原因	死亡人数/人
2015-11-20	黑龙江龙煤集团杏花煤矿	东一采区胶带	胶带火灾	22
2015-12-17	辽宁兴利矿业有限公司	风井距井口 200 m	电焊引燃木板	17
2016-07-04	辽宁本溪彩北村非法小煤窑	主斜井运输巷 400 m	空气压缩机火灾	11
2016-08-16	甘肃宏兴钢铁股份有限公司西沟矿	主要运输斜坡道	电焊引燃木板	12
2017-03-09	黑龙江龙煤集团东荣二矿	副井	电缆火灾	17
2018-12-14	云南省沧源县莲花塘煤矿	工作面	电气火灾	1
2019-03-15	山西阳泉东升阳胜煤业有限公司	1523综放工作面	瓦斯燃烧	3

表 1-2　2018 年我国典型的矿井瓦斯爆炸事故及人员伤亡统计

时间	单位	灾害地点	直接原因	死亡人数/人
2018-01-23	黑龙江双鸭山市七星煤矿	一采区井筒	煤尘爆炸	2
2018-04-10	湖北恩施青林湾煤矿	掘进揭穿采空区	瓦斯爆炸	4
2018-05-09	湖南宝电群力煤矿	掘进工作面	瓦斯爆炸	5
2018-10-10	吉林桦甸兴桦煤矿	井口封闭作业	瓦斯爆炸	4
2018-10-15	重庆恒宇煤业梨园坝煤矿	井口封闭作业	瓦斯爆炸	5
2018-10-25	四川内江老鹰岩煤矿	密闭墙附近烧焊	瓦斯爆炸	4
2018-12-24	陕西延安贯屯煤矿	掘进工作面盲区	瓦斯爆炸	5

《国家中长期科学和技术发展规划纲要(2006—2020 年)》(简称《纲要》)提出在公共安全领域增强综合应急救护能力,重点研究煤矿灾害、重大火灾、突发性重大自然灾害、危险化学品泄漏、群体性中毒等应急救援技术。《纲要》中的"优先主题"即加强重大安全生产事故预警能力与应急救援技术研究,重点研究

开发矿井火灾、瓦斯、突水、动力性灾害预警与防控技术。2003 年,《国家安全生产科技发展规划 煤矿领域研究报告(2004—2010)》提出:我国井工开采的煤矿,一旦发生诸如煤与瓦斯突出、瓦斯爆炸、矿井火灾、矿井突水等重特大事故,先进的救灾装备和技术是挽救矿工生命、减少财产损失的保障。矿井灾害事故发生后的分析处理是一项技术性很强的工作,决定着救援的成败,对灾害事故发生过程的智能仿真、勘察和技术分析都必须借助于相关的专业技术手段,国家重点科技攻关研究项目中就包括"重大灾害事故的应急救援与分析处理研究"。2020年 1 月 7 日,全国煤矿安全生产工作会议指出"一通三防"工作中的薄弱问题亟待解决,要求强化风险意识,提升应急救援水平,完善安全预防控制体系,推进矿井智能化建设。世界各国在矿井事故调查中发现,火灾燃烧和爆炸冲击直接造成人员伤亡很少,灾害产生烟流顺风蔓延是造成人员伤亡的主要原因[13-15]。因此,国家高度重视矿井火灾的防治工作。矿井受控火灾风烟流分阶演化特性及瓦斯爆炸的应急联动调控机制研究,运用现代信息技术与自动化应急救援理念保障矿工生命安全,属于我国《安全生产"十三五"规划》中安全生产科技研发重点方向"煤矿重大灾害风险判识及监控预警"的范畴。

矿井火灾,特别是主进风巷火灾具有突发性强、火势发展迅速、人员伤亡多和救灾困难等特点。现阶段灾变通风理论对巷道火灾蔓延和烟流流动规律认识不足,主进风巷灾变过程的通风系统仿真和可视化研究无法与现场情况相匹配,灾变过程中临时控风设施搭建困难、可靠性差等问题突出。因此,先进的火灾烟流控制方法和应急救援系统设备开发成为解决实际问题的关键。瓦斯爆炸造成大量人员伤亡的主要原因为烟流窒息、次生灾害、二次及连续爆炸。据煤矿抢险救援工作者的救援报告称,煤矿瓦斯爆炸直接造成的人员伤亡是有限的,因为瓦斯爆炸是在局部发生的,真正造成群死群伤的罪魁祸首是灾后有毒、有害气体的蔓延和扩散。研究瓦斯爆炸的燃烧产物及其引发次生灾害的规律和控制机理,开展煤矿发生灾害后通风系统重建和有毒、有害气体控制工作具有重要的理论和实践意义。瓦斯爆炸事故救灾基本原则是创造条件迅速恢复通风系统,研究瓦斯爆炸冲击波对巷道和通风设施的破坏机理及通风系统恢复技术,能够有效地降低灾害程度及防止次生事故发生,为事故控制与救灾工作提供良好条件。

针对煤矿瓦斯爆炸灾害造成的大量人员伤亡、设施损坏以及资源损失,本书分析瓦斯爆炸的致灾特征,发现煤矿瓦斯爆炸超压波易破坏通风设施而导致通风系统级联崩溃,促使有毒、有害气体流动紊乱,扩大了灾变区域,这是造成大量人员窒息死亡的根本原因。本书还分析了矿井瓦斯爆炸频发点和烟气冲击波的蔓延特性,拓扑了煤矿现场巷道网络结构,构建了相似实验模型,以不同厚度玻璃板模拟通风设施,研究了瓦斯爆炸破坏不同强度通风设施的超压变化规律,即风门能够增加超压峰值,风窗能够提高冲击波的传播速度。同时,还分析了爆炸冲击波在受限巷道网络中的传播衰减规律,推导了独头直巷中冲击波超压和气流速度衰减的计算模型,并结合瓦斯爆炸对通风设施破坏过程的实验结果,设计了一种含磁性锁解的防爆泄压风门,在爆炸冲击超压作用下打开风门,实现大断面泄压,在冲击波通过后风门在弹力和自重作用下自动复位,系统具有连续自动泄压复位功能,有效克服瓦斯爆炸对通风设施的破坏,保障了通风网络运行,为高效应急救援提供了支持。

研究矿井灾变通风网络中风烟流场—区域—网络分阶演化特性及精细化重构方法,是攻克灾变风烟流高效应急联动调控过程中的关键科学问题。按照平战结合的理念揭示灾变应急条件下风烟流智能化联动调控机制,研究矿井灾变风烟流远程调控机理、自动化调控方法与关键技术,开发灾变条件下的远程调控设备、设施及系统软硬件平台,进一步提升矿井通风系统的安全可靠性、预警能力、抗灾能力和灾变过程的远程调控水平,对保障矿井通风系统常态安全稳定,提升灾变状态的应急防控能力,践行党的十九大报告提出的"坚决遏制重特大安全事故,提升防灾减灾救灾能力"的要求,均具有重大意义。

1.2 煤矿热动力灾害的国内外研究现状

煤矿热动力灾害是指可燃物在煤矿井下发生的非控制燃烧与爆炸,通过热化学作用产生的高温、有毒烟气和冲击波造成人员伤害和环境破坏的灾害,包括煤自燃、煤燃烧、瓦斯燃烧、瓦斯爆炸、煤尘爆炸和外因火灾6种形式[16]。本书的研究重心是针对典型热动力灾害产生的有毒、有害气体运移特性,烟流在复杂风网中的高效控制方法,灾害对通风设施的破坏效应及自动恢复方法,矿井热动力灾害的远程自动化调控系统及关键装备研发。

1.2.1 矿井外因火灾的燃烧机理及风网烟流的运移致灾过程

在矿井火灾灾变特性研究方面,波兰、美国、日本等均在实验矿井中对早期预测、火源位置探查、烟流组分、风流异常变化规律以及控制方法等问题进行了实验研究。J. C. Edwards 等[17]实验研究并计算了阻止烟流逆退的临界风速。中国矿业大学进行了火风压计算和影响因素、烟流参数变化规律、风流紊乱动态分析等研究,以化学流体力学理论为基础建立了火灾烟流流动的微分方程组,进行了基于火灾巷道烟气流动场模型的数值模拟计算[18-19]。

煤炭科学研究总院重庆分院(简称重庆煤科院)进行了实际巷道尺寸及规模的火灾实验,监测了火灾时期燃烧产物运动变化和烟流分布情况,燃烧过程的温度分布、节流效应和逆流现象的形成条件等[20]。

傅培舫[21]和周延[22]对火风压的计算方法和影响因素进行研究,通过实验研究矿井火灾火风压产生机理及烟流参数变化规律,提出灾变分区的观点,丰富了火风压理论,并首次将热阻力的概念引入矿井火灾节流现象研究中,取得了良好的效果。

驹井武等[23]对倾斜巷道火灾时期的风流流动状态、烟流弥散过程进行实验研究,模拟掘进工作面火灾后的风流流动状态,考察了火灾后的风速变化、烟流温度分布、有害气体的运动状态等风网火灾参数,并且测出了有关计算公式。傅培舫、邱长河等[24-25]在垂直多因素燃烧实验台上进行了多次火灾模拟实验研究,完成了局部火风压模拟、烟流放热规律及烟流参数变化规律的实验研究。

马洪亮[26]利用 MFIRE 软件计算矿井正常通风时网络各分支风量,将受火源影响分支的计算流量作为重力流模型的输入参数,增加巷道长度、火源的几何尺寸及燃烧强度等参数,随着重力流影响的衰减,周围热流量和烟雾浓度反馈到 MFIRE 软件中,临近火区的三维 k-ε 模型可起到校验作用。结果表明:在正常时期,计算结果与实测结果基本一致。

Y. Wu 等[27]对临界风速的研究表明:在低火源热释放速率时,临界风速随火源热释放速率的变化而变化;在高火源热释放速率情况下,临界风速与火源热释放速率几乎无关。烟气逆流层长度的一般关系式为:

$$L = P\ln(QD/v^3) \tag{1-1}$$

式中　　L——烟气逆流层长度,m;

v——通风风速,m/s;

D——巷道断面当量直径,m;

Q——热释放速率,MW;

P——常数。

王凯等[28-29]结合煤矿现场巷道建立三维数学模型,利用 FDS(fire dynamics simulator)模拟不同火源热释放速率下烟流滚退距离与风速之间的关系(图 1-1)时,结合模拟结果拟合出烟流滚退距离的计算式为:

$$L = 19.43\ln(0.911QD/v^3) \tag{1-2}$$

煤矿火灾应急救援系统在灭火救灾过程中如果改变风网结构,就会引起分支风量重新分配,通过研究火灾过程中造成"浮力效应""节流效应""热阻力效应""烟流滚退"等现象的影响因素及量化方程,为煤矿火灾救灾过程中各区域风量分配的定量计算提供数据支持。

1.2.1.1　外因火灾研究的理论基础

按照热物理化学反应及燃烧学原理,外因火灾主要包括井下固体燃料如煤、

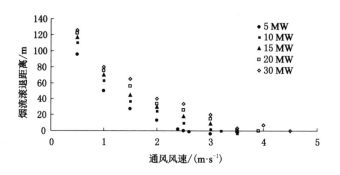

图 1-1 不同火源热释放速率下烟流滚退距离与风速之间的关系

坑木、胶带、电缆、风筒以及其他固体两相扩散燃烧;液体燃料如润滑油、液压油、变压油等液体的两相扩散燃烧[30]。按照燃料在巷道中的分布形式分为:堆积燃烧,如堆放的胶带、风筒、坑木、电缆、煤等的燃烧;中心延燃,如运煤胶带、延伸的风筒和电缆等的燃烧;壁面延燃,如坑木背帮、煤壁和其他材料背帮的燃烧。目前外因火灾科学的研究方法主要有物理仿真(模型化实验)、实验室或现场实体实验、计算机建立数学物理模型模拟仿真[31]。

1.2.1.2 外因火灾发生机理及燃烧过程

主进风巷火灾是一种典型的外因火灾,是一种受限空间内的不可控燃烧现象,一旦发生对工作人员和设备的伤害巨大,各国学者对这种特殊的燃烧过程进行了大量研究。齐乌尔津斯基[32]假定燃料燃烧率是给定的时间常数,且燃烧过程中只产生一种燃烧产物为 CO_2,得到 O_2 和燃料的比例关系:

$$\frac{M_{O_2}}{M_f} = \frac{K_{O_2}}{\eta} \tag{1-3}$$

$$\Psi(T_f) = 0, T_f < T_r; \Psi(T_f) > 0, T_f \geqslant T_r \tag{1-4}$$

式中 M_{O_2}——燃烧过程的耗氧质量,kg;

       M_f——燃烧过程的消耗燃料质量,kg;

       T_f——燃料的燃烧温度,℃;

       $\Psi(T_f)$——不同燃烧温度下燃料的燃烧率,%;

       K_{O_2}——氧气与燃料的物质的量的比例;

       T_r——燃料的燃点,℃;

       η——燃烧效率,%。

王省身等[33]通过实验发现木材、胶带及电缆在定温式与升温式燃烧时所产生的气体组分及生成量是大致相同的,产生的标志性气体为高沸点气体(氯化氢、二噁英)、硫黄气体、氢气和碳氢气体。一氧化碳的产生量一般在 1% 以下,且随温度的升高而降低。

王德明等[34]通过实验研究认为:如果井下火灾最高温度达800～1 000 ℃,那么围岩表面温度达500 ℃左右,且温度的分布近似服从指数函数。火灾产物的各组分浓度的变化范围:O_2 为 0.2%～20%,CO_2 为 0.2%～20%,CO 为 0.001%～2%,N_2 为 10%～85%,H_2 低于 2%,重烃低于 2%。

王志刚等[35]根据各种燃烧物的发热值和质量计算理论发热量,对于线性移动的火源,可燃物发热量乘以蔓延速率即得单位时间内的理论发热量,取理论发热量的 75% 计算烟流温度,给出了火灾烟流温度变化曲线的指数关系式。实验结果表明:受不完全燃烧和热辐射的影响,理论发热量比实验发热量大得多。

王德明等[34]采用锥形量热计测定矿用可燃物的燃烧特性,对不同类型的输送机胶带及木材进行了多组对比实验发现非阻燃胶带燃烧的热释放率最高,阻燃胶带燃烧的毒气危害性最大。王志刚等[35]通过实验研究火区阻力的结果表明:火区阻力对风流的节流效应明显,其随火灾的发生而产生,且随火势的发展而增大,能量愈大节流效应愈明显。

1.2.1.3　主要进风巷火灾热烟流在风网中运移规律

在矿井发生火灾时通风系统烟流状态及风网变化规律的研究中,20 世纪50 年代波兰学者布德雷克[36]进行了一系列开创性的研究,提出过量烟气学说和局部火风压理论,创立了火灾时期风流流动状态的基础理论。20 世纪八九十年代,X. Chang[37]和 H. Yang[38]进行了火灾"浮力效应"与"节流效应"的研究,建立了相应的计算公式,并建立了数学模型和编制了火灾网络模拟软件——MFIRE 软件,进行了模拟实际矿井巷道尺寸和火灾规模的实验,对模拟软件的结果进行了验证。张国枢、李传统等[39-40]开始对火风压的计算方法和影响因素进行研究,通过实验研究矿井火灾火风压产生机理及烟流参数变化规律,提出灾变分区的观点,丰富了火风压理论,开展了矿井火灾时期烟流运动规律的理论研究,对风流紊乱原因进行了动态分析,论证了烟流滚退发生的条件。2001 年,王德明等[41]依托国家自然科学基金重点项目"矿井火灾过程理论模型及其救灾决策系统的研究",开展了大量模拟实验,首次将热阻力的概念引入矿井火灾节流现象研究中,取得了良好效果。

山尾信一郎、中川祐一等[42-43]对倾斜巷道火灾时期的风流流动状态、烟流弥散进行实验研究,模拟掘进工作面火灾后风流流动状态,考察了火灾后的风速变化、烟流温度分布、有害气体的运动状态等风网火灾参数,并且测出了有关计算公式。张兴凯[44]通过实验巷道模拟火灾实验,研究了火灾过程中风流状态及烟流逆流层分布情况。吴兵、傅培舫等[45-46]在垂直多因素燃烧实验台上先后进行了多次火灾模拟实验研究,完成了局部火风压模拟、烟流放热规律及烟流参数变化规律的实验研究,建立了矿井火灾综合模拟实验系统,并开展了模拟矿井火灾时期热阻力的节流效应、巷道火灾烟流滚退距离等参数的实验研究。

L. W. Laage 等[47]利用 MFIRE 软件计算了矿井正常通风时期与火灾时期的气体组分分布情况并进行了实验验证,结果表明:在正常通风时期,计算结果与实测结果基本一致;火灾时期,临近火区的浓度场和温度场变化趋势与实测结果基本一致;整个通风网络中,火源附近巷道和烟气侵入巷道的流量变化较大,未受烟气侵入巷道的流量变化较小。傅培舫等[48]运用其他数值模拟软件也得到类似结果。

1.2.1.4 矿井巷网火灾烟流的演化致灾研究

在矿井火灾风烟流演化致灾方面,国内外学者开展了大量的研究,开发了 MFIRE、VENTSIM 等专用火灾风烟流模拟分析软件,研究了矿井火灾发展过程及烟流运移规律,分析了烟气蔓延过程中组分分布特征、火风压表征、风流紊乱过程等[49-53]。王文才等[54]通过在 FLUENT 中嵌入 SIMPLE 算法对矿井巷道火灾烟流速度进行模拟,得出烟流速度的变化规律。文虎等[55]在平巷中通过数值模拟获取了风速对烟气组分分布的影响规律和不同火源强度下温度场的瞬态变化规律。张玉涛等[56]采用多维混合模拟技术对巷道火灾进行模拟,得出多维混合模拟比一维对风流参数变化更敏感,能够对火场风速、温度等参数变化进行快速响应。李美婷等[57]利用 VENTSIM 建立金属矿山通风系统三维模型,得到不同材料燃烧产生的 CO_2 量呈现出先增加后减小,之后增加至最大值,再减小并趋近零的分阶趋势。程卫民等[58-59]采用 SIMPLE 算法模拟了孔庄煤矿胶带巷火灾在不同进风量下的风流流动状态,得到了温度和污染物等参数的分布规律。李翠平等[60-61]构建了矿井烟流动态蔓延的三维仿真模型,通过现场验证揭示了烟流温度、浓度等参数的时空演化规律,分析发现未经二次开发的数值模拟软件存在模型网格尺度配置困难且缺乏尺度效应分析评估,近灾源场、灾害波及区域、整个通风网络变尺度分阶模型和无缝对接方面研究较少,仿真软件巷网模型与火灾特性精细度有待提高。

在实验研究方面,美国矿业局在 $0.8\ m \times 0.8\ m \times 8.78\ m$ 的水平地道实验模型中,运用堆煤火灾获取了低速冷风流可以延长煤阴燃时间,火焰燃烧时,风速增加火势增强,产物增加,烟气流浓度随风速的增加而减小[62-64]。李士戎等[65]搭建了带式运输机非正常工作状态的实验系统,分别改变胶带荷载、滚筒转速和风流条件等因素,分析了温度场分布和温升规律。李宗翔等[66-67]建立了按火焰断面积来计算局部热阻力模型实验系统,发现风速过大时风流压缩火焰,火焰截断面积和火焰局部阻力减小;建立了下行风火灾实验模型,发现在火区热阻力和火风压作用下,主干风路风流发生衰减甚至逆流现象,风量达到极值的时间滞后于火源强度达到最大值时间。刘剑等[68]构建了 2.0 m×0.2 m×0.2 m 的实验模型,可调倾角范围为 0°~60°,获得了火灾时期倾斜巷道内贴近顶板处的湍流强度较大,且倾角越大巷道两端的压差越大。黄刚等[69]在开滦救护队实验巷道中发现点火 300 s 后各测点温度才开始上升,胶带火灾烟气中 CO 扩散规律概括为缓慢增长、快速增长和衰减三个阶段。相似模拟实验存在尺度效应差、相似程度低、监测系统精度不够等缺陷,现有研究多集中在火灾烟流场的范围内,缺乏区域、网络以及调控方式方面的实验研究。

1.2.1.5　基于场—区域—网络特性的火灾烟流远程调控研究

在通风系统远程控制技术研究方面,M. C. Suvar 等提出矿井通风系统自动控制存在巨大的经济、安全效益[70-72]。W. Nyaaba 等[73]介绍了煤矿火灾探测传感器和基于火灾模拟数据的风流远程控制系统。R. O. Hughes 等[74]从矿井通风自动控制的角度,提出了一个智能型通风控制系统的构想框架,为矿井通风系统的智能控制奠定了基础。国外有些矿井已实现井下风量、粉尘浓度、有害气体浓度、温度、湿度的自动检测,并形成了计算机管理系统,在矿井通风自动化研究及成果应用、转化方面已取得可喜的成绩[75]。美国研制出地下通风远程监测和控制系统,可进行实时通风模拟和远程控制自动调节风窗,但受其实施的规模和达到的安全技术要求限制,与矿井通风自动化控制还存在较大的差距[76-77]。A. Widiatmojo 等[78]介绍了一种由传感器、计算机模拟系统和二进制控制器组成的通风网络时空控制导航系统,用以模拟矿井灾变期间的疏散路线,还能用于通风系统的调控。美国铅锌矿安装了一套计算机辅助全矿通风控制系统,地面计算机的专用矿井通风软件可直接控制与监视全矿井的通风系统状况,还增强了矿井防灾、抗灾的能力[79]。W. Dziurzyński 等[80]研制出的地下通风远程监测和控制系统,可进行实时通风模拟。国外对整个通风系统的自动化研究较多,但缺乏针对风网火灾远程救灾的烟流控制系统专项研究。

通过现场使用结果及相关专家对地下通风远程监测和控制系统的评议,针对煤矿火灾烟流远程调控系统救灾过程划分的烟流区和非烟流区,如何精确控制风网结构各分支的风量,使烟流区烟流顺利地流入回风巷而不助长火势或产生逆流、回燃、滚退等,非烟流区的新鲜风流达到安全撤人的风量。本书拟通过模糊数学的方法进行理论分析以及数值模拟、实验研究结果的正交化分析,将各种参数进行量化;开发开度可调风门及相关的调控程序,为各种参数定量化提供技术支持。

1.2.2　爆炸冲击波的破坏效应及波后烟流运移规律

瓦斯爆炸是最严重的煤矿安全事故,是一个世界性难题,一直困扰着煤炭的安全开采。国内外相关学者对瓦斯爆炸事故的发生原因、发展过程及影响因素开展了大量的研究工作,取得了一系列学术成果,降低了瓦斯爆炸事故的发生频率。井下瓦斯爆炸传播过程中超压和高温衰减非常快,冲击波导致伤亡集中在爆源点附近[81-82]。瓦斯爆炸的伤亡统计结果表明冲击波破坏通风系统后,紊乱烟流导致的窒息死亡人员比例达到 80% 以上[83]。

1.2.2.1 瓦斯爆炸基础理论及规律

在瓦斯爆炸基础理论研究方面,国内以中国矿业大学、北京理工大学、中国科学技术大学、煤炭科学研究总院重庆分院为主要科研机构,以何学秋、周心权、林柏泉、王从银、冯长根、徐景德等为主要代表的学者[84-87],开展了瓦斯爆炸过程特征参数变化规律的实验研究和现场参数的采集分析,取得了显著的成果,在一定程度上为指导瓦斯爆炸预防与救灾工作、瓦斯爆炸控制新技术、抑制瓦斯爆炸新材料等方面奠定了理论基础。

瓦斯爆炸机理及过程非常复杂,随着近代量子力学理论的不断发展和各种模拟软件的出现,挪威 Gexcon FLACS,日本东京大学,美国 NASA、MSHA、NGP 和我国的中国矿业大学、北京理工大学、中国科学技术大学、南京理工大学等科研机构及院校对气体爆炸特性、机理及传播过程进行了大量的数值模拟研究[88-90]。林柏泉、毕明树、郭文军、魏引尚、杨国刚等[91-95]对可燃易爆气体混合物(或瓦斯)的爆炸机理和传播过程进行了数值模拟。张艳等[96]运用化学流体力学,建立了激波诱导易爆气体爆燃的化学动力学模型,并数值模拟了爆炸过程。胡湘渝等[97]采用完全基元反应模型对易燃气体爆炸过程进行了数值模拟研究。S. Peide[98]利用统计热力学与量子化学的基础理论对煤表面吸附瓦斯气体在爆炸过程中的相互作用机理进行了研究。

由于爆炸过程热传递、热对流、热辐射等因素的存在,当热释放速率大于热损失速率时,热量积累反应速度加快,热量迅猛增加,系统温度快速升高,直至爆炸发生[99]。链式反应的关键是形成大量活性强的自由基,包括 $\equiv O$、$-OH$、$-H$、$-CH_3$、$-HO_2$、$-HCO$ 等,自由基在一定环境下产生新的自由基,维持链式反应的持续进行[100]。链式反应包括链的引发、链的持续、断链阶段。徐景德[81]在横截面为 $2.7\ m \times 2.7\ m$ 的煤矿巷道内做了系列实验,研究了瓦斯爆炸的传播特性,得到了火焰区与瓦斯积聚区的关系,并分析了压力的传播规律。江丙友等[101]在方形直管中实验研究瓦斯爆炸火焰和冲击波的传播规律及其影响因素;朱传杰等[102]在同样尺寸的管道中,研究分叉结构中瓦斯爆炸火焰的传播规律。余明高等[103]在方形直管中,研究泄压口对瓦斯爆炸冲击波和火焰传播的影响。R. K. Jr Zipf 等[104]通过实验和数值模拟研究了巷道内瓦斯泄漏爆炸,对比了超压及爆炸持续时间。近年来数值模拟方法广泛应用于可燃气体燃烧爆炸问题,如刘如成等[105]利用 FLACS 研究了全尺寸巷道内瓦斯爆炸问题,给出了火焰、冲击波和动压在不同巷道结构中的传播规律。周利华[106]利用三角形作图法对某矿含有多组分可燃性混合气体的爆炸危险性进行了分析与计算。王从银[107]在长 1.5 m,内径 60 mm 的管道内进行爆炸实验,当环境温度达到 300 ℃时,甲烷的爆炸上限提高至 17%,下限下降至 3.5%。甲烷—空气混合气体的爆炸范围还与爆源点周围压力有关,随压力的升高,混合气体的爆炸范围呈逐渐扩大趋势。

1.2.2.2　瓦斯爆炸的破坏效应

瓦斯爆炸的破坏效应主要受冲击波超压、高温气流、有毒有害气体等因素影响,冲击波在受限空间(巷道)内的传播衰减过程受诸多因素影响。桂晓宏等[108]开展了多级障碍物条件下的瓦斯爆炸传播实验,研究其火焰加速与冲击波超压升高的传播机理。徐景德等[109]研究了障碍物影响井巷瓦斯爆炸传播的物理机制,对独头巷道中瓦斯爆炸传播过程进行了数值模拟,结果表明障碍物对火焰区与非火焰区都有激励作用。叶青、翟成等[110-111]研究了"T"形、"U"形、"Z"形等复杂管网的瓦斯爆炸传播机理,实验和数值模拟结果均表明巷道拐弯激励了爆炸波传播,且受参与爆炸的瓦斯量和传播通路个数及其组合关系的影响。蒋曙光、吴征艳等[112-114]研究了不同瓦斯浓度的爆炸冲击波超压传播的特性曲线,证明了瓦斯浓度对爆炸冲击波超压峰值影响显著。朱传杰等[115-116]研究了对冲火焰对冲击波在管网模型中传播的影响。由于瓦斯爆炸的瞬时性和影响因素的复杂性,现有的瓦斯爆炸理论主要是通过实验管道内模拟爆炸的单一过程得出。

瓦斯爆炸对工作人员的伤害主要体现在冲击波超压、火焰高温灼烧和烟流窒息,但由于瓦斯爆炸的超压和高温衰减非常快,因此对爆源点附近人员造成伤害较大[117]。冲击波对通风系统的破坏、风流紊乱以及烟流的不可控性导致大量人员窒息死亡,大量的研究表明,瓦斯爆炸过程中窒息死亡人员比例达到 70%以上[118-119]。

在爆炸冲击波的破坏特征研究方面,前人采用了最大超压准则、冲量准则和超压—冲量准则来估算爆炸冲击波对周围设施和工作人员的破坏程度[120-121]。冲击波破坏效应评估的关键是对冲击波进行合理的预测,现阶段冲击波预测模型大致分为相关系数模型、物理模型、CFD 模型等。

（1）相关系数模型

相关系数模型即经验模型,该预测模型的建立是通过多次实验获取的,具体建模方法又包括 TNO 模型、TNT 当量模型、BS(Baker-Strehlow)模型、ME(多能量)模型和 CA(congestion assessment)模型。下面以 TNT 当量模型为例介绍相关系数模型的计算方法。

TNT当量模型是气体爆炸破坏效应分析中使用较多的传统模型,其将气体燃烧的能量按照公式(1-5)换算成具有同等破坏力的当量TNT炸药[122],当气体的TNT当量已知时,就可以通过换算来确定易爆气体的爆炸特性和破坏能力。

$$W_{\text{TNT}} = \alpha_e \frac{W_f H_f}{H_{\text{TNT}}} = \alpha_m W_f \tag{1-5}$$

式中 α_e ——蒸汽云当量系数,统计平均值为0.04;

α_m ——基于质量有效因子;

W_{TNT} ——蒸汽云的TNT当量,kg;

W_f ——蒸汽云中燃料的总质量,kg;

H_f ——蒸汽云的燃烧热,J/kg;

H_{TNT} ——TNT爆炸释放的能量,MJ/kg。

(2)物理模型

物理模型是一种简化模型,比较典型的有SCOPE模型、CLICHE模型。物理模型用一个简化的方法来预测大范围内的爆炸冲击波超压和描述气体爆炸的物理过程,但是其简化了爆炸过程,其模型的模拟与预测精度不高,下面以CLICHE模型为例介绍物理模型的计算方法。

CLICHE(confined linked chamber explosion)模型由British Gas(英国燃气公司)开发,随后并进CHAOS软件包[123],初期主要用来计算室内火灾向周围房间的蔓延过程,随着逐步完善,现已用于计算海上平面和岸边区域火灾等。该模型融合了层流和湍流燃烧模型,还通过实验验证了平均燃烧速度和传播距离的关系,并对燃烧模型进行了修正[124]。

(3)CFD模型

CFD模型主要利用质量、动量和能量守恒方程,对控制爆炸过程参数的若干偏微分方程进行求解,通过求解结果对爆炸危险性进行评估。Navier-Stokes(纳维-斯托克斯)方程为控制流体流动的基本方程,并利用辅助模型处理湍流和燃烧过程[125]。现阶段用于计算气体爆炸的CFD模型有很多种,C. J. Lea等[126]的分析认为,CFD模型可以分为简化模型和高级模型。简化模型主要有EXSIM、Auto-ReaGas和FLACS等,基于PDR(porosity distributed resistance)方法来表述几何结构。下面以FLACS模型为例介绍CFD模型的计算方法。

FLACS是由挪威CMR(Christian Michelsen Research)研究所开发的,首先用于模拟海洋平台的气体爆炸。该软件现已用于岸上石油化工厂、煤矿井下的爆炸以及工厂、民房等设施内的各类有毒物(可燃气体)泄漏和扩散的安全评估等。FLACS 采用基于结构化的有限体积法和 PDR 方法进行建模。在湍流处理中采用 k-ε 湍流模型,燃烧过程采用基于湍流燃烧速度和湍流参数相关性的火焰模型[127-128]。B. J. Arntzen[129] 对 FLACS 模拟的有效性进行了大量的实验验证。J. R. Bakke 等[130] 采用 2D FLACS-ICE 进行了 3 种不同尺度容器的实验研究。A. C. Van Den Berg 等[131] 采用 FLACS 模型分析了发生在德比克的气云爆炸事故。K. Van Wingerden 等[132] 将 3D FLACS 模拟结果与 BS 模型和 TNT 当量模型计算所得到的结果进行了对比分析,得到爆炸安全距离必须足够长,并且必须防止极端情况的发生。

1.2.2.3 瓦斯爆炸波后烟流的运移规律

由于复杂巷网模型建立困难,且实验平台与现场实际环境之间的不融洽性,国内外学者对瓦斯爆炸波后烟流的运移规律研究较少,刘永立等[133] 结合前人研究成果,根据流体力学、流体动力学和气体扩散理论,提出将井巷内瓦斯爆炸生成的毒害气体传播过程分为三个阶段。首先,瓦斯—空气燃烧生成的毒害气体在火焰及冲击波反射能量作用下的传播过程;其次,瓦斯爆炸生成的大量高浓度有毒、有害气体在无风巷道和微风巷道中的混合扩散过程;最后,有毒、有害气体在一定风速作用下沿风流路径在通风网络中的传播过程。

焦宇等[134] 基于模块化思想将烟流污染区域分成多个子区域,推导出烟流传播及组分浓度分布的模型;基于热对流、热传导的基础理论建立了烟流温度的传播模型。以某掘进工作面发生瓦斯爆炸为例,对一维烟流温度、组分浓度扩散模型进行了计算,利用 FLUENT 软件对一氧化碳、甲烷、二氧化碳浓度及烟流温度随风流动的变化规律进行了多组分模拟,对比分析发现,一维模型和 FLUENT 二维计算结果是一致的。

1.2.3 矿井热动力灾害事故的应急救援方法

长期以来,我国煤矿各级应急救援指挥部门在矿井灾害救援中发挥了重要的作用[135],但是应急救灾技术及装备的发展相对缓慢,客观上由于对某些灾害事故发生机理尚未掌握清楚,相对灾害的监测预防而言,救灾装备的研发难度更大;主观上我国重大事故的应急救灾体系建设现状是重监测预防,轻救灾体系建设,重装备引进,轻自主开发。应急救灾系统的研究主要从指挥调度、应急救援通信、抢救打钻用的机具设备和人员自救设备等方面进行[136]。

李希建等[137] 介绍了基于地理信息系统(GIS)的煤矿灾害应急救援系统,采用信息管理系统和 GIS 软件建立了可视化的矿井灾害事故应急救援系统。现场研究表明:该系统通过建立数据库和技术库,能将煤矿井下的危险源、灾害影响区域、避灾路线、通信系统、救灾设备分布等在地图上动态显示,实现救灾信息的地面分析;基于浏览器开发,还可以实现救援的远程互动。

金永飞等[138]介绍了一种新型的 SDSL 数据传输技术,最大传输速率可达 1.5 Mb/s。应用 SDSL 数据传输技术建立了煤矿多媒体救灾系统,该系统实现了井下灾区多媒体信息的实时传输,解决在矿山救灾条件下灾区图像、语音实时传输的难题。

刘维庸等[139]介绍了矿井火灾救灾专家决策系统,它以矿井火灾救灾专家现场经验和教训为基础,将现场救灾指挥决策的思路,转化为计算机程序,来辅助救灾指挥人员做出救灾决策;设计了人机友好界面,将运行结果以直观图形的方式表达在显示屏上。

卢新明[140]提出基于"互联网+"和现代矿山物联网技术,全面实现矿井通风系统自动化和无人化。陈开岩等[141]研究了复杂通风网络角联风流安全稳定性评价与控制,运用无向图的角联独立不相交通路法调控网络。王德明等[142]研发了矿井火灾救灾决策支持系统(MFRDSS)并在现场进行了应用。张㼖㼖等[143]用矿山物联方法设计智能通风系统,根据环境参数及风压风阻等变化情况,提出调整各风机的启停或运行频率的最优化建议,实现矿井通风系统及风机运行状态的动态显示、预警和远程控制功能。王凯等[144]研发了龙东煤矿西翼采区胶带巷火灾烟流远程应急救援系统,在现场应用演习中检验了各项功能,实现了矿井火灾抑制和烟流排除,为人员逃生和灭火救援创造了条件。矿井通风网络异常联动调控系统的可靠性、适用性、系统化和智能化方面的科学研究较少,导致其无法真正发挥作用。

在矿井通风网络灾变区域研判和智能化应急调控方面,李宗翔等[145]运用 TF1M3D 平台仿真分析了矿井主要通风机反风系统启动后,风流随之变化,工作面瓦斯出现高峰超限现象,运移瓦斯的浓度呈阶段性降低。刘剑等[146]将巷道变形、风门破损、风机改性、巷道报废、运输提升等称为阻变型故障,根据风量传感器感知变化确定阻变型故障的网络拓扑位置,提高了通风系统的安全保障能力。张庆华[147]研发了矿井风网三维仿真系统,实现了风流实时模拟、通风动态显示和异常实时报警。王国法等[148]提出煤矿未来向多系统、智慧化方向发展,实现多要素、多产业链、多信息、多系统融合,智能化决策与自动化运行的新模式。但是,针对特定火灾监测与灾区发展演化自主研判分析方面的研究,以及对火灾风烟流调控系统的可靠性分析和灾变处理效果的研究仍存在不足。

煤矿应急救援系统包括灾害事故预测预警、应急救援预案的编制及救援行动的实施等,通过对灾害地点的危险源进行辨识、分析、评价,预测灾害波及的范围,制定应急救援方案[149-150]。魏连江等[151-152]开发了基于 Windows 的矿井通风网络可视化管理、解算系统。司俊鸿等[153]研究了复杂通风网络角联风流安全稳定性评价与控制,复杂通风网络中基于无向图的角联独立不相交通路法。近几年,基于以上理论采用互联网地理信息系统开发出基于浏览器的数字地图抢险救灾软件,为建立网络化救灾指挥系统提供了基础。

山东科技大学程卫民团队[154-155]开发了胶带巷火灾应急救援系统,主要包括信号采集系统、智能终端、报警系统和远程控制系统,在大屯煤电公司孔庄煤矿取得了良好应用效果。中国矿业大学蒋曙光团队[156-158]开发了矿井火灾远程救灾系统,并在大屯煤电公司龙东煤矿使用,基本原理为在采区胶带巷与轨道巷联络巷之间设置救灾设施(常开风门),在采区胶带巷与回风巷联络巷之间设置救灾设施(闭锁风门);灾变条件下通过地面中心站利用光纤通信启动井下救灾设施,常开风门全部关闭,如果胶带巷前段着火,则打开前端闭锁风门,根据烟流情况灭火撤人;如果胶带巷后段着火,则打开后端闭锁风门,根据烟流情况灭火撤人。近几年,这两种矿井火灾远程救灾系统取得了较大进展,矿区现场开始尝试推广应用,其具体配置原理如图1-2、图1-3所示。

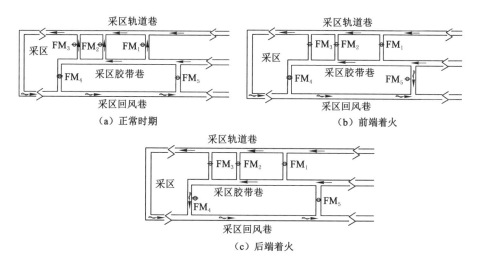

图 1-2 某矿 N_3 采区火灾远程救灾设施配置原理图

陈学习等[159]基于虚拟现实技术,研究了煤矿瓦斯爆炸、烟雾形成和煤层顶板岩石垮落等过程;实现了瓦斯爆炸现场的虚拟漫游,模拟冲击波压力下的岩石垮落;分析了三维场景构造的关键技术和算法,为灾变过程的可视化奠定了基础。

煤矿火灾应急救援系统在灭火救灾过程中,要改变风网结构,会引起风量的重新分配,烟流的控制理论在于实时获取和调节矿井各分支巷道的风量分配,存

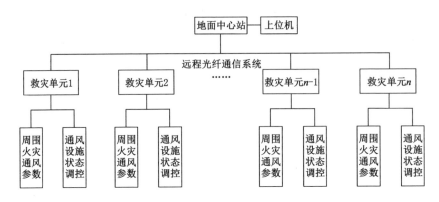

图 1-3 某矿 N_3 采区火灾远程救灾设施功能组合原理图

在着相关通风参数的采集、风网解算结果的高速获取和迭代、通风设施的调节与控制，才能达到理想的灭火撤人效果。国内外学者在风网解算及软件开发方面做了大量工作，这些网络解算都是针对静态参数，主要应用于稳定的通风系统、灾变仿真系统、通过计算机及数据库开发的救灾决策信息支持系统。目前很难做到通风系统在火灾救灾过程中的实时动态监测，且网络解算软件的速度较慢，而为了保证通风系统灾变过程中各分支风量的实时调控，就必须在实时监控的时间要求内获得解算结果，因此开发高速风网解算软件势必先行。

预防和减轻瓦斯爆炸事故损失，揭示瓦斯爆炸传播规律及致灾效应一直是研究的重点。国内外学者在瓦斯爆炸机理、冲击波传播过程、超压破坏规律、抑爆技术及装备等方面开展了广泛的研究。但是，目前针对瓦斯爆炸导致通风设施受损，通风系统失效扩大灾害事故影响的研究较少，这类研究能够为事故发生后迅速恢复矿井通风提供重要支持。因此，本书通过建立相似实验模型，研究瓦斯爆炸超压对通风设施的破坏机理，通过数值模拟分析超压波破坏不同强度通风设施前后的压力和波速变化规律，提出了一种含磁性锁解的多窗体防爆泄压风门及自动复位方法，为保障通风网络运行和高效应急救援提供支持。

煤矿灾害事故的应急救援是事故发生后的最后一道防线，为了杜绝或减少井下人员的二次伤亡，必须建立一套完善的灾害事故应急救援体系。我国煤矿应急救援系统装备的研究较晚，虽然部分单项技术发展较快，但在系统配套性方面，还不能满足煤矿应急救援的要求，应当从矿井整体通风系统出发，开发针对某种灾害的应急救援系统及装备，并提高应急救援系统及装备的可靠性和稳定性。

1.3 存在的问题分析

目前,煤矿热动力灾害的应急救援还停留在应急预案的编制、可视化仿真等理论研究阶段,设备的研究也侧重于供氧设备、救灾机器人、灾变巷道贯通的大型掘进机、大型快速钻井设备等。但是,现阶段在火灾、瓦斯、煤尘爆炸等热动力灾害发生后,通过临时搭设或到现场启闭通风设施来改变通风系统,这既可能对救灾人员人身安全造成威胁,又不能保证救灾设施的可靠性。利用灾变机理及演化过程的理论研究来指导应急救援远程控制系统开发,是提高矿井抗灾能力,减轻火灾、瓦斯爆炸等热动力灾害造成经济损失与人员伤亡的有效途径。

随着超级计算、大数据、"互联网＋"等技术的广泛应用,矿井灾变远程自动化救灾系统建设是矿井灾变应急救援的主要发展方向。综合分析现有研究成果,为突破复杂形式矿井多场作用下受控火灾风烟流场—区域—网络分阶演化过程的精细刻画,构建多重保障模型实现灾变风烟流快速隔离排出与关联分支风量智能化联动调控,提炼出如下拟解决的关键科学问题:

(1)矿井灾害发生后遇险人员安全逃生和创造条件快速恢复通风系统是救灾的关键,人员的安全逃生尤为重要,必须研究复杂风网结构中建立灾变风流参数与人员逃生路径相结合的多元信息融合理论,为远程救灾设施的合理配置提供基础数据。此外,还需研究不同场景灾变烟流演化规律及其与风网动态的耦合特性,分类确定最佳控风排烟方案。在矿井发生诸如火灾、瓦斯爆炸等灾害事故后,在复杂通风网络结构中综合考虑灾变位置、爆炸燃烧特性、毒害气体流动特性、致灾因素的破坏效果、风网动态演化特性、人员逃生信息及分布特点等因素,为如何实现人员安全逃生和灾后系统恢复的远程救灾设施进行合理配置。

(2)针对灾变条件下隔离排烟区域风烟流量精确调节与风网应急联动控制的安全性验证难题,需要构建基本风阻、火区风阻、调节风阻融合的风网动态分析模型,将风烟流温度按照场—区域—网络分布融入灾变风网动态解算中;结合灾区参数研判风烟流量供需匹配,构建智能化调控方案及生成安全性研判模型,超前验证灾变风网调节的可行性。研究不同火灾场景中近灾源场—烟流区域—风网调控耦合表征参数的交叉感知方法,基于风网动态特性,运用人工智能算法驱动分布式站点自主决策,提出区域风量自动连续调节的计算方法,揭示需风量与调节装置间的函变关系,对灾区风烟流安全可靠的连续调控具有重要的保障作用。

(3)针对不同灾变的破坏特征,建立风网灾变控制模型,确定不同灾变条件下有毒、有害气体污染区和人员安全逃生区,在创造良好救灾条件后如何获取灾变风网非稳定流中各分支的风量,保障人员逃生区域的安全风量。针对井下灾变环境下风烟流区域联动调控预期功能的智能化可靠执行难题,需建立火源特性、网络结构、控风排烟、决策支持等多元信息融合的智能化区域联动调控理论模型。研究多重冗余配置的可靠性保障方法,发展机器学习、超高容错技术,融合多元感知参数的交叉研判方法构建决策树模型,解决复杂巷网火灾风烟流区域联动调控系统协同优化集控难题。

鉴于此,本书对复杂风网中人员分布与灾变通风参数多元信息融合、救灾设施配置方法的综合分析、救灾过程中灾变风量调控三个方面的基础科学问题进行研究,应用通风学、爆炸动力学、化学动力学等相关理论,通过大量的实验研究、数值模拟,并将结果进行正交化分析,研究矿井复杂风网灾害发生时,不同远程救灾设施配置方式下,改变风网结构后,灾变烟流如何达到预期排出路径,如何克服灾变破坏因素对通风网络的影响,在安全区域如何保证人员安全逃生的最佳风量分配,研究确定远程救灾设施的合理配置方法用以指导矿井灾变远程自动化救灾实践。根据现有火灾、瓦斯爆炸等热动力灾害发生机理及发展过程的理论研究成果,研究在热动力灾害频发的地点预设救灾风门等通风设施,通过远程或自动控制的手段,在灾害发生时实现应急救援的目的。热动力灾变发生时,系统能否正常启动,启动后能否达到预期的烟流控制目标,各种火灾参数对风网结构的影响程度;研究瓦斯爆炸对通风设施的破坏效应及破坏优先级,为备用通风设施的配置提供依据。系统方案配置的实用性和可行性等都是本书研究的重点。

1.4 本书的研究内容与方法

1.4.1 煤矿巷网火灾救灾过程的分区风量远程智能化调控技术研究

研究远程应急救援系统启动前后的风网结构变化,利用数值模拟和理论计算的方法,分析风量大小对火灾蔓延速度、烟流滚退、"蛙跳"现象等巷道火灾参数的量化影响程度,计算烟流区灭火救灾与非烟流区安全撤人时的最佳风量。利用风量监测参数、简化风网结构、风机特性曲线迭代解算出动态火区风阻,通过火区风阻、各巷道风阻、救灾系统启动后的风网结构、风机运行工况迭代解算救灾过程中风网各分支风量的动态结果。基于差压监测法建立同段巷道内单组与多组设施调节的计算模型,建立需风量与调节装置间的函变关系,实现灾变区域风量自动化连续精确调节。

针对复杂风网中火灾产生非稳定流中影响风量分配的动态火风压进行研

究,在远程救灾元控制烟流的风网中,研究 Tikhonov 正则化的测风求阻法,通过实时监测关键分支风量,并将其代入高速风网解算中迭代计算反演出实时火区风阻,从而计算非稳定流中的动态火风压,并计算顺利灭火撤人的临界条件,通过风网解算获取合理风量分配,为灾变烟流监控及人员撤离提供数据支持。研究灾变状态转捩点的研判方法和临界条件,基于通风火灾监测参数和风烟流拟订调节方案,建立超前仿真模拟分析模型,自主研判调节后的风烟流分配状态,超前验证火灾风烟流调控方案的可行性。

1.4.2　瓦斯爆炸破坏通风设施机理及通风系统自动恢复技术研究

本书研究瓦斯爆炸冲击波传播机理及对周围通风设施的破坏效应,结合救灾中恢复通风系统及防止次生灾害的思路和困难,提出在可能发生瓦斯爆炸的区域,易于破坏的关键闭锁风门位置选择性预"埋"常开风门,灾变后自动关闭恢复通风。同时,研究了含磁性锁解的防爆泄压风门,在爆炸冲击波超压作用下打开风门,实现大断面泄压;在冲击波通过后风门在弹力和自重作用下自动复位,系统具有连续自动泄压复位功能,有效克服瓦斯爆炸对通风设施的破坏,快速恢复通风网络运行,为高效应急救援提供支持。

本书分析了矿井瓦斯爆炸频发点和烟气冲击波的蔓延特性,拓扑了煤矿现场巷道网络结构,构建了相似实验模型,以不同厚度玻璃板模拟通风设施,研究了瓦斯爆炸破坏不同强度通风设施的超压变化规律。实验研究了不同位置、不同巷道配置方式下的弱面通风设施的破坏效应,分析了不同场景的瓦斯爆炸超压和波速的分布规律,探讨了矿井巷道瓦斯爆炸特性衰减规律,确定了多处通风设施的破坏优先级,根据弱面玻璃板破坏片度的统计结果,为通风设施防爆配置提供参考。

1.4.3　灾变条件下远程应急救援系统多元可靠性保障及组合功能实现

根据热动力灾害的发生发展过程及控制机理,分析应急救援系统应具备的功能。开发一套灾变条件下(无电、无压气)能够实现远程监控的救灾系统,具有多路监测输入和控制输出功能的矿用本安兼隔爆型控制器,具有远程通信和监测控制功能的地面中心站;门体结构具有适应井下巷道变形、防止夹人或物、开度可调、开关运行在同一平面等功能特点;救灾过程分支风量动态显示软件具有救灾系统状态监测、风量采集、风网解算和分支风量实时显示功能。

研究灾变环境应急联动系统可靠性补偿方法,监控站点融合故障预测与健康管理(PHM)策略,实验验证通风设施及电控气动组件防火性能,发展系统动力主/备自动切换技术,摆脱灾变停电及压风破坏困扰。研发矿井火灾特征感知与风烟流应急联动调控软件平台,嵌入火灾探测与发展趋势研判模块,研究远程平台与监控分站信息动态交互方法,为远程与原位联合调控无缝对接提供信息储备,针对不同煤矿的远程应急救援系统现场建设实际情况,分析其方案配置、工作原理和应用效果。

1.4.4 矿井复杂风网中火灾烟气特征与人员分布的多元信息融合

研究了复杂通风系统中主要进风巷火源频发点、可燃物的燃烧特性、火势蔓延和烟流运动路径规律,分析矿井灾变仿真系统与救灾决策信息支持系统的救灾机理,提出了主进风巷火灾远程应急救援系统建设原理。针对特定的通风系统,建立三维数学物理模型,利用火灾模拟软件(FDS)模拟分析应急救援远程控制系统启动前后的火灾蔓延发展规律、烟流运动路径、温度分布情况,验证远程应急救援系统配置的实用性和可行性。

复杂通风网络结构中火源位置、火源燃烧特性、人员分布情况决定着救灾方案的实施,研究矿井灾变风烟流控制与人员逃生的多元信息融合,用以提高逃生与救援效率。基于矿井风网结构实况建立元胞自动机模型,利用巷网中烟流、温度、能见度等参数演化特性和程度融合计算确定了最优逃生路径。建立针对煤矿灾变风烟流与人员逃生的多元信息融合平台,通过矿井常态通风和灾变风烟流参数动态监测,与通风设施远程控制交互匹配,仿真验证灾变风烟流联动调控与人员逃生路径的引导效果。

1.5 研究思路及技术路线

针对矿井热动力灾变风烟流演化特性与智能化应急联动控制系统的特点,本书采用理论分析、数值模拟、实验室实验、系统设备的设计与开发、软件仿真、现场应用验证相结合的方法开展工作。首先研究矿井典型热动力灾害的发生发展过程及风网烟流控制机理。依托现场通风系统建立数值模型,对比分析救灾系统启动前后烟流运动路径的数值模拟结果,利用风网解算迭代的方法实现灾变风量智能调控。理论分析瓦斯爆炸的传播规律及对周围通风设施的破坏作用,实验研究了其破坏优先级,在关键通风设施位置预设备用常开风门,灾变冲击波破坏原有通风设施后自动关闭恢复通风系统。根据灾变过程对救灾设备的要求,开发灾变条件下适应井下环境的全套具有远程监控功能的智能型应急救援系统。研究矿井灾变风烟流控制与人员逃生的多元信息融合,建立针对煤矿灾变风烟流与人员逃生的多元信息融合平台,仿真验证了其应用效果。开展矿井灾变风烟流应急联动调控机制研究,提出全风网灾变烟流应急调控策略,构建灾变破坏通风设施与风烟流趋势动态研判模型,解决火灾区域可靠联动调控的关键基础科学问题。本书的研究技术路线如图1-4所示。

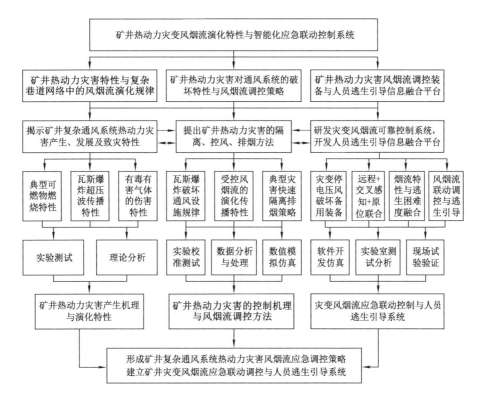

图 1-4　本书的研究技术路线图

2 矿井热动力灾害特性与风烟流的演化规律

2.1 引　言

　　矿井热动力灾害发生后,通过热化学作用产生的高温、有毒烟气和冲击波造成人员伤害和环境破坏。灾害产物中的热烟流或者超压冲击波会在受限空间内运移,破坏原有通风系统。高浓度烟流窒息是造成大量人员伤亡的主要原因,其发生发展规律及烟流控制技术研究是救灾成败的关键。本书以煤自燃、煤燃烧、其他明火引发的火灾,瓦斯、煤尘爆炸为典型火灾爆炸灾害,结合热动力灾害特性及产物规律,研究其在通风网络中与风烟流的耦合演化规律。

　　矿井火灾事故在煤矿开采过程中时有发生,灾害发生后,烟流随风流进入采区人员集中的地方,造成重大人员伤亡。澳大利亚、俄罗斯、美国、中国等对矿井火灾进行了大量的理论和实验研究,分析认为主进风巷火灾是一种非常复杂的燃烧现象,且受诸多因素影响,如可燃物、氧气条件和风速大小等,其本身具有突然发生、来势迅猛,如果不能及时发现和控制,往往会酿成重大事故。主进风巷火灾产生的大量烟流在风网结构中蔓延、扩散、稀释的过程异常复杂,会产生烟流滚退、节流效应、浮力效应等现象。在以往的研究中,国内外学者通过实验研究、数值计算和软件模拟的方法,研究各种因素对主进风巷火灾蔓延及烟流扩散规律产生的影响。

　　瓦斯爆炸具有破坏性大和复杂性强的特点,正确揭示矿井瓦斯爆炸毒害气体传播规律,可降低矿井瓦斯爆炸产生的毒害气体造成的大量人员伤亡和财产损失,是制定矿井防灾减灾措施的基础,可为矿山应急救援提供理论支撑。研究瓦斯爆炸冲击波的主要动力学特征、爆炸冲击波在不同特征的巷道传播规律及瓦斯爆炸对矿井通风系统网络结构的影响,不仅具有重要的理论和实践价值,而且对我国矿井瓦斯爆炸灾害事故的预防预测及灾后修复至关重要。

2.2   火灾发生机理及发展特性

矿井发生火灾后,火势蔓延迅猛,作用机制复杂多变,受灾范围广,不但会烧毁大量生产设施、设备和煤炭资源,而且烟气会污染人员的作业区域,威胁井下人员的生命健康。尤其是高温烟流不仅会导致部分巷道中产生火风压和节流效应,扰乱井下正常风流,使灾害发生变化,迅速扩大受灾区域,而且可燃物燃烧中所生成的有毒、有害气体会在通风动力作用下蔓延,烟气覆盖作业人员的工作区域,从而危害作业人员生命健康。煤自燃或燃烧等阴燃物质引发火灾机理及发展特性,也称为内因火灾;胶带、电缆或其他明火引发火灾机理和发展特性,也称为外因火灾。

2.2.1   煤自燃或燃烧引发火灾机理及发展特性

煤矿井下由于煤自燃或燃烧引发火灾的原因是多方面的,例如巷道布置不合理、煤柱受压破碎、浮煤护顶较多、地质因素、漏风、冒顶及通风设施管理不善、生产管理不善等。煤炭自然发火的规律及其成因分析如下:

(1) 上、下进回风巷煤炭易发火。① 巷道变坡处煤炭易发火。由于地质因素,巷道掘进期间,巷道变坡处易发生冒顶,或者棚梁上浮煤堆积,风流经过变坡点处形成漏风供氧,使棚梁上的松散煤体升温,热量积聚而导致发火。② 与相邻巷道交叉处煤炭易发火。工作面上、下巷道与相邻巷道垂直上、下交叉,致使2 条巷道间产生漏风,引起煤炭自燃。③ 护巷煤柱易发火。留设煤柱保护区段巷道时,在采动压力的作用下,煤柱易被压裂、破碎、坍塌,再加上工作面端头回柱后,垮落不彻底,留下漏风通道,容易引起煤炭自燃。④ 分层巷道假顶内煤炭易发火。分层巷道采用内错式或重叠式布置时,除第一分层外,各分层都是在假顶下掘进。因而在第二分层及其以下的分层巷道掘进和采煤期间,都会向上一分层采空区漏风,容易使上分层采空区中的遗煤自燃。⑤ 综放工作面上、下巷顶煤易发火。

(2) 终采线处易发火。在开采下部分层时,上部分层的终采线遗煤容易自然发火。同时在工作面开采过程中,还可能引起本分层或上部分层的相邻采空区终采线处的浮煤自燃。终采线是压差最大的漏风通道,若两端的密闭墙封闭不严,终采线处煤炭就易于自然发火,特别是在厚煤层分层开采时,表现更为突出。

(3) 始采线(开切眼)处易发火。① 分层开采开切眼处。开切眼积存浮煤的情况与终采线大致相同。因此,如果相邻的工作面进、回风巷向采空区的开切眼漏风,则该处易发生煤炭自燃。② 综放开采开切眼处。由于综放开切眼托顶煤较厚且开切眼宽度大,支护不当或安装支架抽棚梁时,易造成冒顶现象,加之综放支架重,安装速度慢、时间长,往往造成支架刚安装完毕,就发生煤炭自然发火。

(4)采煤工作面采空区遗煤,上下隅角处易发火。由于地质条件变化或设备等原因,造成工作面推进速度慢,当工作面推进度低于采空区遗煤氧化升温带宽度时,氧化升温带内煤炭氧化蓄热,煤体存留时间可能超过自然发火期而出现自燃。采煤工作面上下隅角在回柱时,上巷上帮、下巷下帮塌落不实,易形成三角区漏风通道,上下隅角处漏风源点、汇点,易堆浮煤,综放工作面上下端头放煤不彻底,丢下大量遗煤,为煤炭自然发火提供了物质条件。

(5)巷道冒顶处、断层附近煤炭易发火。巷道冒顶处,正常风流冲刷不到冒顶深部,煤炭氧化热量易于积存,易自然发火;断层附近易于造成冒顶,加之处理不及时,巷道支护"软关门",易发生自然发火。

煤氧化直至自燃的内在原因是具有自燃倾向性的煤形成大范围堆积,并且呈现破碎状态。外在原因有三个:第一是存在漏风风流,漏风风流的流动带来氧气,供给煤氧复合作用中所需的氧气;第二是氧化过程中生成大量的热量,并且少量的漏风不能将这么多的热量完全带走,使得热量积聚;第三是需要足够长的时间来完成氧化过程,最后发生燃烧现象。煤的氧化自燃过程主要分为三个阶段,即潜伏期、自热期和燃烧期。

(1)潜伏期。从煤与空气接触之时起到煤温开始有所升高的时间区段称为潜伏期。当煤接触到空气后,由于煤表面对氧气具有较强的吸附能力,因此将会在其表面形成氧气吸附层。在这种吸附动力逐渐达到平衡的过程中,煤的表面会与氧相互作用形成一种被称为氧化基或过氧络合物的中间产物。在这个阶段,煤的氧化反应速率极为缓慢,其释放的热量以及煤温度的升高都微不足道,在实际条件下一般很难被检测出来。当然,潜伏期也会受到诸如煤体破碎程度、堆积状态、通风供氧和散热等外部条件的影响,若要延长潜伏期即可合理地改善这些条件。潜伏期的煤氧复合作用不激烈,平缓发展,释放的热量和一氧化碳量都很少,这是因为从常温到达 70 ℃ 这个阶段中,氧化反应生成了不稳定的氧化物。在多数情况下,潜伏期对整个煤自然发火过程有着关键的影响。

(2)自热期。在经历潜伏期之后,部分被活化的煤体就能更快地吸附氧气,这必然会提升氧化速度。而如若氧化反应所产生的大量热能未能及时得以散发,则煤体的温度就必然会逐渐升高并最终达到燃点,这个过程就是煤氧化的自热期。煤体温度一旦超过自热临界温度(70 ℃)时,其吸氧能力将得到极大提高,也极大地加速了煤氧化的过程,在此阶段煤体温度有明显而急剧的上升,并伴随有大量一氧化碳、二氧化碳以及甲烷等多种可燃性气体产物的生成。在自热前期形成的不稳定氧化物随着温度的升高，释放出一氧化碳、二氧化碳和水，其反应释放的热量致使煤体自身温度升高到自热临界值（70 ℃），随着氧化反应的进行，气体产生量逐渐升高。在煤的自热后期，煤氧复合作用激烈进行，会生成一系列能够燃烧的气体，积聚的热量促使温度不断升高达到着火点。另外，还有一种可能性就是从煤的自热前期直接到达煤的风化阶段。出现这种现象是因为外在条件的改变，如氧的减少或者热量的散失等。这样因为缺少条件，所以煤的氧化反应结束，无法形成煤自燃。若煤体已经风化，其物理化学性质就会发生极大的变化，一般来说就将丧失活性，不易发生自燃。

（3）燃烧期。当煤的温度在自热期上升到其自身的着火点温度时，如果还有充分的供氧条件，那么就会进入剧烈氧化阶段，即可以直接引发其自然发火的燃烧期。在此阶段，既会有明显的冒火，伴随烟雾、一氧化碳、二氧化碳以及各种可燃性气体的大量生成等一般性着火现象的出现，又会在气味方面呈现出煤油味、松节油味或者煤焦油味等带有煤自燃自身特点的特殊现象。当煤释放出氧化气体和热分解气体及结晶水时，则代表已经进入燃烧期。在这个时期主要发生的是深度的热分解反应，通过测试可以发现其释放的气体除了有一氧化碳和二氧化碳之外，还有烃类气体的存在。煤种的不同决定了着火温度的较大差别，但是一般认为变质程度越高的煤其着火温度就越高。当煤体发生燃烧现象后，其火源中心的温度一般可达 1 000～1 200 ℃。

2.2.2　明火引发火灾机理及发展特性

明火火灾是一种非常复杂的燃烧现象，且受诸多因素影响，如可燃物、氧气条件和风速大小等，其本身具有突然发生、来势迅猛，如果不能及时发现和控制，往往酿成重大事故。主进风巷火灾产生的大量烟流在风网结构中蔓延、扩散、稀释的过程异常复杂，会产生烟流滚退、节流效应、浮力效应等现象。在以往的研究中，国内外学者通过实验研究、数值计算和软件模拟的方法，研究了各种因素对主进风巷火灾蔓延及烟流扩散规律产生的影响。

根据明火火灾发生后烟流的最高温度和燃烧生成物变化特点，将主进风巷火灾过程分为发展、稳定、衰减 3 个阶段。图 2-1 是主进风巷火灾烟流最高温度随时间的变化曲线[118]，图中显示发展阶段持续时间为 38 min，烟流最高温度由 300 K 增加到 568 K，升温速率为 7.05 K/min；稳定阶段持续时间为 135 min，烟流最高温度波动在 530～600 K 之间，平均值为 565 K，变化率为 0.52 K/min；衰减阶段持续时间为 137 min，烟流最高温度由 558 K 下降至 454 K，降温速率为 −0.76 K/min。由此说明了主进风巷火灾的突发性和发展迅猛性的特点。

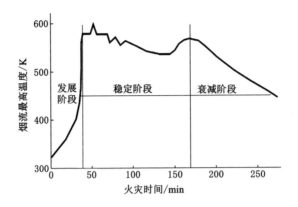

图 2-1 主进风巷火灾烟流最高温度随时间变化的特性曲线

2.2.2.1 明火火灾的发生机理

随着煤矿开采技术进步和开采环境改善,矿井重大火灾与爆炸事故并没有呈现出下降趋势,其原因在于,矿井中使用的新材料,包括各种树脂、塑料、液体燃料等机电设备增多后,变压器与电缆等铺设,也增加了火灾的发生概率。

(1) 主进风巷火灾的发火原因

主进风巷火灾发生的原因很多:明火如吸烟、电炉、电焊等;电器故障火灾如短路、电火花、电机过负荷等;瓦斯爆炸引起;违规爆破、机械摩擦、碰撞火花等。发火频率较高的原因可归纳为胶带摩擦、电器故障和其他外部环境的原因。

① 胶带摩擦

当带式输送机超载、胶带被卡住时,容易出现胶带在主滚筒上打滑,造成胶带与主滚筒之间摩擦生热,热量聚积引燃周围煤尘及其他易燃物,从而引起胶带火灾。研究发现胶带在主滚筒上打滑的条件如式(2-1)所示:

$$S_n > S_1 e^{\mu\alpha} \tag{2-1}$$

式中 S_n——胶带最大张力,N;

S_1——胶带初张力,N;

μ——摩擦系数;

α——胶带的总包围角,rad。

长时间运行后胶带会发生松弛,使主滚筒分离点张力降低,加上运输过程中水增加煤的容重,以及巷道局部片帮压卡胶带等因素,使得 S_n 增大;由于主滚筒表面有水,减小了胶带与主滚筒之间的摩擦系数 μ,S_1 大小不变,则 $S_1 e^{\mu\alpha}$ 值减小,达到了打滑的条件。

② 电器故障

电器故障火灾一般由电弧、电火花以及炽热电器发热的高温导体等引起,引燃电气设备中的绝缘材料,火焰蔓延到周围煤尘、瓦斯、支架以及其他可燃物,引发矿井火灾。引起电器故障火灾的原因复杂多样,如短路、过载、电弧火花、漏电、接触不良等。

③ 其他外部环境的原因

此类原因,多数是人为造成的,如电焊火花或焊接物处理得不彻底、电弧火花、吸烟等引起的胶带火灾等。

（2）明火火灾的发火特点分析

根据主进风巷火灾的引火特征可将其分为原生火灾和次生火灾,在原生火灾的燃烧过程中,在排烟的通道上,有尚未燃尽的可燃物高温烟流,一旦与新鲜风流汇合,获得充足的氧气很可能再次燃烧,引起次生火灾。如果汇合点位于干燥的木支护区,更易发生次生火灾。辽源矿业集团西安煤业公司的竖井曾发生过次生火灾扩大火区范围的事故。

2.2.2.2 明火火灾的燃烧特性

矿井明火火灾燃烧根据供氧量多少可分为富氧燃烧和富燃料燃烧。富燃料燃烧条件下,当旁侧新鲜风流导入后,容易形成新的火源点,产生"蛙跳现象";主进风巷火灾初始阶段为富氧燃烧,但随火灾发展因火风压的存在及通风系统的变化等将逐渐地变为富燃料燃烧。

前人在隧道火灾中分析了富氧燃烧向富燃料燃烧过渡的模式,将这种转变的特征参数定义为 R,计算式如下[160-161]:

$$R = \frac{K \times A \times B}{\rho \times Q_{气流}} \tag{2-2}$$

式中 A——燃烧面积,m^2;

B——表面燃烧率,$kg/(s \cdot m^2)$;

K——空气与燃料的物质的量比;

ρ——空气密度,取 $1.2 \ kg/m^3$;

$Q_{气流}$——空气流量,m^3/s。

实验研究表明:当 R 超过临界值 0.4 时,燃烧由富氧燃烧过渡到富燃料燃烧模式。

井下主进风巷内的易燃物主要包括煤、坑木、运输胶带、电缆、风筒布、机电设备等,以下对其燃烧特征及生成物进行讨论。

（1）煤的燃烧特性

煤的燃烧过程分为吸热蒸发水分、析出初始的挥发分及其燃烧析出挥发分后的碳粒燃烧。初始挥发分的析出由煤热解产生,其主要组分为甲烷,还有一氧化碳、二氧化碳、氢气及轻质烃等。根据挥发分和温度条件将煤的热解分为三个阶段:① 0～300 ℃外形无变化,200 ℃左右脱除吸附的甲烷、二氧化碳和氮气等气体;褐煤在 200～300 ℃发生脱羧基反应;300 ℃时开始热解反应,烟煤和无烟煤没变化。② 300～600 ℃时发生解聚和分解反应,生成和排出大量煤气和焦油,形成半焦;450～600 ℃时气体析出量最多,煤气的主要成分是一氧化碳、二氧化碳和气态烃等,焦油的主要成分是芳香和稠环芳香化合物。③ 600～1 000 ℃时发生缩聚反应,半焦变成焦炭,析出焦油量极少,挥发成分主要是氢气和甲烷。

(2)坑木的燃烧特性

坑木发生完全燃烧的温度在 650 ℃以上,产物主要是二氧化碳和水。其燃烧过程可分为:0～150 ℃发生水分蒸发;150～400 ℃析出挥发分和燃烧;400～700 ℃少量挥发分残余析出及发生半焦燃烧;800～1 050 ℃半焦与二氧化碳发生还原反应。不同材质的坑木燃烧还可能产生少量的二氧化硫和氮气,富燃料燃烧生成大量一氧化碳、二氧化碳和未燃烧挥发分致使下游风流出现浓黑烟流,造成窒息环境。

(3)电缆、胶带、风筒布等固体的燃烧特性

在现代化矿井通风系统中,胶带巷一般为主要进风巷道,为了检修方便,常将电缆吊挂在胶带巷中,所以许多矿井带式输送机巷易成为发火区域。电缆、胶带、风筒布等都属于内含大量橡胶天然固体燃料,下面就介绍胶带燃烧特性。

① 胶带燃烧的阶段特性

典型的带式输送机火灾往往经历三个阶段:a. 因设备运行过热或胶带摩擦过热使周围煤尘升温至燃点;b. 热量持续增加引起煤的明火燃烧,煤燃烧火焰引起带式输送机胶带阴燃;c. 煤与胶带的混合燃烧,火势迅猛发展,引起胶带燃烧的蔓延。

② 胶带燃烧生成物及其毒性

我国煤矿主要使用 PVC 胶带,它含有大量高分子氯化聚合物,当温度升至 180 ℃时发生热解反应,产生 HCl 气体、不饱和碳氢化合物和 CO 等。据前人实验可知,当发生胶带火灾时,若实验动物体内的羧基血红蛋白为 13%～30% 时就将达到实验动物 50% 的死亡率(简称"LC_{50}"),而此时的纯 CO 血红蛋白为 85%,因此胶带火灾产生的有毒、有害气体危害性更大,且在 PVC 胶带燃烧熄灭后,HCl 气体仍长期在巷道中存在。当 PVC 胶带发生火灾时,因 CO 和 HCl 气体流经周围炽热焦炭产生含有剧毒的碳酰氯,其 LC_{50} 的含量为 2×10^{-6}。

③ 胶带巷火灾的特殊危险性

胶带巷火灾往往会造成惨重的人员伤亡,因为胶带巷属于主要进风巷道,当火灾发生后,如果救灾不及时或方法不得当,有毒烟流迅速流入各个工作面,引起灾害扩大。胶带燃烧产生大量 HCl 气体,其毒性比 CO 要强得多,所以及时报警和及时救灾是降低火灾损失的关键。

综上所述,主要进风巷内的胶带火灾比坑木、煤火灾造成的危害大得多,是矿井外因火灾防治的重中之重。

2.3 矿井爆炸发生机理及发展特性

瓦斯主要包括 CH_4 和 CH_4 的同系物、N_2、H_2、CO_2 以及其他稀有气体,最主要的成分就是甲烷。在一定温度条件下,当井下空气中的甲烷达到一定浓度后,与空气中的氧气共同作用,发生氧化还原反应,释放出巨大的热量。热量发出后会加速甲烷和氧气的反应速率,所产生的水汽和其他气体迅速膨胀,造成具有巨大冲击力、高温、高压的动压现象(瓦斯爆炸)。从狭义的角度来说,瓦斯爆炸就等于甲烷爆炸。井下发生瓦斯爆炸之后,爆炸过程以爆炸波的形式传递,造成爆炸范围内的人员伤亡、设备损坏。影响瓦斯爆炸的条件主要有三个,即一定的瓦斯浓度、一定的氧气浓度和点火源。瓦斯爆炸浓度界限为 5%～16%,当瓦斯的浓度不在此区间时,不会发生爆炸。氧气在爆炸过程中起到助燃作用,有关实验结果表明,当井下空气中氧气浓度低于 12% 时,不会发生爆炸事故,但为保证井下工作人员的正常活动,井下空气中的氧气浓度一般维持在 20% 左右。如果开采的煤层自燃倾向性高或在工作面进行爆破等作业,会增加空气中可燃气体的浓度,当达到一定浓度后,可燃性气体可能会出现爆炸,可燃性气体的爆炸又可能造成瓦斯发生爆炸。当空气中的惰性气体浓度增加后,会改变瓦斯的爆炸界限,降低瓦斯爆炸浓度的上限。因此,应当提高瓦斯爆炸浓度的下限,降低瓦斯爆炸的概率。

与单纯的瓦斯爆炸相比,煤尘爆炸是一个相当复杂的过程,随着煤尘粒径的变化,反应体系变为气相反应与气固两相反应的混合体系。当瓦斯爆炸时,主要发生如式(2-3)(氧气充足)和式(2-4)(氧气不足)的反应。

$$CH_4 + 2(O_2 + 3.71N_2) = CO_2 + 2H_2O + 7.42N_2 \tag{2-3}$$

$$CH_4 + O_2 = CO + H_2O + H_2 \tag{2-4}$$

而煤尘混合爆炸时,反应物则不仅仅是甲烷一种。煤尘爆炸是一个受热氧化反应的过程,煤尘受热后,会挥发出诸多可燃气体,如 CO 和 H_2 等,当这些气体与氧气结合后,遇到足够的点火能量时,煤尘则会被引燃,并放出热量。已燃的煤尘将热量传递给附近的煤尘微粒,使燃烧反应进一步扩大,可燃气体的量进一步增多,反应热量积累也随之增多,反应速率越来越快,最终发生压力突跃,形成爆炸。

2.3.1 瓦斯爆炸的化学反应机理

瓦斯爆炸的本质是一定浓度的甲烷—空气混合物在一定能量作用下产生的激烈氧化反应。瓦斯爆炸是一种热—链式反应,包括链的引发、传递和断裂三个阶段。当爆炸混合物吸收一定能量后,化学反应分子结构断链,分解成两个或两个以上的游离基。这类游离基化学活性很强,成为链反应连续进行的活化中心。在合适条件下,每一个游离基又可以进一步分解,产生两个或两个以上的游离基。这样不断循环,化学反应速度越来越快,最后发展为爆燃或爆炸式的氧化反应。

爆炸火焰反应区的化学动力学特性是表征爆炸传播过程的基础,要深入分析化学反应机理及化学动力学特性,主要从爆炸反应过程中反应物和产物的摩尔浓度变化规律、反应区温度变化、中间离子的生成种类及其变化特征、各类产物的生成速率、能够控制产物生成的关键化学反应步等方面分析。设定的化学反应初始条件如表 2-1 所列;甲烷化学反应机理过程共 58 步,如表 2-2 所列[162]。

表 2-1　化学反应初始条件

初始温度/K	初始压力/atm	CH_4 摩尔浓度/%	O_2 摩尔浓度/%	N_2 摩尔浓度/%
300	1.0	0.1	0.2	0.7

注:1 atm=101 225 Pa。

表 2-2　甲烷化学反应机理

R1: $CH_3 + H + M \longrightarrow CH_4 + M$	R11: $CH_2 + OH \longrightarrow CH_2O + H$	R21: $CH_2 + O_2 \longrightarrow CH_2O + O$
R2: $CH_4 + O_2 \longrightarrow CH_3 + HO_2$	R12: $CH_2 + OH \longrightarrow CH + H_2O$	R22: $CH_2 + O_2 \longrightarrow CO_2 + H_2$
R3: $CH_4 + H \longrightarrow CH_3 + H_2$	R13: $CH + O_2 \longrightarrow HCO + O$	R23: $CH_2 + O_2 \longrightarrow CO + H_2O$
R4: $CH_4 + O \longrightarrow CH_3 + OH$	R14: $CH + O \longrightarrow CO + H$	R24: $CH_2 + O_2 \longrightarrow CO + OH + H$
R5: $CH_4 + OH \longrightarrow CH_3 + H_2O$	R15: $CH + OH \longrightarrow HCO + H$	R25: $CH_2 + O_2 \longrightarrow HCO + OH$
R6: $CH_3 + O \longrightarrow CH_2O + H$	R16: $CH + CO_2 \longrightarrow HCO + CO$	R26: $CH_2O + OH \longrightarrow HCO + H_2O$
R7: $CH_3 + OH \longrightarrow CH_2O + H_2$	R17: $CH_2 + CO_2 \longrightarrow CH_2O + CO$	R27: $CH_2O + H \longrightarrow HCO + H_2$
R8: $CH_3 + OH \longrightarrow CH_2 + H_2O$	R18: $CH_2 + O \longrightarrow CO + H + H$	R28: $CH_2O + M \longrightarrow HCO + H + M$
R9: $CH_3 + H \longrightarrow CH_2 + H_2$	R19: $CH_2 + O \longrightarrow CO + H_2$	R29: $CH_2O + O \longrightarrow HCO + OH$
R10: $CH_2 + H \longrightarrow CH + H_2$	R20: $CH_2 + O_2 \longrightarrow CO_2 + H$	R30: $HCO + OH \longrightarrow CO + H_2O$

表 2-2(续)

R31:$HCO+M$ ══ $H+CO$ $+M$	R40:$OH+H_2$ ══ H_2O+H	R51:$H+H+CO_2$ ══ H_2+CO_2
R32:$HCO+H$ ══ $CO+H_2$	R41:$H+O_2$ ══ $OH+O$	R52:$H+OH+M$ ══ H_2O+M
R33:$HCO+O$ ══ CO_2+H	R42:$O+H_2$ ══ $OH+H$	R53:$H+O+M$ ══ $OH+M$
R34:$HCO+O_2$ ══ HO_2+CO	R43:$H+O_2+M$ ══ HO_2+M	R54:$H+HO_2$ ══ H_2+O_2
R35:$CO+O+M$ ══ CO_2 $+M$	R44:$OH+HO_2$ ══ H_2O+O_2	R55:HO_2+HO_2 ══ H_2O_2 $+O_2$
R36:$CO+OH$ ══ CO_2+H	R45:$H+HO_2$ ══ $2OH$	R56:H_2O_2+M ══ $OH+OH$ $+M$
R37:$CO+O_2$ ══ CO_2+O	R46:$O+HO_2$ ══ O_2+OH	R57:H_2O_2+H ══ HO_2+H_2
R38:HO_2+CO ══ CO_2 $+OH$	R47:$2OH$ ══ $O+H_2O$	R58:H_2O_2+OH ══ H_2O $+HO_2$
R39:H_2+O_2 ══ $2OH$	R48:$H+H+M$ ══ H_2+M	
	R49:$H+H+H_2$ ══ H_2+H_2	
	R50:$H+H+H_2O$ ══ H_2 $+H_2O$	

2.3.2　煤尘爆炸的化学反应机理

对于煤尘发生爆炸的机理,研究人员经过多年探究,逐渐形成了热反应和链反应两种爆炸理论,一般情况下,两种机理并存,互相作用,共同促进了煤尘或者瓦斯等易燃物的爆炸。

煤尘的燃烧属于热值较高的放热反应,煤粉颗粒的燃烧是一个快速的氧化还原反应的过程,该反应过程中,反应物的接触面积与反应速率密切相关。巷道中的煤粉一般是在采煤机工作时产生的,其颗粒粒径极小,燃烧反应特别迅速,单位时间内产生的热量很多,在受限空间内,热量的消耗速率较低,导致体系的总热量不断升高,这是导致煤尘发生爆炸反应的主要原因。

从微观上来说,由于煤尘的混合体系较为复杂,一般将其分解为均质相和非均质相两种环境。在均质相中,认为煤尘颗粒先发生气化,全部释放出 CH_4,引起燃烧反应的主要原料是 CH_4,在满足 CH_4 的点火要求后,气体燃烧,放出的热量进一步地促进了煤尘的气化,使反应持续地进行下去。而在非均质相中,除发生 CH_4 燃烧的反应外,煤尘与 O_2 发生 C 的氧化反应,高温下 CO_2 与 C 发生还原反应,生成了 CO 和 C 的混合可燃体系,造成了煤尘燃烧和热量积累。煤尘本身的物理性质不同,发生在均质相和非均质相中的比例也不同。

2.3.3　瓦斯爆炸形式演变特性分析

气体爆炸可分为爆燃和爆轰。煤矿绝大多数瓦斯爆炸都属于爆燃,但爆轰也可能发生,会造成更大的破坏力,其反射波峰值压力能够达到 10 MPa。研究表明:瓦斯浓度及其空间分布、引爆方式及强度等达到一定条件后,瓦斯爆燃可以转变为爆轰(DDT)。要使爆燃转变为爆轰,就必须使火焰加速。已有学者通过实验方式实现了瓦斯—空气的爆轰,揭示了瓦斯—空气爆轰的火焰加速机制。但矿井瓦斯爆燃与实验存在一定差异,要掌握矿井瓦斯爆燃规律,需要了解煤矿瓦斯爆燃事故并分析其发展过程。

对多个矿山救援队的调研表明,煤矿火灾事故处理过程中,有时会出现瓦斯爆燃,如封闭灾区时发生的瓦斯爆燃,若瓦斯爆燃的强度小,可能不会造成人员伤亡,但若强度很大,就有可能会酿成重大事故,例如吉林八宝煤矿"3·29"瓦斯爆炸事故就能够证实这一点[163]。针对瓦斯爆燃事故,如果采空区垮落严实,没有大的空间,瓦斯燃烧火焰传播不能达到爆轰波速度,就只能正常燃烧;当冒顶到一定程度,形成圆隆形空心时,就有可能发生瓦斯爆炸,该研究表明瓦斯的空间分布对于瓦斯爆炸的形式有重要影响。可见,应急救援过程中,瓦斯爆炸形式的变化对救援人员的安全威胁很大。因此,控制灾区瓦斯的空间分布状态成为防止瓦斯爆炸的关键措施。但一旦救灾措施不当,瓦斯燃烧就会转向瓦斯爆燃,甚至出现爆轰。

简而言之,应急救援措施与瓦斯爆炸形式的转变有一定关系。由于瓦斯的空间分布状态影响瓦斯爆炸的形式,所以救援过程中应防止施救措施对灾区瓦斯分布状态的改变诱发不同形式的瓦斯爆炸。

2.3.4　煤尘爆炸的演化发展过程分析

如果煤尘引燃点位于封闭端,则火焰面呈球形向外扩张,在扩张的过程中,火焰会在碰到巷道壁面后发生变化。当火焰波面碰到巷壁后会发生分流,一方面向巷道开口方向继续前行;另一方面在壁面发生变形,即在壁面发生了湍流现象,火焰锋面发生褶皱、抖动,使其速度发生突跃性的概率增大。气体燃烧使巷道内的气压增大,产生了朝向开口端的正压力梯度。而已燃区的流体密度较未燃区的大,在同样的压力梯度下,已燃区介质速度增加的加速度更大,进一步扩大了已燃区和未燃区的压力差与速度差。上述过程称为"自激化",通过这个效应,火焰面的传播速度越来越大。

除此之外,燃烧时的"排带效应"也是火焰加速的重要原因。"排带效应"是指巷道内的可燃物的燃烧使巷道内气体发生了剧烈的湍流运动,由于巷道两端的封闭效果,巷道内火焰波面的速度远大于正常燃烧时的火焰速度。气态产物的体积迅速扩大,将火焰前端未燃的物质卷起,并被火焰锋面外端引燃,使火焰湍流更加迅速,这是导致煤尘发生高速燃烧的又一原因。

湍流刚刚发生时,其旋涡会使火焰表面褶皱,并增加火焰的正常燃烧速度,而随着燃烧速度增加,湍流强度也随之增大,并反馈给火焰面,使火焰速度越来越快,经过多次重复迭代的过程,火焰速度会变得更快,同时燃烧产生的压力也会随之增大,其正反馈过程如图 2-2 所示。

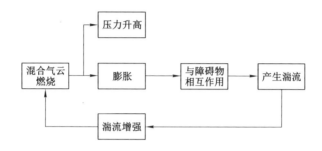

图 2-2 煤尘燃烧的正反馈过程

煤尘燃烧产生了大量的高温产物,体积急剧膨胀,以类似"活塞"的形式推动、压缩着巷道内的介质急速运动,爆炸产物与冲击波协同作用,从燃烧转为爆燃。随着爆燃产物的增加,产生了冲击波的强间断面,高速冲击波借助爆燃的能量继续燃烧并向前加速传播,产生了气体的爆轰。

2.4 火灾燃烧特性及蔓延规律

井下巷道中的火灾从着火到蔓延燃烧,一直处于紊流状态,参与燃烧的燃料一般为坑木、煤、胶带、风筒布、机电设备、电缆等。表面化合物从开始着火燃烧,生成热量大于热辐射、交换和对流导致的散热,能量积聚,进一步加热周围可燃物,燃烧范围向外围扩大蔓延,火焰向周围传播形成蔓延火灾。固体可燃物表面火蔓延是一个二维、稳态的过程。固体可燃物析出气体的雷诺数不随时间变化,但其属性参数会随温度升高而略有改变。热解气体迅速从固相可燃物中溢出,火焰前方热解区达到热解温度后,挥发分迅速转化成热解气体,可燃热解气体迅速溢出,而固体可燃物的热解温度恒定不变。

2.4.1 火灾的燃烧模型分析

火灾燃烧生成热是应急救援、事故调查、过程分析的基础参数,表征着火势强度、火风压大小、烟流温度、火灾蔓延范围等特点。受可燃物影响,火灾在发生、发展和熄灭过程中的生成热量变化非常大,目前燃烧生成热一般根据燃料消耗速率计算或者根据产物生成量计算。

2.4.1.1 热解温度

燃点指可燃物的最低着火温度。在外界热源作用下,固体可燃物析出可燃性气体的温度称为其热解温度,利用热解温度计算固体可燃物的点燃时间如式(2-5)所示:

$$t_{ig} = \frac{\rho c \delta (T_{ig} - T_0)}{\dot{q}} \tag{2-5}$$

式中　t_{ig}——点燃时间,s;

　　　ρ——密度,kg/m³;

　　　c——比热容,J/(kg·K);

　　　δ——热吸收率;

　　　T_{ig}——点燃温度,K;

　　　T_0——环境温度,K;

　　　$\dot{q}$——热源加热速率,J/s。

正常来说,用热分析仪器测到的热解温度与用热电偶直接测量的热解温度有差异,因为热分析实验中,升温速率较低[164]。

2.4.1.2 固体可燃物表面火蔓延速度

火蔓延速度指单位时间内可燃物表面火焰扩展蔓延的距离。对顺流火蔓延,受风流影响,火焰和未燃区表面直接接触,热解区域变化的速度测量困难。一般采用式(2-6)计算火蔓延速度[165]:

$$V_f = \frac{x_f(t + \Delta t) - x_f(t)}{\Delta t} \tag{2-6}$$

式中　$x_f(t)$——t 时刻的火焰位置;

　　　$x_f(t + \Delta t)$——$t + \Delta t$ 时刻的火焰位置。

2.4.1.3 固体可燃物表面火蔓延极限

在一定条件下改变环境参数,火蔓延速度将会发生改变,从减速到终止,使火焰蔓延终止的参量值称为固体可燃物表面火蔓延的极限。一般使用达姆科勒数(Damköhler number)来表示火蔓延极限[166],即

$$D_a = \frac{\tau_f}{\tau_c} = \frac{L / u_0}{Y_i / W_i} \tag{2-7}$$

式中　L——特征尺度;

　　　u_0——湍流速度;

　　　Y_i——组分 i 的时均浓度;

W_i——组分 i 湍流时均反应速度。

L 反映了化学反应时间与流体微元滞留时间之比。当丹姆克尔数减小时，火焰前锋面会向顺风方向转移，火焰给可燃物表面预热区的热量减少，使火蔓延速度下降；当热流量达不到预热区可燃物燃点时，火焰蔓延将会终止[167]。

火焰传播过程十分复杂，由传热学、传质学、气相和固相化学动力学等多种理论共同决定。许多研究者为简化模型做了一些合理假设[168]。

2.4.2 火灾的蔓延规律

2.4.2.1 固体可燃物在逆流条件下的火灾蔓延模型

对逆流火蔓延来说，火焰传播就是不断点燃火焰前端由固体可燃物热解产生和上游扩散过来可燃气体混合物的过程。整个燃烧区域包括前端的预混火焰区和后部的扩散火焰区两个部分。要建立固体可燃物表面火蔓延模型，仅需奥辛流（Oseen Flow）近似流场，即假定气流方向与可燃物表面平行，且为均一速度流场。根据 Zeldovich 模型[169-172]，气相组分方程为：

$$\lambda V_a \frac{\partial^2 Y_i}{\partial x^2} = \rho D \left(\frac{\partial^2 Y_i}{\partial x^2} + \frac{\partial^2 Y_i}{\partial y^2} \right) + m_i'' \tag{2-8}$$

式中　λ——导热率，W/(m·K)；

　　　V_a——绝热条件下火焰传播速度，mm/s；

　　　ρ——密度，kg/m³；

　　　D——扩散火焰熄灭条件相关的局部数；

　　　Y_i——组分 i 的时均浓度；

　　　m_i''——单位面积的质量燃烧速率，kg/s。

能量守恒方程为：

$$\rho c_a V_a \frac{\partial T}{\partial x} = \lambda \left(\frac{\partial^2 T}{\partial x^2} + \frac{\partial^2 T_i}{\partial y^2} \right) + q_{chem}''' - q_{rad}''' \tag{2-9}$$

式中　T——可燃物温度，℃；

　　　T_i——热解温度，℃；

　　　c_a——绝热条件下比热容，J/(kg·℃)；

　　　q_{rad}'''——辐射引起的热损失，kg；

　　　q_{chem}'''——试样热解反应所吸收的热量，kJ。

假定燃烧反应是单步反应，可以消去化学反应项，则有：

$$\nu_F'(可燃物) + \nu_O'(氧气) \longrightarrow \nu_{P1}''(产物1) + \nu_{P2}''(产物2) + 热量 \tag{2-10}$$

结合式(2-8)、式(2-9)式(2-10)，根据傅里叶变换和无量纲分析可得出固体可燃物表面火蔓延模型。热厚材料的表面火蔓延速度为：

$$V_f = \frac{\lambda_g \rho_g c_g V_g (T_f - T_{ig})^2}{\lambda \rho c (T_{ig} - T_\infty)^2} \tag{2-11}$$

式中 T_{ig}——点燃温度,℃;

   T_∞——环境温度,℃;

   T_f——火焰温度,℃;

   V_g——气体蔓延速度,mm/s。

热薄材料的表面火蔓延速度为:

$$V_f = \frac{\sqrt{2} \lambda_g (T_f - T_{ig})}{\rho \delta c (T_{ig} - T_\infty)} \tag{2-12}$$

式中 λ_g——空气导热率,W/(m·K);

   δ——材料厚度,mm。

上述计算模型忽略了化学反应动力学过程,在模拟特定边界条件下火蔓延行为时,由于材料薄厚无法定论,误差较大。后期研究者根据研究对象,设定不同的控制方程,获取不同的逆流火灾蔓延模型。

2.4.2.2 固体可燃物顺风流下的火蔓延模型

研究者根据研究需要,对边界条件进行简化,提出了许多可燃物顺流火蔓延模型[173-174]。顺流火蔓延是一个非稳态加速过程,但在建立模型时必须将其假定为二维、稳态的形式,顺流表面火蔓延速度可表示为:

$$V_f = \frac{\mathrm{d}x_p}{\mathrm{d}t} = \frac{x_f - x_p}{t_{ig}} \tag{2-13}$$

式中 x_f——火焰的平均高度,mm;

   x_p——热解区域长度,mm;

   t_{ig}——点火时间,s。

假定 $x_f - x_p$ 在火蔓延过程中近似不变,则火蔓延速度可表示为:

$$V_f = \frac{4(q'')^2 (x_f - x_p)}{\pi k \rho c_p (T_{ig} - T_\infty)^2} \tag{2-14}$$

式中 k——系数;

   c_p——定压比热容,kJ/(g·℃);

   q''——热流量,W。

2.4.2.3 固体可燃物在不同放置角度下火蔓延理论分析

固体可燃物火灾蔓延受不同放置角度影响较复杂,王海晖等[175]通过大量的实验数据拟合出火蔓延速度与放置角度的关系式:

$$V_f = C_1 \mathrm{e}^{-C_2 \sqrt{\sin(a/2)}} \tag{2-15}$$

$$C_1 = 1.732 \times 1.009^{T_\infty} \cdot b^{0.894} \cdot \mathrm{e}^{-2.381}; C_2 = 2.381$$

式中　V_f——火蔓延速度，mm/s；

　　　b——截面高度，mm；

　　　α——火焰传播方位角，$(°)$。

J. G. Quintiere[176] 在分析热薄片在不同放置角度下火蔓延时，认为不同放置角度下火蔓延行为的差异是可燃物表面流场引起的，并给出了不同放置角度下火焰向可燃物表面的热流量为：

$$q_f'' = C_{q,L} BL \left[\cos(\varphi) L\right]^{2/5} x_p^{1/5} \tag{2-16}$$

其中，B 表示燃烧释放能量与热解需要能量的比值，BL 可表示为：

$$BL \approx Y_{0,\infty} \Delta H_{0,x} \tag{2-17}$$

式中　$C_{q,L}$——经验系数；

　　　$Y_{0,\infty}$——自由流氧质量分数；

　　　L——汽化热（显热＋相变），kJ/g；

　　　$\Delta H_{0,x}$——x 轴线方向单位质量燃料的燃烧热，kJ/g，约为 13.6 kJ/g；

　　　x_p——热解区域长度，cm。

2.4.2.4　碳化固体可燃物火蔓延模型

碳化固体可燃物火蔓延过程非常复杂，需要合理简化[177-179]。通过假设控制方程的推导，可得出碳化固体可燃物火蔓延模型。气相中的控制方程为：

$$\frac{\partial}{\partial x}(\rho u) + \frac{\partial}{\partial y}(\rho u) = 0 \tag{2-18}$$

$$\rho u \frac{\partial Z}{\partial x} + \rho v \frac{\partial Z}{\partial y} = \frac{\partial}{\partial x}\left(\rho D \frac{\partial Z}{\partial x}\right) + \frac{\partial}{\partial y}\left(\rho D \frac{\partial Z}{\partial y}\right) \tag{2-19}$$

固相中未燃区域的控制方程为：

$$\rho_w c_{pw} V_f \frac{\partial T_w}{\partial x} - \lambda_s \left(\frac{\partial^2 T_w}{\partial x^2} + \frac{\partial^2 T_w}{\partial y^2}\right) = 0 \left[-\infty < x < g(y), y \leqslant 0\right] \tag{2-20}$$

固相中碳化区域的控制方程为：

$$\rho_c c_{pc} V_f \frac{\partial T_c}{\partial x} - \lambda_c \left(\frac{\partial^2 T_c}{\partial x^2} + \frac{\partial^2 T_c}{\partial y^2}\right) = 0 \left[g(y) \leqslant x < \infty, y \leqslant 0\right] \tag{2-21}$$

联立上述三式，并利用奥辛流近似处理气相流场，可以得到：

$$u_{air} = u_\infty \frac{\lambda_g \rho_g c_{pg}}{\lambda_c \rho_c c_{pc}} \left(\frac{T_f - T_\infty}{T_\infty - T_s}\right) \text{erf}\left(\sqrt{\frac{d_c}{2}} c\right)^2 \tag{2-22}$$

式中　v——固体可燃物燃烧速度，m/s；

　　　u——环境风流速度，m/s；

　　　Z——固体可燃物燃烧厚度，m；

　　　D——扩散火焰熄灭条件相关的局部数；

T——温度,℃;

V_f——火蔓延速度,m/s;

ρ——密度,kg/m^3;

d——试样厚度,m;

$g(y)$——热解碳化区域长度,m;

u_{air}——标准气流速度,m/s;

u_∞——来流速度,m/s;

T_∞——环境温度,℃。

上述式中,下标 g 代表气体;w 代表未燃试样;c 代表碳化;s 代表试样表面;f 代表火焰。

2.4.2.2.5 胶带巷火灾燃烧特性影响因素分析

运输胶带由于过载等原因而不能和主动滚筒同步移动,产生相对的高速摩擦是胶带发火的主要原因之一。据英国等国家的调查资料,运输胶带因摩擦发火的次数约占胶带火灾总数的一半以上。胶带卷火灾燃烧特性影响因素主要有以下几个方面:

(1) 燃烧物的量

从前人做过的胶带实验中可以得出:火势强度变化主要取决于燃烧物量的变化,燃烧物量越大火势越强。当氧气与燃料都充足时,如通风良好则产生的一氧化碳的含量就减少,燃烧时产生的烟尘量也随之减少。随着可燃物的减少,火势的增加,氧气则逐渐减少,在一定区域内一氧化碳浓度就会增高,烟雾的产生也随之增高。可见,氧含量和一氧化碳、二氧化碳的浓度都与燃烧物的量有关。燃烧物的量大则使氧含量降低,使一氧化碳、二氧化碳浓度上升。同时,释放的有毒气体、烟尘量也相应增加,能见度降低。实践中,胶带火灾的燃烧物量都较大,因此,造成胶带火灾的扑救工作十分困难。

(2) 胶带的宽度

煤炭科学研究总院重庆分院曾做过胶带燃烧实验,发现胶带宽度对燃烧也有影响。以某胶带火灾实验为例,胶带试样宽度分别为 5.0 cm、7.5 cm、15.0 cm 和 30.0 cm,长度为 5 m,实验风速为 1.5 m/s,在 5 min 的加热实验中,7.5 cm 宽的试样,在停止加热后,延烧即自行停止;15.0 cm、30.0 cm 宽的试样,在停止加热后,继续延烧,直至全部烧完。在 10 min 的加热实验中,5 cm 宽的试样在停止加热的同时即自行停止燃烧,而 7.5 cm 宽的胶带继续延烧,直至烧完为止,15.0 cm、30.0 cm 宽的胶带与 5 min 加热实验相比,其延烧速度要快 20%～30%。加热实验表明:加热时间越长,胶带宽度越大,燃烧速度越快。

(3) 燃烧过程的风速

胶带火灾燃烧扩散过程与风速有密切的关系,有毒气体的浓度变化与燃烧过程和风速有关。风速大时,燃烧扩散速度快,烟尘扩散和有毒气体的扩散都加快,燃烧时产生的有毒物质量在风流速度低时比风流速度高时要大。风速高时燃烧产生的烟尘微粒较少,但浓度较高,说明风速高时燃烧得较充分。完全燃烧区的范围取决于进风量,即风流对有毒物质和烟尘起稀释作用。

（4）通风方式

烟尘和有毒物质流动扩散的危害范围与巷道的通风方式有关。若胶带巷是进风巷,巷道风流经胶带巷后进入井下其他场所时,对井下人员的生命安全构成严重的威胁。因此,胶带通风系统对风门的防火要求很高,密闭程度要求也很高,在发生火灾时如风门能严格密闭关紧而又不被烧坏,就能起到隔离火区的作用。若胶带巷是回风巷,则火灾时巷道内的氧含量减少快,关闭风门后火灾区域形成较大的负压,使风门两侧压力差加大,将破坏风门的正常使用。因此,这种风门的机械强度要相应加强,使其在火灾时不被破坏。

（5）圆周速度

胶带和滚轴之间摩擦所产生的热量,可以用下式来表示:

$$Q = \mu \cdot v_{摩} \cdot p_{摩} \tag{2-23}$$

式中　Q——单位时间内单位面积上的发热量,$J/(m^2 \cdot s)$;

　　　$v_{摩}$——摩擦速度,m/s;

　　　$p_{摩}$——摩擦压力,Pa;

　　　μ——摩擦系数。

上式表明:摩擦所产生的热量与摩擦压力、摩擦速度成正比。当摩擦面积一定时,每单位摩擦时间内所产生的热量多,则升温速度快。此外,在胶带燃烧特性实验中发现,胶带发火的因素还和主动滚筒圆周速度有关,当重锤的重量一定时,若主动滚筒的速度加快,其熔断时间变短,胶带温升速度变快,最高温度值也将变高。

2.5　煤矿井下爆炸特性与传播规律

矿井通风网络是一个有向网络,依靠主要通风机为通风网络提供动力,为各个用风分支提供新鲜风流。瓦斯煤尘等爆炸会导致通风网络的局部失效,爆炸超压传播、热风压的形成将会造成矿井通风网络的异常复杂,如若控制不当,灾害将扩散到整个通风网络。因此,通过研究煤矿井下爆炸在受限空间的超压特性、传播特性、衰减特性、产物组合、危害特性等,揭示煤矿井下爆炸对通风系统的破坏效应及其对矿工的危害,为灾变通风快速恢复技术与联动系统设计提供基础理论支撑。

2.5.1 受限空间的爆炸超压特性

在井下巷道等受限空间中发生瓦斯(当量瓦斯气体浓度约为 10%)爆炸时，其化学反应如下[180-181]：

$$CH_4 + 2O_2 === CO_2 + 2H_2O + 能量$$

为了从定量角度理解和分析瓦斯—空气混合物爆炸产生的能量，通常采用 1 m³ 瓦斯—空气混合物爆炸产生的能量与 0.75 kg 当量 TNT 炸药爆炸产生的能量来界定瓦斯爆炸威力。

假定初始条件为标准状态下的空气温度和压力，实验在封闭绝热定容条件下开展，则瓦斯—空气混合物爆炸后达到的最终温度和压力将为定值，可利用气体热动力学方程获得该温度和压力。

理想气体状态方程为：

$$pV = nRT \tag{2-24}$$

式中　　p——压强，Pa；

　　　　V——气体体积，m³；

　　　　n——气体的物质的量，mol；

　　　　R——通用气体常数，$R = 8.314$ J/(mol·K)；

　　　　T——绝对温度，K。

对于理想条件下的封闭定容绝热系统，初始和最终温度与压力之间的关系满足下式：

$$p_f/p_i = T_f/T_i \tag{2-25}$$

利用热动力学平衡方程，计算得到瓦斯—空气燃烧的终温大约为 2 670 K。假设初始温度为 298.2 K，最终温度为初始温度的 8.95 倍，则有最终爆炸压力亦为初始压力的 8.95 倍。

D. Razus 等[182]分析总结了各国学者在实验室进行定容爆炸得到的爆炸压力，认为在当量条件下，爆炸的绝对压力在 700~870 kPa 范围内，这一结果比理论计算得到的值要小，但与前人得到的结果比较接近。

2.5.2 煤矿井下巷道内瓦斯爆炸的传播特征

煤矿井下瓦斯爆炸的冲击波和火焰波是沿巷道方向传播的，爆炸的物理变化特征要比实验容器内复杂得多，实际爆炸压力可能会较高。许多学者都对点火后瓦斯由燃烧发展成爆炸的过程进行了大量的实验研究。结果表明，对于两端封闭充满瓦斯的巷道，其爆炸传播的过程分为：低速爆燃、高速爆燃、爆轰、爆轰波反射 4 个阶段。测定参数显示点火起始时刻,层流火焰的速度只有 3 m/s 左右,随后逐渐加速至湍流火焰速度达到 300 m/s 左右;火焰前方的爆炸压力增大到定容爆炸压力的 900 kPa 左右,此时火焰锋面在运动中起到"活塞"运动的作用,压缩前方未燃气体,并以 341 m/s 的声波速度向前传播。

在爆炸加速过程中,流体的动力对湍流的加强起到非常复杂的作用,湍流燃烧速率与火焰传播速度之间有很强的正反馈作用。瓦斯—空气预混气燃烧会导致产物扩散、压力升高、反应物消耗速率和燃烧产物的生成速率加快。火焰波前端的流速升高将导致其传播加快,瓦斯—空气预混气湍流运动增强,从而使得燃烧反应速率进一步加快。正反馈作用将以更快的传播速度、扩散速度及更高的压力终止。

2.5.3　爆炸波的传播衰减特性

爆炸火焰传播前方高速气流中的压力和能量包含准静态和动态两部分。对于实际工程设计中,应该考虑施加在破坏目标上的所有压力,即动压和静压之和。当火焰锋面前方的热量向未燃气体扩散时,火焰锋面和气流也随之向前传播,爆炸波在很短的时间内也以很高的压升速率形成冲击波,因此需要研究冲击波动压的计算公式及影响其强度的各项因素。目前冲击波动压计算公式大都以 Rankine-Hugoniot 条件为依据,并基于爆炸冲击波的动能、质量、能量守恒的假设[183]。

冲击波的动压计算公式如下:

$$p_{\text{v}} = \frac{1}{2} \rho u_{\text{gas}}^2 \tag{2-26}$$

式中　p_{v}——动压,Pa;

　　　ρ——气体密度,kg/m^3;

　　　u_{gas}——气流速度,m/s。

冲击波的动压 p_{v} 与静压 p_{s} 之间的关系表达式为:

$$p_{\text{v}} = 2.5 \left(\frac{p_{\text{s}}^2}{7 p_0 + p_{\text{s}}} \right) \tag{2-27}$$

式中　p_0——初始压力,Pa。

当爆炸冲击波与破坏目标(如通风设施等)相撞后会产生反射波,此时,该反射波的压力可以通过如下公式计算[162]:

$$p_{\text{R}} = 2 p_{\text{s}} \left(\frac{7 p_0 + 4 p_{\text{s}}}{7 p_0 + p_{\text{s}}} \right) \tag{2-28}$$

式中　p_0——初始压力,Pa;

　　　p_{s}——爆炸波静压,Pa;

p_R——反射波的压力,Pa。

与燃烧波不同,冲击波经过后,介质的压力、密度会发生突变,因此只有在超音速气流中才能观察到这种现象。冲击波的形成过程如图 2-3 所示。

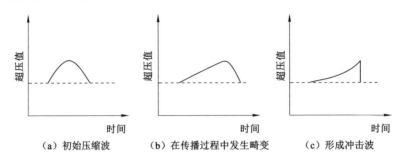

（a）初始压缩波　　　（b）在传播过程中发生畸变　　　（c）形成冲击波

图 2-3　爆炸冲击波的形成过程

最初由燃烧造成的空气压缩波形如图 2-3(a)所示,之后前段压缩波被后段追赶,使自身发生畸变,当畸变到一定程度时,会形成突跃面,由压缩波成为冲击波。由于产物的剧烈膨胀,高压气体会在瞬间对周围气体造成剧烈压缩,形成冲击波,冲击波到达的瞬间压力迅速增大,之后迅速衰减。

瓦斯煤尘爆炸可分为两个阶段,第一阶段火焰与冲击波共存,互相影响;第二阶段瓦斯煤尘已燃烧完全,只有空气冲击波在继续向前传播。当空气压缩波与煤尘微粒混合物悬浮在空气中时,冲击波的高温可以加热、引燃煤尘颗粒,而煤尘燃烧放出的热量又可以支持激波的稳定传播,上述过程形成了两相爆轰波。目前对于两相爆轰波的研究较为滞后,用 C-J 理论和 ZND 模型解释可以获得较为准确的分析结果,但仍需进一步的实验进行验证。

C-J 理论是关于爆轰波的一维平面动力学理论,该理论由 Chapman 和 Jouguet 提出。C-J 理论将冲击波阵面简化为一个压缩间断面,假设所有的反应均在该间断面处发生,断面前后的物理状态瞬间发生变化。利用动量、能量和质量守恒将始末态的物理变化联系起来,实现了用热力学函数的方法对气相爆轰进行预测。

在 ZND 模型中,不考虑能量耗散的过程,而将波阵面和波阵面后段的化学反应区当作间断区。冲击波前沿经过介质时,会对原始爆炸物形成强烈压缩,使未爆炸区域具备了发生高速爆轰的压力和温度条件,随着爆轰波的推进,反应区的末端的爆炸反应完成,并形成了高温高压高密度的爆生气体,此时的末端截面即为 C-J 面。ZND 模型认为爆炸冲击波是一个自带"动力"的能量波,即有高速化学反应驱动的强冲击波[184]。ZND 模型如图 2-4 所示。

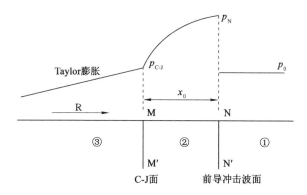

①—原始爆炸物;②—化学反应区;③—爆轰产物;N—N'—前导冲击波面;M—M'—反应终了断面;
p_0—初始压力;p_N—超压峰值;p_{C-J}—压力转折点;R—反射波。

图 2-4 爆轰波的 ZND 模型

ZND 模型建立在以下假设上:爆轰波是由严格的前导冲击波和化学反应组合而成,化学反应是不可逆的,化学反应区内的所有反应均以一维单向向前推进,前导冲击波的压力突跃至最大值后,会发生急剧下降。实际上,冲击波内部并不是一个逐层推进的稳定环境,各种环境扰动和内部介质的相互干扰会引起多种多样的化学反应响应进程,进而影响爆轰波阵面的均匀性。另外,ZND 模型未考虑器壁对能量的耗散和分流效果。因此,对反应区的描述也与实际情况不完全相符。

在煤尘燃烧完全后,冲击波失去了能量支持,但仍然会继续传播,并在一段时间内保持较高的压力和温度。冲击波在传播过程中受到了壁面反射的影响,同时壁面粗糙度也会对冲击波阵面超压造成影响。当冲击波在前进过程中碰到刚性壁时,会随反射角的不同,发生规则反射和不规则反射,如图 2-5 所示。

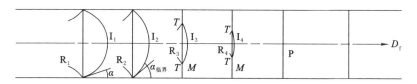

R_1、R_2、R_3、R_4—反射波;I_1、I_2、I_3、I_4—入射波;α—入射角;M—马赫杆;
$\alpha_{临界}$—临界入射角;D_f—平面冲击波速度;T—三波点;P—平面空气冲击波。

图 2-5 冲击波的反射现象

当冲击波以较小的入射角与巷道壁面接触时,冲击波阵面发生了规则反射,而随着入射角的增大,球面波与壁面的接触面积增大,达到临界值时,发生马赫反射,在反射波之外,额外产生了一个新的垂直于壁面的波面,称为马赫杆。随着爆轰波的发展,冲击波逐渐演变为平面波,稳定地向前推进。

根据上述分析可知,瓦斯煤尘爆炸是火焰波加速的结果,而持续的燃烧产生的热量则推动了冲击波可持续地向前推进。实际生产中,存在许多因素会导致冲击波衰减。井下巷道复杂,当稳定的冲击波经过井下堆积的障碍物时,会导致冲击波超压迅速增大,发生连续爆炸,二次爆炸的压力是初次爆炸压力的 5 倍左右,因此应避免爆炸危害扩大,并尽可能地减少井下的障碍物。相应地,当冲击波直线传播的路径越长,达到超压的时间就越久,虽然此时超压值更高,但衰减速度也很快。

国内外学者对巷道瓦斯爆炸开展了大量的实验工作,验证了上述爆炸参数的有效性。原美国矿山局在大型实验矿井获取的大量实验结果表明,实际监测到的最大爆炸超压值可达到 1.04 MPa,这些实验都在一端封闭(点火端)另一端开口的半封闭空间开展[185]。

W. B. Cybulski[186] 在 Barbara 实验矿井通过监测并反推最大爆炸压力达 4.1 MPa,实验矿井的点火位置设在距闭口端长度 200 m 处,且巷道内铺有一层颗粒状粉尘。所测得的爆炸波传播速度在 1 600～2 000 m/s 之间,已达爆轰速度。但传感器并没有直接测到 4.1 MPa 的最大爆炸压力,现场爆炸波将 32 mm 厚的钢门撕裂出一个 1.4 m² 洞,通过计算撕裂钢门的剪切力需要 4.1 MPa。M. Genth[187] 研究了爆炸预混物充填长度与火焰传播速度、爆炸超压峰值之间的关系,发现当火焰速度低于 340 m/s 传播时,爆炸超压值在 1.0 MPa 内;当火焰速度达 1 200 m/s 时,爆炸压力值可达 1.8 MPa;当瓦斯填充长度大于 50 m 时,爆炸超压峰值可达 1.9 MPa,此状态达到爆轰条件。

2.5.4　瓦斯爆炸的产物及其危害分析

瓦斯爆炸过程中导致巷道气体成分变化的主要是甲烷燃烧产物,以及少量过火煤壁、周围堆积物、煤尘等燃烧的产物。通过前文对瓦斯爆炸的化学反应机理及化学反应步骤的分析,现研究和分析爆炸中间产物的类型及各成分的比重。根据各类成分危害程度的指标来分析爆炸产物对周围工作人员的伤害。

2.5.4.1　瓦斯爆炸反应物、产物及温度变化情况

瓦斯爆炸火焰区的反应物、产物在反应进程中的浓度变化情况及温度的分布情况如图 2-6 所示。当火焰随超压传播时,在其反应区内 O_2 和 CH_4 的浓度迅速下降;各种产物的比重和温度迅速上升,H_2O 和 CO_2 的最大浓度分别达到 18.538 2%、8.289 6%,最高温度达到 2 246.43 K。

2.5.4.2　中间离子生成特征

瓦斯爆炸反应区内的中间离子主要有 ·CH_3、·CH、·CH_2、CH_2O·、

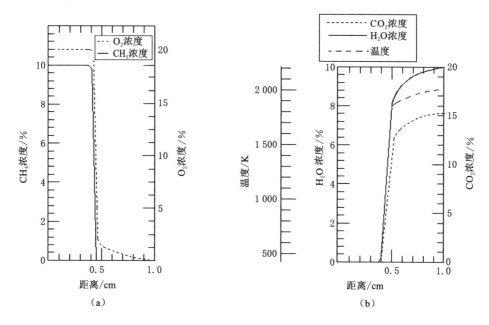

图 2-6 爆炸反应物、产物及温度变化情况

HCO·、H_2·、H·、CO·、O·、·OH、·HO_2 和·H_2O_2 等,其反应过程中的各离子浓度的峰值见表 2-3。从表中可以看出,CO·、H_2·离子的浓度分别为5.442 280%和2.430 820%,其离子浓度明显高于其他产物,对爆炸产物的最终生成量及成分起关键作用。

表 2-3 瓦斯爆炸火焰反应区各中间离子峰值浓度

离子种类	离子浓度 C_{max}/%	离子种类	离子浓度 C_{max}/%
·H_2O_2	0.003 005	·HO_2	0.014 852
CO·	5.442 280	HCO·	0.010 221
·OH	0.936 397	CH_2O·	0.104 323
O·	0.458 844	·CH	$2.479\ 350×10^{-4}$
H·	0.914 809	·CH_2	0.007 206
H_2·	2.430 820	·CH_3	0.562 698

2.5.4.3 爆炸产物危害分析

瓦斯爆炸过程非常复杂,受爆炸条件影响,其产物的类型和浓度也各不相同,且在煤巷或巷道有其他可燃物存在的条件下,火焰传播过的地方也会产生燃烧现象及产物。刘贞堂教授在 20 L 的球形爆炸实验系统中开展了不同瓦斯浓度的爆炸实验,测试了主要产物成分的浓度及其变化规律[188]。

表 2-4 是瓦斯体积浓度为 6%～15% 的爆炸产物的各种成分比例。受实验条件和检测设备的限制,本书只分析了 CO、CO_2、H_2 和 N_2 等气体成分的体积分数。

表 2-4 瓦斯爆炸后气体成分分析表

瓦斯体积浓度/%	爆炸后的气体组分/%				
	CO	CO_2	H_2	O_2	N_2
6	0.001	6.8	0.035	13.0	78.8
7	0.003	7.7	0.034	12.3	78.3
8	0.008	8.7	0.029	6.9	82.3
9	0.020	9.6	0.027	5.8	79.6
9.5	0.100	10.3	0.240	2.9	81.5
11	3.200	8.0	0.280	2.5	80.6
12	5.400	6.3	0.210	2.3	81.8
13	6.100	5.0	1.838	1.8	78.7
14	7.300	3.5	4.900	1.9	76.5
15	8.800	3.4	5.800	1.5	77.6

瓦斯爆炸烟流造成人员窒息的主要原因是 CO、CO_2 浓度的迅速升高。不同浓度 CO、CO_2 窒息的中毒症状如表 2-5 和表 2-6 所列。

表 2-5 不同浓度 CO 窒息的中毒症状

CO 浓度/10^{-6}	吸入时间和中毒显示症状
50	成年人置身其中所允许的最大含量
200	2～3 h 后,有轻微的头痛、头晕、恶心
400	2 h 内头痛,3 h 后会有生命危险
800	45 min 内头痛、恶心,2～3 h 内死亡
1 600	20 min 内头痛、恶心,1 h 内死亡

表 2-6　不同浓度 CO_2 窒息的中毒症状[169]

CO_2 浓度/%	主要症状
1	呼吸加深,但对工作效率无明显影响
3	呼吸急促,心跳加快,头痛,人体很疲劳
5	呼吸困难,头痛、恶心、呕吐、耳鸣
6	严重窒息,极度虚弱无力
7～9	动作不协调,大约 10 min 可发生昏迷
9～11	数分钟内可导致死亡

实验结果表明:CH_4 最佳爆炸浓度为 9.5%,此时,爆炸产物中 O_2 浓度下降到 2.9%,CO 浓度达 0.1%,CO_2 浓度达 10.3%。若引发煤尘爆炸,CO 浓度会更高,O_2 浓度会更低,极短时间即可致人死亡。

2.6　矿井热动力灾害风烟流演化特性分析

巷道热动力灾害发生后,可燃物燃烧产生的高温烟流与巷道壁面间存在强烈的对流和辐射换热,使火灾烟流产生不稳定流动、传热和传质的现象,还可能造成风流紊乱和风网混乱。矿井热动力灾害发生时风流受密度变化影响产生"节流效应"和"浮力效应",导致风流逆转、烟流逆退、烟流滚退等现象。

2.6.1　热动力灾害风烟流的危害风险

矿井热动力灾害发生后,可燃物燃烧生成的热量和烟气只能沿风流路线运移,且在受限空间中,氧气供应匮乏,容易产生富燃料燃烧,导致大量有毒、有害烟气的生成。由于井下巷道空间狭小,如不能及时控制,烟气在热风压与通风负压的作用下,很快就会充满整个矿井通风系统,给井下工作人员造成灾难。火灾烟气对工作人员的直接危害为高温、遮光性和毒性。

2.6.1.1　烟气高温危害

人体在 65 ℃时,可短时忍受;120 ℃时,15 min 内将造成不可恢复的损伤;140 ℃时最大可承受时间约为 5 min;170 ℃时最大可承受时间约为 1 min;然而火灾烟气最高温度在 500 ℃以上,即使很短时间人体也是无法承受的。

2.6.1.2　烟气的遮光性

烟气中的固体和液体颗粒对光有吸收和散射作用,可使得空间内能见度大大下降。烟气中的 SO_2、H_2S、HCl、NO_2、NH_3 等气体对人体有刺激性作用,导致人眼流泪睁不开,影响人的视觉以及撤离火场的速度。

2.6.1.3 烟气的毒性

由于热动力灾害消耗了大量的氧气,导致烟气的含氧量过低,当空气中的含氧量在15%左右时,人的肌肉活动能力将明显下降;在10%~14%时,人的判断能力下降,出现智力混乱现象;低于10%时,短时间内就会晕倒,直至死亡。烟气中的各种有毒、有害气体主要有 CO、CO_2、HCl 等,其含量会超过人们的正常生理活动所允许最低浓度的数倍,极短时间内就会造成人员中毒死亡。

2.6.2 热动力灾害风烟流的蔓延特性

巷道热动力灾害发生后,热烟气在浮力作用下向上运动,撞击顶板并形成顶板射流,然后向灾害源两侧蔓延。如果将火源看作点源且风速较小,假定烟羽流运动范围为轴对称,可将烟气蔓延过程分为4个阶段,如图2-7所示。

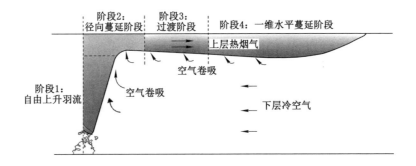

图 2-7　主要进风巷火灾烟气蔓延示意图

大量高温烟气蔓延过程中会破坏巷道和通风构筑物,导致通风系统发生变化,热烟气在巷道中会产生节流效应和浮力效应。

2.6.2.1 影响烟流流动的因素分析

在巷道火灾中,热阻力产生的压降会增加该区段的总压降,燃烧产生的过量烟气和烟流体积膨胀会增加该区段的烟流速度,从而增加烟流的黏性阻力。大量实验表明:主进风巷火灾的火焰对烟流产生较大的局部阻力,犹如一个柔性风障,是火区阻力的主要构成部分。

由于受节流效应、浮力效应和巷道摩擦阻力作用产生的热风压,融入通风网络可能导致通风系统的风流紊乱,造成风量与风流方向的变化,产生烟流逆流、逆转或滚退等,造成烟侵区域扩大,增加了火灾危险性。

2.6.2.2 热烟流滚退的无因次关系推导

用因次分析法研究矿井灾害烟流滚退的距离时,首先要确定相关变量。影响烟流滚退距离的相关物理量如表 2-7 所列。

表 2-7　影响烟流滚退距离的相关物理量

物理量名称	符号	单位	因次公式
烟流滚退距离	l	m	L
当量直径	D	m	L
热释放速率	$\dot{Q}$	kW	ML^2T^{-1}
入口面积	A	m²	L^2
进风风速	u_0	m/s	LT^{-1}
烟气与风流的温差	ΔT	K	Θ
重力加速度	g	m/s²	LT^{-2}
烟流的定压比热容	c_p	J/(kg·K)	$L^2T^{-2}\Theta^{-1}$
风流的密度	ρ_0	kg/m³	ML^{-3}
巷道的倾角	θ	(°)	无因次

表中，T、L、M、Θ 分别表示时间、长度、质量和温度的基本因次，在考虑水平巷道火灾引起烟流滚退现象时，相关物理参数的函数关系式如下[189]：

$$f(l,D,\dot{Q},A,u_0,\Delta T,g,c_p,\rho_0)=0 \tag{2-29}$$

由于 T、L、M、Θ 为基本因次，则式(2-29)的因次方程式为：

$$f(L,L,ML^2T^{-1},L^2,LT^{-1},\Theta,LT^{-2},L^2T^{-2}\Theta^{-1},ML^{-3})=0 \tag{2-30}$$

设 ρ_0 为消去 M 基本因次的物理量，可得物理方程式为：

$$f\left(l,D,\frac{\dot{Q}}{\rho_0},A,u_0,\Delta T,g,c_p\right)=0 \tag{2-31}$$

其对应的因次方程式为：

$$f(L,L,L^5T^{-1},L^2,LT^{-1},\Theta,LT^{-2},L^2T^{-2}\Theta^{-1})=0 \tag{2-32}$$

消去 T，可得物理方程式为：

$$f=\left(l,D,\frac{\dot{Q}}{\rho_0 u_0^3},A,\Delta T,\frac{g}{u_0^2},\frac{c_p}{u_0^2}\right)=0 \tag{2-33}$$

其对应的因次方程式为：

$$f(L,L,L^2,L^2,\Theta,L^{-1},\Theta^{-1})=0 \tag{2-34}$$

消去 L 得：

$$f\left(\frac{l}{D},\frac{\dot{Q}}{\rho_0 A u_0^3},\Delta T,\frac{gD}{u_0^2},\frac{c_p}{u_0^2}\right)=0 \tag{2-35}$$

选 ΔT 消去 Θ 得：

$$f\left(\frac{l}{D},\frac{\dot{Q}}{\rho_0 Au_0^3},\frac{gD}{u_0^2},\frac{c_p\Delta T}{u_0^2}\right)=0 \tag{2-36}$$

简化、合并得：

$$f\left(\frac{l}{D},\frac{\dot{Q}}{\rho_0 Au_0^3},\frac{gD}{c_p\Delta T}\right)=0 \tag{2-37}$$

在巷道热动力灾害中,不同巷道倾角对烟流滚退距离影响较大。因此,需在无因次方程(2-37)中增加反映角度的量,得到式(2-38)：

$$f\left(\frac{l}{D},\frac{\dot{Q}}{\rho_0 Au_0^3},\frac{gD}{c_p\Delta T},\theta\right)=0 \tag{2-38}$$

定义 $En=\dot{Q}/(\rho_0 Au_0^3)$ 表示热释放速率与进风风流动能之比；$Fu=gD/(c_p\Delta T)$,表示火烟羽流的浮升势能与热能之比,则：

$$l^*=\psi(En,Fu,\theta) \tag{2-39}$$

式(2-39)为巷道火灾时烟流滚退距离的通用准则关系式。

为避免产生烟流滚退现象,使热动力灾害烟气顺着火源下风侧方向扩散的最小风速称为临界风速。专家们通过对烟流滚退距离的计算进行了大量理论分析和实验研究,推导出经验公式。在主进风巷热动力灾害研究方面,周延等[190]根据实验结果拟合出了如下的经验公式：

$$L_b^*=0.040\,4\exp(0.041\,4\dot{Q}/u_a) \tag{2-40}$$

式中 L_b^*——无量纲逆流长度,$L_b^*=L/H$（L 为烟气逆流长度,m；H 为巷道
        高度,m）；

       $\dot{Q}$——火源释热速率,kW；

       u_a——巷道入风平均风速,m/s。

周福宝等[189-190]结合量纲分析给出了如下的经验公式：

$$L_b^*=0.236\,9\exp[0.002\,03\,\dot{Q}/(\rho_a Su_a^3)] \tag{2-41}$$

式中 ρ_a——风流密度,kg/m³；

       S——巷道断面面积,m²。

J. Vantelon 等[191]给出了如下的经验公式：

$$L_b^*\propto\left(\frac{g\dot{Q}}{\rho_a c_p T_a u_a^3 H}\right)^{0.3} \tag{2-42}$$

式中 g——重力加速度,m/s²；

c_p——风流的定压比热容,J/(kg·K);

T_a——风流温度,K;

ρ_a——风流密度,kg/m^3。

周延分析了前人实验结果,验证了其通用性不理想,结合平巷中的烟气逆流层长度变化规律,利用4组实验数据得到如下的经验公式[192]:

$$L_b^* = \left[\frac{A}{B + (\dot{Q}^*)^a}\right]^b F^c \left(\frac{HW}{S}\right)^d - C \tag{2-43}$$

$$\dot{Q}^* = \frac{\dot{Q}}{\rho_a c_p T_a g^{0.5} H^{2.5}} \text{ 且 } F = \frac{u_a^2}{gH}$$

式中 $\dot{Q}^*$——无量纲的热释放速率;

W——隧道宽度,m;

A,B,C,a,b,c,d——模型系数;

F——Froude 数;

其他符号含义同前。

利用4组实验数据进行多元非线性回归,得到关于烟气逆流长度的经验公式如下:

$$L_b^* = \left[\frac{29}{28 + (\dot{Q}^*)^{-0.89}}\right]^2 F^{-0.91} \left(\frac{HW}{S}\right)^{-1.6} - 2.4 \tag{2-44}$$

通过大量实验结果与计算结果对比,证明了经验公式与实验结果的一致性较好,线性相关系数达到了 0.949。根据经验公式及巷道实际尺寸计算当热释放速率为 5 MW 且 L_b^* 为 0 时,临界风速为 2.68 m/s。

2.7 本章小结

鉴于可燃物燃烧中所生成的有毒、有害气体会在通风动力作用下蔓延,烟气覆盖作业人员的工作区域,从而危害作业人员生命健康。本章分析了以煤自燃或燃烧等阴燃物质引发火灾以及胶带、电缆或其他明火引发火灾,研究了主要进风巷火灾的发生原因和发展过程,分析了胶带、电缆、煤尘等物质燃烧时发光、发热和产烟特性。对各类燃烧产物及其危害进行了分析,探讨了火灾发生后,烟气流在巷道内扩散、蔓延的运移规律,得出如下结论:

(1) 通过分析火灾发生后燃烧物的热力学参数特征和固体表面火蔓延模型,推导出了顺流、逆流以及不同倾角条件下火蔓延速度的计算公式,阐明了主进风巷火灾过程中产生的节流效应、浮力效应是引起矿井风流紊乱和烟流滚退的主要原因,深入分析了上行风火灾和下行风火灾的烟流流动模型及路径,为火灾应急救援系统研究提供了基础资料。

（2）瓦斯煤尘等爆炸会导致通风网络的局部失效,爆炸超压传播、热风压的形成,导致矿井通风网络异常复杂,如控制不当将导致灾害扩散到整个通风网络。研究了爆炸冲击波的主要动力学特征、爆炸冲击波在不同巷道中的传播规律及瓦斯爆炸对矿井通风系统网络结构的影响,分析了爆炸超压传播、热风压的形成规律。通过研究矿井爆炸在受限空间的超压特性、传播特性、衰减特性、产物组合、危害特性等,揭示矿井爆炸对通风系统的破坏效应及其对矿工的危害,为灾变通风快速恢复技术与联动系统设计提供基础理论支撑。

（3）巷道热动力灾害促使热烟流产生不稳定流动、传热和传质的现象,产生"节流效应"和"浮力效应",容易导致风流逆转、烟流逆退、烟流滚退现象,还可能造成风流紊乱和风网混乱。为了揭示热烟气流在复杂巷网中的运移特性,在原有热烟流滚退距离计算公式的基础上对烟流滚退距离进行无因次分析,得出了修正的无因次烟流滚退距离公式,并对各个因素造成无因次滚退距离变化的影响进行了定性分析,计算了特定通风系统中的临界风速。

3 矿井火灾受控演化模拟与巷网分区风烟流量调控技术

3.1 引 言

外因火灾是发生在井下受限巷道网络中不可控制的燃烧现象。统计表明，国内外煤矿每次死亡数十人甚至数百人的重特大恶性火灾事故，90％源于外因火灾。这是因为火灾具有随机性和突发性的特点，一旦发生，处理不及时或不当，会造成大量人员伤亡和经济损失。为了克服火灾造成的灾难，根据其发生发展过程及烟流蔓延扩散规律方面的理论研究成果，提出建立煤矿火灾远程应急救援系统的设想，通过预设多组可远程监控的风门，在两主要进风巷联络巷之间设立常开风门，进回风巷联络巷之间设立闭锁风门；灾变时通过远程控制常开风门关闭，闭锁风门打开，阻止烟流进入采区人员集中的地点，并将烟流导入回风巷。

本章通过分析火灾的烟流控制机理，针对威胁性最大的胶带巷火灾提出建立远程应急救援系统方案；通过建立火灾的网络模型，利用数值模拟的方法研究远程应急救援系统启动前后的烟流在风网中运动的变化规律。由于该模拟方法首次应用到井下巷网火灾模型中，首先模拟分段平巷和不同倾角斜巷的滚退距离、热释放速率、风速三者之间的关系，将模拟结果与前面章节的相关公式对比分析，用以论证模拟软件在火灾中的适用性以及指导模型参数的设定，为巷网模型的建立和数值模拟的发展奠定基础。

运用通风学、运筹学、流体动力学及燃烧学的相关理论建立风网解算的迭代模型，以尽可能少的监测数据获取尽可能多的井下救灾过程和状态的参数信息，编制功能强大的主进风巷火灾救灾过程中风量调控的动态显示软件。本章分析了火灾蔓延速度、烟流滚退等对救灾过程风量调控的影响，得到了烟流区与非烟流区的最佳风量分配，证明了救灾系统功能与风网结构调整之间的耦合关系；提出了灾变过程中远程风量智能调控技术及方法，通过烟流区和非烟流区的动态风量监测、简化风网结构模型反演出火区风阻，然后对救灾系统启动后的风网进行迭代解算;利用动态火区风阻、救灾过程的风网结构、主要通风机运行工况得出全矿井灾变过程中各分支风量并通过人机友好界面动态显示;设置关键巷道的理想风量阈值,通过软件自动识别对比一旦差别超过 10%,系统自动发送风门开度调节指令调节风网风量分配;同时,还可以通过中心站的手动调节按钮调节风量,实现救灾过程中烟流流量的智能调控及分支风量动态显示。

3.2 矿井火灾烟流控制机理研究

建立矿井火灾计算机控制系统应基于其与风网结构之间的耦合关系,并对其耦合系统的动力特征做深刻分析,否则在控制系统启动后,由于改变了风网结构可能导致通风系统失稳,使灾害进一步扩大。从烟流控制的角度构建火灾计算机控制系统,对非稳态矿井通风系统进行热动力特性分析,其意义在于,火灾烟流控制系统加入矿井通风系统以后,当控制系统启动时,改变通风系统的网络结构,是否会影响到通风系统的正常运行,以及在多大程度上、以何种方式影响,是设计矿井巷道火灾烟流控制系统必须考虑的问题[193]。本节应用非线性理论,对矿井非稳态通风、主要通风机及网络结构的动力特性进行分析;通过对主进风巷火灾的燃烧规律与热烟流的运移特征进行量化分析,深入研究矿井非稳态通风系统中的特殊火灾现象,对风网模型进行简化分析提出合理的烟流控制方法;根据烟流控制的特点,分析远程应急救援系统在灾变条件下应具备的功能;最后,对风网结构、主要通风机性能参数与远程应急救援系统之间的耦合性进行分析。

3.2.1 矿井火灾烟流控制及救灾方法研究

大量的火灾事故表明,85%～95%的人员伤亡是由火灾烟气导致的中毒或窒息造成的。为了减少火灾烟流给工作人员造成的中毒或窒息死亡,研究矿井火灾的发生发展过程,本章结合现有的火灾救灾方法,发现灾变时期救灾的宗旨为控制烟流的流动方向。采区内应预先设置区域反风或风流短路系统,以便在火灾时期能够有效地控制有毒、有害气体的污染区域并将其导入回风巷,为灭火救护及人员逃生创造条件[194]。国内外学者在矿井火灾救灾决策系统与矿井火灾动态仿真技术方面做了大量研究并开发了相关软件,但救灾过程中仿真系统受参数设定的影响较大,时间上具有一定的滞后性,现场只能靠救灾人员临时搭建通风设施,无法实现风流的远程控制[195]。火灾发生后的状态瞬息万变,依靠井下人员或救灾人员去启闭通风设施,不仅会因路途远、耗时长而延误最佳救灾时机,而且还可能因灾变区域火灾烟流温度高而无法到达预定地点,使灾情进一步扩大。鉴于此,中国矿业大学火灾课题组根据现场实际情况,提出了利用远程应急救援系统开展火灾烟流控制的新方法,开发了基于远程监测与控制的矿井火灾应急救援系统及装备。

3.2.1.1 矿井火灾烟流控制的基本方法分析

(1) 矿井火灾对通风系统的影响分析

所谓风流紊乱是指矿井火灾发生时,由于火灾烟流的作用,巷道内正常的风流流动方向及风量的分配被打乱,火灾产生的有毒、有害气体进入进风流中,使得事故扩大,造成人员伤亡。风流紊乱的基本形式有烟流逆退和风流逆转两种。

① 烟流逆退。当风流流向火灾发生区域时,空气温度变大、密度减小,空气产生了向上的浮力,受到浮力的作用,火灾产生的烟流一起向上流动。在矿井巷道中,在火源处由于顶板将向上流动的烟流阻挡,因而烟流在巷道的顶部向进风、回风两个方向流动,其中逆着进风方向流动的烟流称为烟流逆退。

② 风流逆转。火灾时期,高温烟流流过巷道所在的回路,使得该回路的自然风压发生变化,这种因火灾产生的自然风压的变化,在灾变通风中被称为火风压。矿井通风网络中由于火风压造成某些支路回路压力变化,使得某些分支风流方向发生改变的现象称为风流逆转。

A. 上行通风的旁侧支路风流逆转

风流由倾斜巷道标高的低端向标高的高端流动,称为上行通风。发生火灾后,从进风经过火源点到回风的通路,称为主干风路。主干风路的其余支路全部称为旁侧支路。当主干风路为上行通风时,此时火灾产生的火风压与矿井主要通风机提供的风压方向相同,往往容易使得旁侧支路风流方向发生反向。

在如图 3-1(a)所示的简化通风网络中,2—4、3—4、3—5 这 3 条支路分别代表 3 个采区(Ⅰ号、Ⅱ号和Ⅲ号采区)通风路线,3 个采区实现并联通风。假设火灾发生在Ⅰ号采区进风巷道内,因此通风网络中 1—2—F—4—5—6 显然成为火灾发生的主干风路,其余 2—3、3—4、3—5 均为旁侧支路。在火灾发生时,如果旁侧支路 3—4、3—5,即Ⅱ号和Ⅲ号采区风流方向不发生改变,就不会影响Ⅱ号和Ⅲ号采区作业人员的安全,火灾事故就不会扩大。但实践中,往往当火势发展迅猛时,火灾产生的火风压造成风网中支路风压变化,在火灾烟流的作用下,巷道内正常的风流流动方向及风量的分配被打乱,从主干风路节点 4 分出一股烟流逆着原来 3—4 采区风流方向朝着最近的节点 3 流去,使得 3—4 采区风流方向反向,这也就是旁侧支路风流逆转,如图 3-1(b)所示。同理,旁侧支路 3—5 的风流逆转更是使有害烟流波及全矿,如图 3-1(c)所示。旁侧支路风流逆转使得烟流侵入Ⅱ号和Ⅲ号采区,造成了事故的扩大化,对更多的作业人员安全形成威胁。

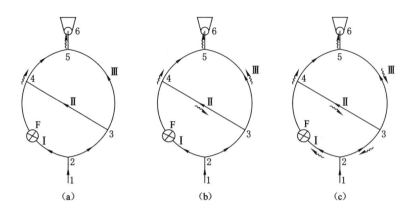

图 3-1　旁侧支路风流逆转

B. 下行通风的主干风路风流逆转

风流由倾斜巷道标高的高端向标高的低端流动,称为下行通风。当下行通风巷道中发生火灾时,由于此时火灾产生的火风压与矿井主要通风机提供的风压方向相反,火风压与主要通风机提供的风压相互作用,因此在火灾发生初期主干风流的风量会逐渐减小,其间会减小到风量为零这一近似点状态;当火势继续变大时,火风压超过主要通风机提供的风压,主干风路则会发生风流逆转,如图 3-2 所示。

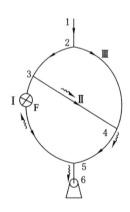

图 3-2　下行通风主干风路风流逆转

C. 火源附近风流紊乱时热效应作用力分布

图 3-3(a)分别显示了在平巷、上山和下山通风中,热效应作用力的分布变化。火灾生成的高温烟流在浮力效应作用下升至巷道顶部,并向上、下风侧分别

流动,其中顺风向下风侧流动容易,逆风向上风侧回流困难,这是由上浮力大小、下风侧节流效应及巷道特征决定的。在烟流上升并向主要下风侧消散时,在火源下部形成低压区,上风侧新鲜风沿巷道底部流入火源,在一定条件下,下风侧烟流也可能滚退流入火源。

图 3-3(b)所示,风流经巷道 A 进入下山 B 和 C。下山 B 着火,在火源上风侧出现滚退烟流,并随火势增强而出现烟流逆退,致使烟流进入巷道 A 和下山 C。在一定条件下,下山 C 风流也会出现逆转。

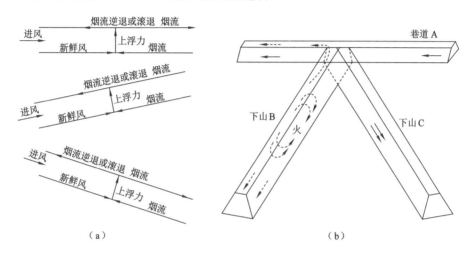

（a）   （b）

图 3-3　风流紊乱时热效应作用力分布示意图

（2）矿井火灾的风流和烟流控制方法

矿井一旦发生爆炸或火灾事故时,一方面要积极采取扑灭火灾的有效措施,另一方面就是要对井下的风流采取控制措施;控制风流实际上也可以达到控制火势,防止火灾事故的扩大蔓延,为工作区域作业人员逃生和抢险救灾人员救援创造有利条件的目的。常用控制风流的方法有风量控制、风压调节控制、反风法控制及短路通风法等。

① 风量控制。控制风量的目的:其一是减少风量,使火区氧浓度降低,控制火势变大;其二是增大风量,冲淡瓦斯浓度,避免造成二次事故。减少风量和增大风量是火灾时期常用方法,在火灾发生初期为了避免火势变大及事故蔓延扩大化,一般采用减少风量的控制方法。

② 风压调节控制。风压调节控制一般用于防止上行风流的旁侧支路发生风流逆转。此时,为了防止旁侧支路发生风流逆转,一般而言要减小主干风路的风压,如在火源进风侧张挂风帘,旁侧支路可以通过增大调节风窗面积来避免风

流逆转。巷道两端的风压与通过巷道风量的平方成正比,因此风压调节控制与风量控制存在着紧密的内在联系。

③ 反风法控制。反风法控制可以分为全矿反风和局部反风两种。

A. 全矿反风

当在矿井主要进风巷发生火灾、瓦斯或煤尘爆炸等事故时,产生大量的有毒、有害气体从进风巷蔓延至全矿。此时,必须及时采取全矿反风措施,否则大量有毒、有害气体从主要进风巷蔓延到全矿各个作业区域,使灾害进一步扩大,对工作面作业人员的生命安全造成威胁。

B. 局部反风

当矿井采区进风巷发生火灾时,尤其是采区进风巷为下行通风时,可以通过预设一些控风设施实现局部风流反向流动,将原有工作面的进风巷变为回风巷,原有回风巷变为进风巷,从而将原进风巷火灾产生的有毒、有害气体直接导入矿井的总回风巷,使灾变烟流不侵入工作面,防止事故扩大化。

局部反风是通过设置专用反风巷和预先设置控风设施来实现的,图 3-4 就是用专用反风巷进行局部反风的示意图。在采区进风和采区回风之间开掘一条联络巷,并在进风大巷和采区回风增开一条专用反风巷,在进风大巷、采区进风和采区回风各设置一道常开风门(虚线)。联络巷和专用反风巷各设置一道常闭风门,保证风流通过采区进风进入工作面后,通过采区回风汇入总回风大巷,从而构成采区的通风系统。一旦采区进风巷发生火灾事故,烟流将顺着采区进风巷进入工作面,造成事故的蔓延和扩大化。尤其当采区进风为下行通风时,火灾产生的火风压的方向与采区进风方向相反,随着火势的不断变大,主干风流甚至会发生逆转。此时若将联络巷和专用反风巷设置的常闭风门打开,进风大巷、采区进风和采区回风各设置的一道常开风门(虚线)关闭,从而使采区反风,避免了烟流侵入工作面而使事故蔓延和扩大化,同时为救援人员下井救援创造了有利条件。

④ 短路通风法

短路通风法有火区上风侧短路法和烟流短路法两种。火区上风侧短路法的本质是将火区的氧浓度降低,从而达到避免火势发展的目的。烟流短路法是通过将火灾产生烟流等有害气体直接导入回风中,避免烟流蔓延,造成事故扩大。一般常用的是烟流短路法,当事故发生在进风侧时,在烟流经过巷道的前方寻找与矿井总回风巷、采区回风巷或者工作面回风巷相连接的联络巷,将风门打开从而使得风流短路,将烟流直接导入回风巷。风流短路法避免了烟流进入工作面使事故蔓延和扩大,保护了工作面生产人员的安全。

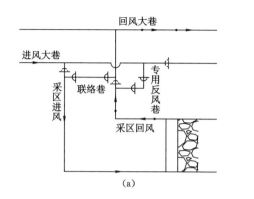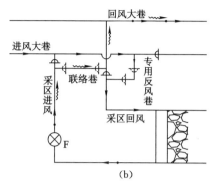

图 3-4　联络巷与专用反风巷实现局部反风

（3）防止风流紊乱的基本措施和方法

火灾时期,发生风流紊乱的形式多样,原因也不尽相同,但主要受局部火风压、烟气生成量、主要通风机特性以及风网结构调整影响,主要防止风流紊乱的措施归纳如下。

① 采取积极的方法迅速控制火势和尽力扑灭火灾。在火源附近（进风侧）修筑临时防火密闭,适当控制火区进风量,减少烟气生成量,但要防止瓦斯积聚而引起瓦斯爆炸。如果现场人员无力抢救,且人身安全有受到威胁的可能或其他地区发生火灾,接到撤退命令时,要立即进行自救和避灾。

② 火灾发生在分支风流中时,应保持主要通风机原来工作状况,特别是在救人、灭火阶段,主要通风机不能停风或减风。必要时可暂时加大火区供风量稳定风流,便于抢救遇险人员。

③ 当火灾发生在主要或总进风流巷道时,应考虑停风与反风,但是当火灾发生在瓦斯矿井时,由于停风或反风会使井下风流中的瓦斯浓度增高,造成瓦斯爆炸的危险。停风或反风还会使通风机风压降低,受火风压的影响加剧。

④ 井下机电硐室发生火灾时,通常应迅速关闭防火门或修筑临时密闭墙,以隔断风流。由于火风压的作用而产生风流逆转时,应在火源的进风侧修筑临时密闭墙,迅速减弱火势,从而减少火风压的作用。

⑤ 对于火烟回流现象,除采取上面的有关措施之外,最实用的措施是在火源进风侧建立半截风障,如图 3-5 所示。堵住巷道断面的下半部,使风流集中在上部,顶住回退的火灾烟流并逐渐带走,随着烟雾的消失将半截风障向火源移动,直到火灾烟气回流全部消失。

（4）巷道通风类型及控风原则

矿井火灾灾变时期,根据控风决策的需要,应将全矿井巷道的通风类型做详

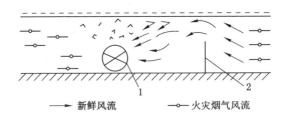

——— 新鲜风流　　———— 火灾烟气风流

1—火源；2—半截风障。

图 3-5　利用半截风障清除火灾烟气回流

细划分。按照巷道的通风作用划分为进风巷道、回风巷道及联络巷。进风巷道再划分为全矿性的总进风巷道、采区进风巷道、工作面进风巷道；同理，回风巷道划分为全矿性的总回风巷道、采区回风巷道、工作面回风巷道。连接进风巷道与回风巷道的巷道称为联络巷。根据火灾的类型及火源所处巷道的通风类型进行风流控制决策，巷道分类与通风类型划分如图 3-6 所示，控风的基本原则如下：

① 如果火灾发生在主要进风巷道内，如主进风井、井底车场附近，应优先选择全矿井反风，不予考虑风流短路等方法。

② 如果火灾发生在采区进风巷，则可以考虑采取风流短路法或者调节风压法控风。

③ 如果火灾发生在上行通风的进风巷道中，应该寻找下风侧是否有能通往回风的联络巷道，采用下风侧风流短路的同时要控制火势的发展。

④ 如果火灾发生在下行通风的进风巷道中，首先要寻找发火巷道的上风侧是否有能通往回风巷道的联络巷，若有联络巷则可以采取上风侧风流短路法控风；否则应该寻找下风侧是否有能通往回风巷道的联络巷，在进行控风的同时还要控制火势的发展。

⑤ 如果火灾发生在平巷或者上行通风的回风巷道中，一方面要防止旁侧支路发生风流逆转，另一方面要采取控制火势发展的措施。

⑥ 如果火灾发生在回风巷道中，应保证畅通的排烟通路；如果火灾发生在下行通风的回风巷道中，必须控制住火势，保证通风系统的正常进行。

（5）旁侧支路风流逆转分析

旁侧支路风流逆转的主要原因是在上行风路中发生火灾时，未能及时控制，产生了较大的局部火风压而形成的。图 3-7 所示的简化通风网络中，设火灾发生在采区的上山内即上行风路 a_1 中，由于高温烟流流经上行风路，所以局部火风压的作用方向与系统的主要通风机风压（h_f）作用方向一致。在这种情况下，主干风路 1—2—A—3—F—4—B—5—6 的风向一般是保持原来的方向不变，可能发生风向逆转的是旁侧支路（a_1、b、c_1）。

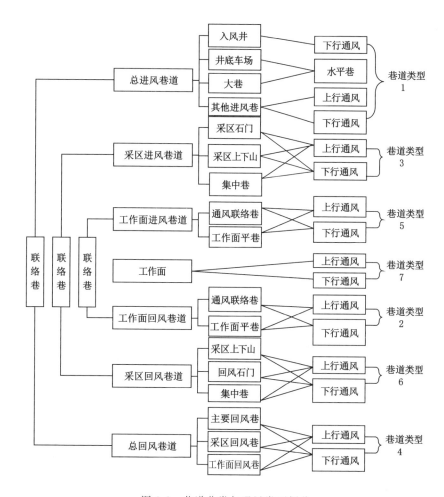

图 3-6 巷道分类与通风类型划分

3.2.1.2 远程应急救援系统的火灾烟流控制原理

带式输送机一般设置在主进风巷道,但是阻燃胶带使用的阻燃剂并不一定能够有效遏制无焰燃烧,因此不能完全杜绝胶带着火;一旦阻燃胶带着火,火灾产生的有毒、有害气体和烟尘将直接进入采区,对采区作业人员构成严重的威胁,甚至造成不可估计的灾难后果。因此,必须对胶带巷火灾救援及烟流控制采取一定的预防和应急措施。

根据火灾的发生发展特点及灾变烟流的运移规律,本书开发了适应井下火灾条件下使用的矿井主进风巷火灾远程应急救援系统,并在平朔井工二矿一采区进行了现场应用。在采区内预先设置多道远程电控气动救灾风门,由这些电

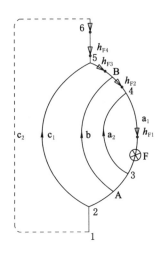

图 3-7　火灾时的简化通风网络

控气动救灾风门组成一个矿井火灾应急救灾系统,平时一部分救灾风门处于常开状态,另一部分处于闭锁状态。当火灾发生时,启动该应急救灾系统,处于常开状态的救灾风门立即关闭,切断由胶带巷进入采区的烟流,阻止有毒、有害气体向采区流动和蔓延,避免了灾害的进一步扩大;而原来处于闭锁状态的救灾风门立即打开,将有毒、有害气体直接导入采区总回风巷。所有救灾风门采用高压气体作为动力源,气缸作为执行机构,电磁阀作为执行机构的控制元件;采用光纤通信将该救灾系统所有救灾风门的控制系统组成一个网络,在总调度室内进行远程控制。当井下发生火灾时,通过启动远程应急救灾系统来阻断有毒、有害气体向采区流动和蔓延,并将其导入总回风巷,达到主要进风巷火灾应急救援的目的。

　　主进风巷火灾远程应急救援系统风流控制的拓扑模型如图 3-8 所示,其基本原理:在两进风巷(胶带巷、轨道巷)联络巷之间设置常开风门 FM_1、FM_2,在胶带巷与回风巷联络巷之间设置闭锁风门 FM_3;通过预警监测系统获取胶带巷的灾变信息,利用地面监控中心自动或人工启动应急救援系统;井下执行机构促使常开风门关闭,闭锁风门同时打开,将烟流控制在胶带巷使其无法向采区蔓延并将其导入回风巷。

3.2.2　火灾远程应急救援系统的功能分析

　　火灾远程应急救援系统作为灾变条件下烟流控制的关键设备,灾变时必须能够稳定可靠的启动运行并实现各项参数和状态的远程监控。其组成主要包

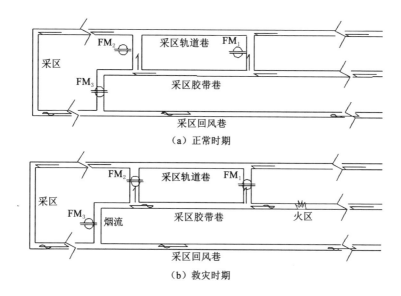

图 3-8 主进风巷火灾远程应急救援系统风流控制的拓扑模型图

括：灾变预警系统、执行系统、通信系统、地面监控中心 4 部分；灾变预警系统主要是监测环境参数的各类传感器；执行系统主要是调节风流方向与流量的风门以及控制器（分站）；通信系统主要指通信模块及通信光缆；地面监控中心主要指地面监控中心站与显示人机友好界面的上位机。

目前在矿井通风系统中，作为通风设施的风门及自动风门应用非常广泛，自动风门的使用不但提高了效率，在通风系统的稳定性方面也有很大提高。风门就门体结构而言，大致可分为拉杆式风门、平衡风门、无压风门和双扇对开风门等，从现场使用情况来看，不同的门体结构有不同的优缺点。中国矿业大学火灾课题组结合现场风门使用的优缺点，设计了能够克服巷道变形、防止夹人或物、开度可调的门体结构，为了更好地融入通风系统，平时不动作时，远程应急救援系统中所有常开救灾风门门体都隐藏在墙体中，人、车可正常通过，不影响正常通风和生产运输；闭锁风门的位置，在行人过车的过程中，通过传感器识别实现自动开关与闭锁。门体开关动力源一般可分为电动、气动、液压、机械力等，而作为煤矿井下救灾系统的风门只能考虑气动和电动，由于井下灾变过程中要断电，用备用电池作为动力源不经济且负荷不易满足，一般要考虑利用压气作为动力源。

火灾远程应急救援系统的控制器（分站）要充分考虑煤矿井下现场采集信号与控制执行机构的实际，采用智能控制器件，实时准确地监测救灾风门通行区域的人员及车辆，完成救灾风门的开启/关闭及两道救灾风门之间的自动闭锁，并发出相应的灯光指示和语音提示信号。在交流断电情况下,仍可继续工作至少2 h,相关器件如传感器、电磁阀等必须考虑微功耗,以备整套救灾系统在停电的情况下,也能工作很长时间。火灾远程应急救援系统出现故障后,可以通过人工手动开闭风门,不影响行人和车辆正常通过。在安装或维修过程中,若打开电控装置主机防爆盖,可实现自动断电功能。配用电控气动对开式双扇救灾风门,组成功能强大、可远程控制的救灾系统。

火灾远程应急救援系统的通信系统功能。井下控制器(分站)的通信模块还需要直接与井下监测分站对接,将救灾风门开闭信息实时传送至地面调度室,实现救灾风门状态的地面监控。作为救灾系统的通信路径,最好是由回风巷单独铺设的光缆将现场信号传送到地面监控系统,在进风侧火灾频发点附近的光缆要考虑深埋等保护措施。

地面中心站主要负责与井下各分站的通信以及与上位机通信,将上位机下达的命令传递给各分站进行命令的执行,同时将井下风门的开关状态及井下各监测参数的信息反馈给上位机。在上位机出现中毒或死机等故障时,可以通过中心站的人工按钮启动远程应急救援系统。中心站还要设置报警系统,在井下发生执行或通信故障时,能够发出灯光指示及声音报警。上位机主要是完成各项信息的采集、存储、处理,通过人机友好界面的形式实现救灾过程的各项参数动态显示,通过对监测信息的处理自动发送操作命令,督促中心站与各分站通信执行命令。

3.2.3 风网结构与救灾系统的耦合关系分析

主进风巷火灾远程应急救援系统建立在现场火灾救援的技术方案之上,是为了克服救灾过程中救援人员无法接近或打开风门时,在风流能够串通的两进风巷联络巷之间建立临时密闭比较困难的情况下,采用在巷道两壁内预置常开风门的方式(正常时期不影响通风与生产运输),在灾变过程中通过控制系统远程关闭,实现新鲜风流与烟流的隔绝。因此,救灾系统与通风网络本身就具有一定的耦合性。

在现场实施和应用过程中,主进风巷火灾远程应急救援系统的非线性动力学特征主要受三种因素的影响:动态的火风压变化、动态的风机性能曲线及工况点变化、静态的风网结构模型变化。在火灾发生发展过程中,火风压变化受火灾发展阶段影响较大,在初始阶段,随着火势加强火风压迅速升高;在稳定阶段,随热释放速率的波动火风压也在某一稳定值附近波动;在衰减阶段随着火势减弱火风压也逐渐降低。一场中型主进风巷火灾的火风压一般为 $100\sim200$ Pa,所以对大型矿井的主要通风机工况变化波动影响不是太大,且能在其工况特性曲线范围内变化。关键是救灾系统启动运行过程中改变了风网结构,风网各分支风阻之间的串并联关系发生改变,这样各巷道分支的风量会重新分配,通风机的运行工况也会发生阶跃。因此,必须考虑救灾过程的风量监测与调控,保证救灾系统在救灾过程中实现与风网结构有机耦合,即烟流区和非烟流区的风量分配合理,主要通风机运行工况在各项参数的安全范围内阶跃最小。

3.3 矿井受控火灾风烟流数值模拟分析

陈开岩、王德明、张卅卅等对火灾如矿井主进风巷火灾的火区阻力、节流效应、火风压、不同条件下的烟流滚退距离等做了大量实验研究和理论分析,得出了火灾发生发展的基本规律[141-143],如烟流滚退距离在平巷中与热释放速率以及风流速度之间的经验公式,火灾烟流的温度衰减特性曲线及衰减公式等。基于模型的火灾模拟软件 FDS(fire dynamics simulator)经过几年的发展,在高层建筑、大型厂房、隧道、地铁站等场所的火灾模拟中获得了许多成功的案例。本书将其引入到主进风巷火灾模拟中,结合现有理论及煤矿井下受限空间内的火灾实际,首先根据实际巷道尺寸及倾角情况,利用 Thunderhead Engineering PyroSim 软件建立数学物理模型,按实际火灾发生配置各项参数,模拟烟流滚退距离并与前人所做实验获取的经验公式进行对比,得到较为合理的参数配置,保证主进风巷火灾在通风作用下使用火灾模拟软件 FDS 进行数值模拟的可行性。以某矿配置救灾系统的风网实况为实验现场,建立基于风网巷道的三维数学物理模型,导入 FDS 软件求解烟流在风网中的流动过程,通过数值模拟结果分析远程应急救援系统在烟流控制中的作用。通过研究平巷烟流滚退距离在特定火灾条件下的数值模拟结果,并将这一特定条件代入前人验证的烟流滚退距离经验公式,对比分析两值相差是否在误差范围内,用以证明数值模拟结果的可靠性和数学建模的可行性,进一步研究不同倾角的斜巷火灾发生后的烟流滚退距离情况,并与前人通过实验获得的经验公式对比,寻找一种更加方便的计算不同倾角巷道火灾烟流滚退距离的方法。

3.3.1 矿井受控火灾物理模型分析

3.3.1.1 火灾数值模拟的计算模型分析

火灾的计算机模拟方法可分为区域模型模拟、网络模型模拟和场模型模拟三种,每种模拟方法均有其适用的着火空间。① 区域模型通常把每一块小区域分为若干个参数均匀的控制体,通过求解每个控制体的控制方程,得到每个控制体的参数变化规律。② 网络模型则把整个研究模型作为一个系统,将其中的每一部分作为一个控制体,但是这种方法的精度非常低。③ 场模型则将研究模型划分为几万到几百万个控制体,其模拟结果可以得到主进风巷网络中某段巷道的局部参数变化情况。因此,在研究主进风巷网络火灾烟气流动状态及分布情况的数值模拟中,一般选择场模型模拟。湍流场中平均流动与大涡流之间有强烈的相互作用,它直接由湍流或平均流动发生装置提供能量,对流动的边界条件和初始条件都有强烈的依赖性,其强度和形态因流动的不同而不同,因而其流动场是非均匀和高度各向异性的。大涡流模拟的建立在各种不同类型的流动中,其模型的运动结构不同,而充斥在流场中的小涡流运动则具有共性。利用脉动运动的所有湍流瞬时运动方程,通过设定的数学模型进行滤波处理,分解出描述大涡流场的运动方程,包含小涡流场对大涡流场的影响。与直接模拟相比,大涡流模拟既考虑了湍流运动各向异性和非均匀性的作用,同时降低了模拟运算对计算机性能的要求,是非常有前景的一种湍流数值模拟方法。

3.3.1.2 FDS 数值模拟软件的理论基础

FDS 数值模拟软件是通过解算流体动力学方程来获取烟流运动规律的流体动力学计算模型软件,它通过解算一系列 Navier-Stokes 方程得到火灾烟气流和热传递过程的参数。该方程对低速热驱动的流体流动计算较为准确,其基本运算方程是质量、能量和动量守恒方程,是用数值方式将计算域分成若干个三维网格。该模型通过计算每一个网格内的物理条件,而这些物理条件都是时间的函数,最终通过函数关系获取动态的火焰燃烧特性和烟流运动规律。

FDS 数值模拟软件是建立在流体动力学和组分燃烧学理论基础之上,用来解算基本的质量守恒方程、动量守恒方程、能量守恒方程。在利用大涡流模拟的方法求解火灾模型时,需应用 Favre($\widetilde{f} = \rho \bar{f}/\bar{\rho}$) 对湍流基本方程进行滤波,得到以下控制方程[196-197]:

质量守恒方程:

$$\frac{\partial \bar{\rho}}{\partial t} + \frac{\partial u_i \bar{\rho}}{\partial x_i} = 0 \tag{3-1}$$

动量守恒方程:

$$\frac{\partial u_j u_i \bar{\rho}}{\partial x_j} + \frac{\partial u_i \bar{\rho}}{\partial t} = -\frac{\partial \bar{\rho}}{\partial x_i} + \bar{\rho} g \delta_{ij} + f_i + \frac{\partial}{\partial x_j} \left[\mu \left(\frac{\partial u_i}{\partial x_j} + \frac{\partial u_j}{\partial x_i} - \frac{2 \partial u_k}{3 \partial x_k} \delta_{ij} \right) \right] - \frac{\partial \tau_{ij}}{\partial x_j} \tag{3-2}$$

能量守恒方程:

$$\frac{\partial h \bar{\rho}}{\partial t} + \frac{\partial u_i h \bar{\rho}}{\partial x_i} = \frac{\partial \bar{\rho}}{\partial t} + q''' - \frac{\partial q_{ri}}{\partial x_i} + \frac{\partial}{\partial x_i} \left(k \frac{\partial T}{\partial x_i} \right) + \sum_i \frac{\partial}{\partial x_i} \left(\bar{\rho} D_i h_1 \frac{\partial Y_1}{\partial x_i} \right) - \frac{\partial \theta_i}{\partial x_i} \tag{3-3}$$

组分方程:

$$\frac{\partial}{\partial t}(\bar{\rho}Y_i) + \frac{\partial}{\partial x_i}(\bar{\rho}u_i Y_i) = \frac{\partial}{\partial x_i}\left(\bar{\rho}D_i \frac{\partial Y_i}{\partial x_i}\right) + W_1''' - \frac{\partial \gamma_i}{\partial x_i} \tag{3-4}$$

状态方程：

$$\bar{p} = \bar{\rho}TR \sum (Y_i/M_1) \tag{3-5}$$

式中　$\tilde{f}$——大尺度量，N；

　　　$\bar{f}$——大尺度量的平均值，N；

　　　f_i——流体上施加的外力（重力除外），N；

　　　μ——动力黏度，N·s/m²；

　　　ρ——气体密度，kg/m³；

　　　$\bar{\rho}$——气体密度的平均值，kg/m³；

　　　k——导热系数，W/(m·K)；

　　　D_i——第 i 种气体组分的扩散系数，m²/s；

　　　u——速度（u_i 表示 x 方向上分量，u_j 表示 y 方向上分量，u_k 表示 z 方向上分量），m/s；

　　　h_1——燃烧组分比焓，J/kg；

　　　δ_{ij}——烟流的膨胀速度，m/s；

　　　M_1——组分的摩尔质量，kg/mol；

　　　T——温度，K；

　　　Y_1——组分质量分数，%；

　　　Y_i——第 i 种气体组分的质量分数，%；

　　　h——焓，J；

　　　W_1'''——单位体积内组分的质量生成率，kg/(m³·s)；

　　　$\bar{p}$——气体组分压力的平均值，Pa；

　　　q'''——体积热释放率，J/(m³·s)；

　　　q_{ri}——辐射热通量矢量，W/m²；

　　　t——时间，s；

　　　g——重力加速度，m/s²；

　　　R——气体摩尔常数，J/(mol·K)；

　　　τ_{ij}——亚格子应力张量，N/m²；

　　　θ_i——能量方程滤波后的亚格子项，J/(m²·s)；

　　　γ_i——组分方程滤波后的亚格子项，kg/(m²·s)。

3.3.1.3　主进风巷火灾数学物理模型建立

本书以中煤平朔井工二矿为例建立数学物理模型，并进行数值模拟。其主斜井斜长为 620 m,副斜井斜长 1 340 m,盘曲而下,回风斜井长 334 m 至井底进入平巷,其中斜巷为半圆拱,平巷为矩形巷道。主运巷全长 1 200 m,通过联络巷与中央辅运巷沟通,在带式输送机尾联络巷风流并入中央辅运巷后进入采区,最后流入中央回风巷。主运巷断面为 4.5 m×3 m,中央辅运巷断面为 5 m×3.5 m,中央回风巷断面为 4.5 m×3.5 m,主辅联络巷断面为 4.5 m×3.5 m,主回联络巷断面为 4.5 m×3 m,联络巷长 25 m。

(1)建立区段巷道烟流滚退模型

书中模拟的巷道模型尺寸固定不变,设置不同的倾斜角度,采用物理模型为矩形断面的巷道模型。其基本模型如图 3-9 所示,其长为 100 m,宽为 4 m,高为 3 m,最小网格尺寸为 0.1 m×0.1 m×0.1 m。火源设置点为距离巷道入口 50 m 处的位置,火源高度为 0.5 m。模型的边界条件设置如下:两端开口并分别设置为速度入口和自然开口,环境温度和墙体边界为默认设置。

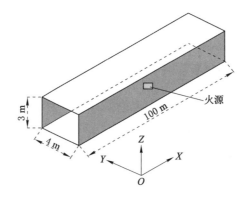

图 3-9　矩形断面的巷道模型

这里烟流滚退模型只考虑下行风巷道和水平巷道,0°水平巷道模型以及倾斜角度分别为 5°、10°、20°斜巷的实际模型如图 3-10 至图 3-13 所示。巷道模型空间尺寸为 100 m×4 m×3 m,最小网格尺寸为 0.1 m×0.1 m×0.1 m,火源设置点为距离巷道入口 50 m 处的位置。

图 3-10　0°水平巷道

烟流滚退距离与巷道风速、火源热释放速率、巷道规模、巷道断面形状、巷道

图 3-11　5°下行风斜巷

图 3-12　10°下行风斜巷

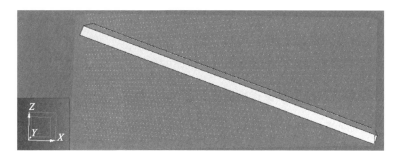

图 3-13　20°下行风斜巷

坡度等因素有关。在本模型中主要研究下行通风巷道坡度和风速以及火源热释放速率对烟流滚退距离的影响。因此,在模型中设置不同风速、不同火源功率、巷道的不同倾斜角度,建立模型并设置各项燃烧参数,通过多次模拟结果对比得出烟流滚退的规律。

（2）建立矿井火灾烟流控制的通风网络模型

现场主要研究灾变条件下烟流的运动情况,促使烟流在各大巷间流动的是联络巷,遂以现场 3 大平巷及 6 条联络巷建立数学模型。为了简化模型并能体现模拟效果,在带式输送机尾风流导入中央辅运巷后进入采区的部分简化成一段巷道直接导入回风巷。为了提高模型在 FDS 数值模拟软件中的解算速度和精度,缩短烟流运动距离而不影响其运动过程,将大巷长度缩短为实际长度的一半,各联络巷的间距等比例缩短。按照实际断面在 Thunderhead Engineering PyroSim 软件中建立了辅运巷和回风巷(长 600 m)、主运巷(长 580 m)及联络巷(长 25 m)的三维数学模型。如图 3-14 所示,按照网格大小为 0.3 m×0.3 m× 0.3 m 划分了 120 万个网格。在各联络巷中设置了风门,风门开度为实际尺寸,同时设置了风门的开关指令。

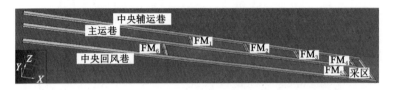

图 3-14　胶带巷火灾远程救援系统风网烟流控制的数学物理模型

主进风巷火灾火源主要包括由电火花、煤尘自燃引起堆积物燃烧引发的点火源及由电缆或胶带燃烧引发的线火源,根据不同位置的火源与发火特征研究远程应急救援系统在火灾过程中的烟流控制功能。为了创造良好的灭火条件,提高救灾效率、减少人员伤亡和经济损失,火源设置在主运巷。当火源点发生在主井口至风门 FM_6 处联络巷位置时,烟流由风门 FM_6 导入中央回风巷;当火源点发生在风门 FM_5、FM_6 两联络巷之间主运巷内时,烟流由风门 FM_5 导入中央回风巷。

3.3.2　灾变烟流控制的数值模拟结果分析

矿井通风网络中发生的巷道火灾,在可燃物充足的情况下受风流影响会迅速蔓延。火势蔓延与烟流的运移过程受风网、动量、能量、燃烧反应、组分变化等诸多参数影响,在利用 FDS 数值模拟软件模拟矿井火灾时需做简单假设以简化模型。根据研究烟羽流的运动变化规律,FDS 简化模型忽略火焰燃烧过程及化学反应导致的烟气成分变化;不考虑辐射传热及壁墙的热交换;不计烟气的可压缩性,烟气与空气的热物理性质相同;不计热扩散、黏性耗散、压力功等对烟气流动的影响[146]。

根据矿井可燃物分布状况及火灾燃烧的规模,按主进风巷火灾的火源类型可分为:① 可燃物分布集中、燃烧范围较小的点火源;② 可燃物沿井下巷道长度方向分布排列(如木支架、输送机胶带、电缆等),在火灾发生时,其火焰呈一条线状向前方蔓延的线火源。在火灾发生时点火源的燃烧面积比较小,并且当风量供应充足时一般为富氧燃烧,火势大小受燃料量控制;线火源在燃烧时,燃料比较充足,属于富燃料燃烧,燃烧规模比较大,火灾影响范围比较广而且破坏性比较严重,容易造成风流紊乱,无形中增加了事故的灾难性。

3.3.2.1 区段巷道烟流滚退模型的数值模拟结果分析

通过 FDS 数值模拟软件对已设定好风速、火源热释放速率、下行通风巷道倾斜角度的模型进行点火源火灾的模拟计算。图 3-15 为在 5 MW 的火源热释放速率,2 m/s 的风速条件下水平巷道的烟气蔓延随时间的运移变化规律示意图(烟流滚退距离为 11 m)。从图中可以看出,在 50 s 以后烟气的发展基本趋于稳定。

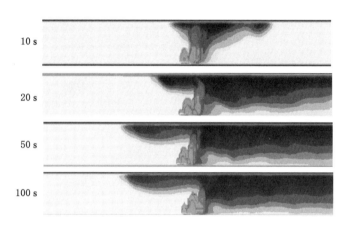

图 3-15 水平巷道烟气蔓延趋势图

在 5 MW 的火源热释放速率、2.6 m/s 的风速条件下,其烟流滚退距离为 0,如图 3-16 所示。火灾在 40 s 与 100 s 截图中都没有发生烟流滚退,表明此风速下不会发生烟流滚退,记为临界风速。在火灾烟气蔓延过程中,为了研究斜巷角度对烟流滚退的影响,对不同倾斜角度的巷道火灾烟流运动规律进行了数值模拟,结果如图 3-17 所示。风速设置为平巷的临界风速 2.6 m/s,热释放速率 5 MW。模拟结果显示,随着巷道倾角的增大,烟流滚退距离增大。

图 3-16 临界风速模拟结果

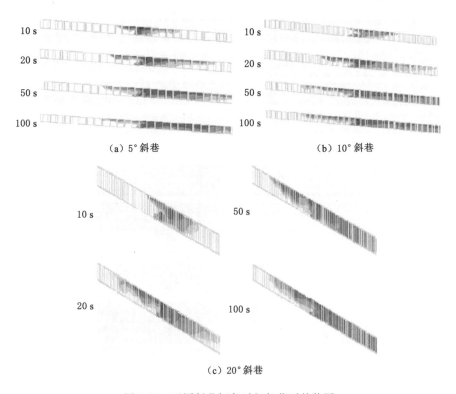

10 s　　20 s　　50 s　　100 s

（a）5°斜巷　　　　　（b）10°斜巷

10 s　　20 s

50 s　　100 s

（c）20°斜巷

图 3-17　不同斜巷倾角时烟气蔓延趋势图

　　为了观察火灾巷道的温度分布情况，提取水平巷道及不同倾斜角度巷道中心温度场切片，如图 3-18 所示。图中显示了在水平巷道临界风速条件下，不同倾角的巷道中心切片的温度场分布。水平巷道中温度等值线前沿位于火源的上方，没有发生烟流滚退现象；而在 5°倾角巷道中，可以看出温度等值线已经超过火源的上方，烟流发生了滚退现象。同时，比较倾角为 10°和 20°的切片图，可以看出，在倾角为 20°时，烟流滚退的距离增大。根据温度切片图来判断是否发生烟流滚退现象，其准确度无法保证，所以在下文中通过巷道中烟气浓度的分布情况来确定是否发生了烟流滚退的现象，同时确定烟流滚退距离。

　　如图 3-19 所示，在入口风速设置为水平巷道临界风速、热释放速率 5 MW 的条件下，得出水平巷道与不同倾角的下行通风巷道中巷道顶部的烟气浓度分布曲线。水平巷道的顶层烟气浓度分布在火源上方为分界线，也就是在该临界风速条件下，火灾产生的烟流刚好没有发生烟流滚退现象。与之相比，下行通风巷道中，烟流发生了滚退现象，倾角为 5°的巷道中，烟流自火源上方滚退了 4.8 m；倾角为 10°的巷道中，烟流滚退了 8.9 m；倾角为 20°的巷道中，烟流滚退了 16.5 m。

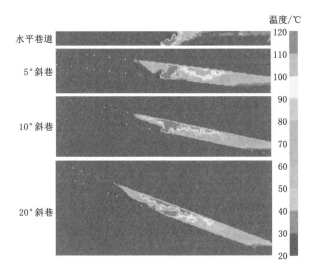

图 3-18 不同巷道倾角烟气蔓延的温度分布情况

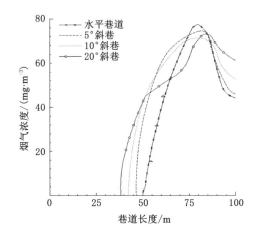

图 3-19 巷道顶部烟流密度分布曲线

数值模拟结果显示,巷道倾角对烟流滚退距离产生了影响,当巷道有一定的倾角时,在倾斜巷道影响下加上密度差的作用,烟流在产生顶层射流时,向风速入口方向的作用会加强。在下行通风巷道中,倾斜的巷道对烟流产生了额外风阻,所以需要增大通风速度的纵向分量,才能防止其发生烟流滚退现象。因此,下行通风巷道的临界风速比水平巷道的临界风速大,下行风的逆向风阻使得巷道内烟流的排出速度减缓;而在水平巷道中,烟流能迅速地排出巷道,所以在下行通风巷道发生火灾时,巷道内的温度比水平巷道和上行通风巷道发生火灾时的温度高。因此,在火灾时期下行通风巷道应该增加临时通风措施,降低巷道内的温度,从而避免二次火灾的发生。在烟气密度影响下,巷道火灾的上行通风一般不会发生烟流滚退;而在水平巷道和下行通风巷道中,在低于临界风速时,烟流滚退现象明显。

火灾蔓延速度与风速有密切的关系,前人通过大量实验证明:可燃性PVC电缆燃烧时,当风速小于1.5 m/s时,蔓延速度随风速的增大而增大;当风速在1.5~2.0 m/s时,蔓延速度随风速的增大变化不明显;当风速大于2.0 m/s时,蔓延速度随风速的增大而减小。前人在研究巷网火灾蔓延速度与风流速度的关系时也得到了类似的结论。因此,为了有效减缓火灾的蔓延速度,必须将火灾巷道的风速控制在2.0 m/s以上。

3.3.2.2 巷网火灾烟流控制模型的数值模拟结果分析

当前采矿业迅猛发展,矿井机械化在逐步加强。大功率机械设备、胶带、电缆等一旦发生火灾,在风流作用下,火势迅速蔓延,如果进入人员集中工作面区域,那么造成的人员伤亡将不可估计。矿井巷道火灾大多发生突然,很难现场监测火灾燃烧、烟流运移等具体参数数据。相似模型实验只能获取火灾烟流参数,但数值模拟可以分析火灾烟流运移规律及人员逃生路线,能更好地指导救灾实践。本书分析矿井火灾频发点的位置,建立数值模拟模型,将火源设置在中央主运胶带巷,通过研究巷道的温度、能见度和烟气浓度分布等相关参数变化,分析烟气流动规律、控制方法、人员逃生疏散情况等。

(1)巷网火灾模型建立

借鉴FDS数值模拟软件对区段模型模拟的建模方法及参数设定规律,建立通风网络条件下的烟流控制模型,对各项参数进行设定,通过数值模拟的手段研究灾变风网模型中烟流演化规律及控制效果如下:① 通过火焰与烟流的运移动画来形象地描述火灾在通风系统中的发生发展过程,从宏观的角度研究远程应急救援系统在烟流控制中的作用;② 系统设置两处闭锁风门在灾变时将烟流导入回风巷,分析如何配置才能高效地控制火势及灭火撤人;③ 火灾发生并稳定燃烧后,烟流在火风压等热动力因素影响下的运移速度,为系统启动的响应时间提供参考。

大柳塔煤矿主采2#、5#煤层,煤层结构简单、储量丰富,年产原煤20 Mt。采用主副平硐开拓,主平硐长557 m、宽3.6 m、高3.1 m,安装胶带运煤、通信电缆、供电电缆及供水管路等设备。副平硐长739 m、宽4.6 m、高3.9 m,1号副平硐主要服务2#煤层开采,2号副平硐主要服务5#煤层开采,用作矿井辅助运料、运人和进风,回风井也只服务2#煤层开采。大柳塔煤矿通风系统简化示意图如图 3-20 所示。

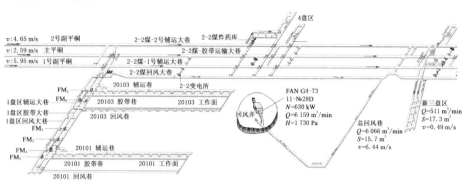

图 3-20　大柳塔矿通风系统简化示意图

模型建立及参数设定如下：

① 网络划分。巷道火灾模型将断面处理成等面积的多个矩形，鉴于形状对火灾影响较小，用矩形等效替换曲面，采取合理的密度来划分网格。FDS 数值模拟中，是按式(3-6)进行网格划分的。对于涉及羽流的模拟，计算区域的尺寸取决于无量纲参数 D^*，其值可以认为是火灾计算单元格数量的生长特性直径，是一个网络单元格的公称尺寸。

$$D^* = \left(\frac{Q}{\rho_\infty c_p T_\infty \sqrt{g}}\right)^{\frac{2}{5}} \tag{3-6}$$

式中　D^*——火源特征直径，m；

　　　　Q——火源总热释放率，kW；

　　　　ρ_∞——热空气密度，kg/m^3；

　　　　c_p——定压比热容，$kJ/(kg \cdot K)$；

　　　　T_∞——热空气温度，K；

　　　　g——重力加速度，m/s^2。

根据数值模拟计算，可得火灾特征直径为 2.593 5 m。网格尺寸划分的大小与此值有关。研究表明：当网格尺寸 $d=0.1D$ 和 $d=0.2D$ 时，模拟结果均可很好地反映顶部温度的变化趋势。考虑计算机的性能和模拟时间的控制，并且为获得较准确的模拟结果，最终确定 $d=0.2D$，即 $d=0.5$ m。结合大柳塔煤矿的巷道配置情况，确定网格单元尺寸为 0.5 m×0.5 m×0.5 m。

② 仿真时间设定。由于副平硐长 739 m，人员在井下行走速度为 1.27～1.50 m/s，估算矿工从 22101 综采工作面到达安全地点大约需要 1 000 s，加上火灾警报准备逃生时间等，将模拟时间设定为 1 200 s。

③ 火源设置。火源设置包括热释放速率、火源尺寸和位置等。假定 1 盘区主运输胶带着火，运输胶带长 1 200 m、宽 1.4 m、高 1 m，设定热释放速率为 16.89 MW。

④ 边界条件设定(表 3-1)。

表 3-1　巷道的边界条件设定

巷道名称	风口类型	风速/(m·s^{-1})
主平硐	进风	2.52
1 号副平硐	进风	3.43
2 号副平硐	进风	3.45
1 盘区总回风巷	回风	4.12

⑤ 测点布置。为了全面掌握烟流的运移规律，在风网火灾模拟模型中设置多个监测点，对其烟流蔓延、温度、能见度的分布规律进行分析，如表 3-2 所列。

表 3-2　风网火灾模拟模型的测点分布

序号	位置
1#～3#	1 盘区主运大巷火源后 15 m、45 m、75 m、105 m 处
4#～6#	1 盘区主运大巷火源前 15 m、45 m、75 m 处
7#～13#	1 盘区回风大巷沿 X 方向 700 m、600 m、500 m、400 m、300 m、200 m、100 m 处
14#～20#	1 盘区辅运大巷沿 X 方向 700 m、600 m、500 m、400 m、300 m、200 m、100 m 处
21#～23#	22101 回风平巷沿 Y 方向 240 m、160 m、80 m 处
24#～26#	22101 运输平巷沿 Y 方向 80 m、160 m、240 m 处
27#～33#	1 号副平硐沿 X 方向 50 m、150 m、−250 m、−350 m、−450 m、−500 m、−550 m 处
34#～40#	2 号副平硐沿 X 方向 50 m、150 m、−250 m、−350 m、−450 m、−500 m、−550 m 处

⑥ 模型中烟流控制设施的设置。为了掌握有效控制烟流的方法，在模型中增设可开关的风门来控制烟流，对比分析数值模拟效果。在采区胶带巷与轨道巷之间的联络巷内设置常开风门，在采区胶带巷与回风巷之间的联络巷内设置闭锁风门；火灾条件下可控制常开风门全部关闭，如果胶带巷前段着火，则打开前端闭锁风门；如果胶带巷后段着火，则打开后端闭锁风门，全面实现烟流控制和人员的逃生。在模拟过程中，通过设置发生火灾后控制风门的开闭，全面模拟观察烟流控制前后的运移规律。通风系统火灾模拟的整体模型如图 3-21 所示。

（2）数值模拟结果分析

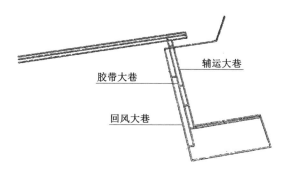

图 3-21　大柳塔矿井通风系统火灾模拟的整体模型

① 烟气蔓延速度分析

火灾产生的高浓度烟气不仅影响遇险人员的呼吸,还会降低逃生路径的能见度,严重降低逃生效率。所以,分析高浓度烟气在风流中的蔓延速度及路径,为选择烟流路径控制方法与人员逃生路径做好铺垫。

图 3-22 为井巷火灾发生后烟气的蔓延过程示意图,在火灾初期,烟气迅速聚集在火源上方,在风流的带动下迅速地向下游扩散,少量烟气在烟流蔓延过程中会出现烟流逆退。图 3-22(a)为不采取烟流控制措施时,火灾烟流的蔓延过程,运输胶带着火 20 s 后,盘区主运巷道已有明显烟流逆退现象,火灾发生后如果火势较大,烟流会在负压作用下沿着盘区主运巷向下游蔓延,经联络巷进入盘区辅运巷,继续向工作面蔓延,严重威胁工作面人员的安全。在358 s 时,高浓度烟流进入工作面,遇险人员必须在 350 s 内撤离工作面。在第 541 s 时,整个工作面及进风区域全部被烟流覆盖,工作面人员逃生几乎不可能。在第 700 s 时,整个盘区全部被烟流污染,为胶带巷灭火与盘区人员撤离造成严重障碍。

为了给灭火救灾和人员逃生创造良好条件,须有效控制烟流,将其导入回风巷、避免其进入工作面人员集中的地方。考虑火灾监测监控警报缓冲时间,火灾发生 60 s 时,模拟系统设置关闭风门 FM_1、FM_2、FM_3、FM_4;如果是胶带巷前部着火,开启风门 FM_6 引导风流进入中央回风巷道;如果是胶带巷后部着火,开启风门 FM_5 引导风流进入中央回风巷道。图 3-22(b)表示胶带巷前部火灾发生,60 s 后,烟流控制系统自动将风门 FM_6 打开,烟流在第 61.5 s 时短路进入回风巷,但依然有少量烟流进入胶带巷下游,并自由弥散。第 500 s 时,火灾烟流基本全部导入回风巷,无法进入采区,工作面人员可由辅运巷逃生。

为了检验烟流控制系统的响应时间,由图 3-22(c)可知,当火灾发生后第315 s 时,大量烟流短路进入回风巷。由于烟流控制系统启动延迟,少量烟流进入工作面胶带巷与辅运巷。短路通风条件下大量烟流进入回风巷,工作面风量减少,烟流低速蔓延,但不会影响工作面人员逃生。第 524 s 时,火灾烟流全部导入回风巷,工作面人员可由辅运巷逃生。短路通风会导致着火胶带巷风流加大,烟流逆退距离变小,为灭火救灾创造良好的条件。

② 巷道中测点温度变化

井巷火灾产生的高温烟气随风蔓延,会造成沿途遇险人员被灼伤,阻断逃生路线等危害,通过数值模拟分析火灾发生后不同位置温度随时间变化规律,指导遇险人员疏散逃生。线火源燃烧条件下,热释放速率是一个动态平衡过程,具体热释放速率随时间变化的曲线如图 3-23 所示。假设距巷道口为 160 m 处的运输胶带着火,来模拟主运巷的火灾,火源在初始快速蔓延时热释放速率大于设定值,大约 350 s 以后趋于稳定在 16 MW。井下巷道内测点温度随时间变化,其特性曲线如图 3-24 和图 3-25 所示。

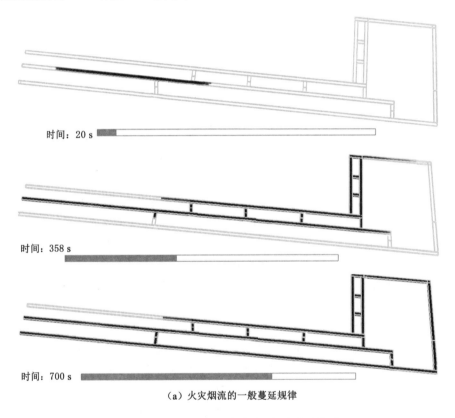

时间:20 s

时间:358 s

时间:700 s

(a)火灾烟流的一般蔓延规律

图 3-22 井巷火灾不同时刻的烟流蔓延情况

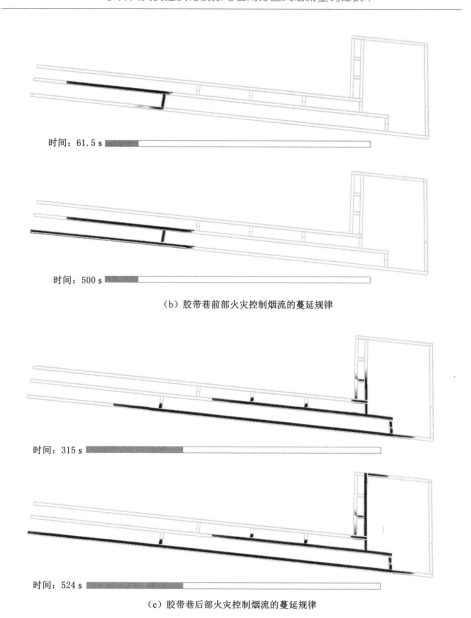

时间：61.5 s

时间：500 s

（b）胶带巷前部火灾控制烟流的蔓延规律

时间：315 s

时间：524 s

（c）胶带巷后部火灾控制烟流的蔓延规律

图 3-22　（续）

图 3-24 显示了不采取烟流控制措施时的温度变化规律，从温度监测结果来看，在火灾发生 35 s 后，主运巷测点温度依次升高，反映了火灾后高温烟流向下游蔓延的情况。由图 3-24（a）可知，火源下风侧 50 m 处的温度在火灾发生后

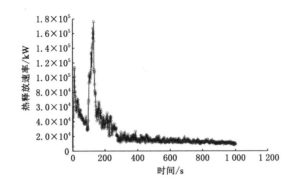

图 3-23　线火源火灾热释放速率变化曲线

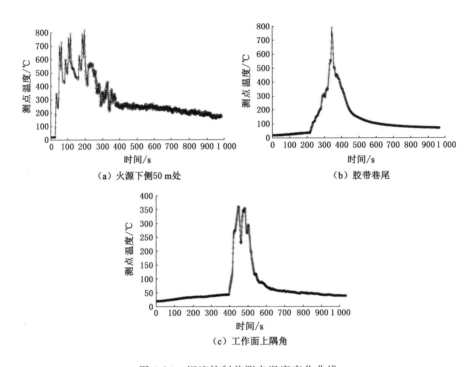

（a）火源下侧 50 m 处　　　　　（b）胶带巷尾

（c）工作面上隅角

图 3-24　烟流控制前测点温度变化曲线

300 s 内变化波动较大，最高温度达 800 ℃；300 s 后温度逐步稳定，基本稳定在 220 ℃左右。由图 3-24（b）可知，胶带运输巷尾部（带式输送机前部）着火，在 250～450 s 时受火源影响温度较高；500 s 后逐步稳定在 100 ℃左右。在 200～450 s 时，工人如果没有及时撤出将有危险。由图 3-24（c）可知，火灾稳定燃烧后工作面的温度稳定在 60 ℃左右，说明此时人员受到温度的影响较小，但是逃生

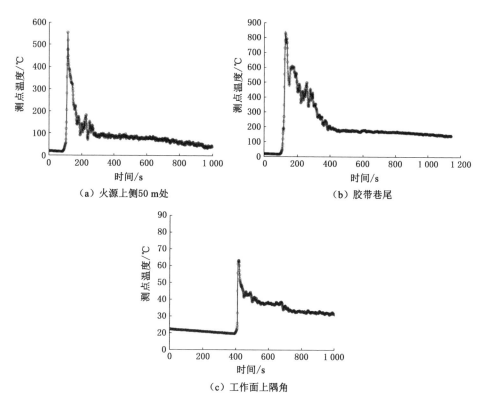

（a）火源上侧50 m处 （b）胶带巷尾

（c）工作面上隅角

图 3-25 烟流控制后测点温度变化曲线

通道的相关地点会被高温阻断，有毒、有害气体将成为致命因素。

图 3-25 显示了采取烟流控制措施后巷网温度变化规律，从温度监测结果来看胶带巷与回风巷之间的风门打开后，少量烟流进入工作面，造成了温度小幅波动。胶带巷尾部温度比烟流控制前稍大，说明短路通风量增大，促使了火灾的发展，加速了烟流的运移。火源上风侧的温度明显小于烟流控制前，由于风量加大，烟流逆退距离缩短，大风量能够带走大量热能，为灭火救灾创造了良好的条件。

③ 能见度

井巷火灾发生后，胶带等可燃物燃烧产生的烟雾颗粒具有遮光性，造成巷道内能见度减小，从而阻碍遇险人员的撤离和救灾人员的灭火工作。分析火灾后巷道中各测点的能见度，用来指导人员撤离和灭火，巷道中各测点能见度随时间的变化规律如图 3-26 和图 3-27 所示。

图 3-26 表示不采取烟流控制措施时的能见度分布规律，正常生产时巷道中的可见度设为 30 m。运输胶带燃烧后，巷道中不受烟气污染的区域能见度依然

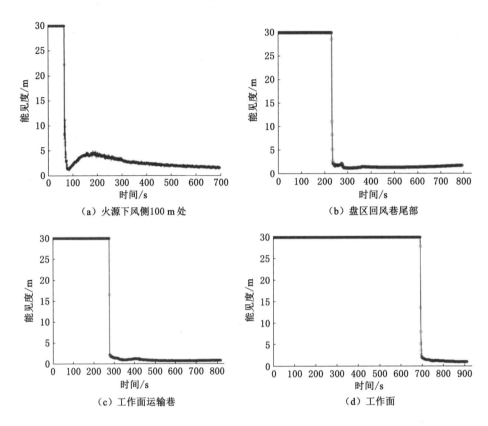

（a）火源下风侧100 m处　　　　　（b）盘区回风巷尾部

（c）工作面运输巷　　　　　　　　（d）工作面

图 3-26　烟流控制前测点能见度变化曲线

为 30 m，火源下游烟流经胶带巷与辅运巷进入工作面，沿工作面进入回风巷，所到之处，能见度迅速降为 5 m 以下，并在火源点熄灭前，污染区域能见度一直在 5 m 以下，严重阻碍灭火、撤人行动。由图 3-26 可知，工作面人员需要在火灾发生后 280 s 内撤出工作面运输巷，且必须在 700 s 之内撤出盘区辅运巷进入副平硐才可以及时逃生。但是工作面走向长度 500 多米，遇险人员很难在 280 s 内撤出工作面，所以必须采取烟流控制措施才能保障工作人员的生命安全。

图 3-27 表示采取烟流控制措施后的能见度分布规律，巷道内发生巷网火灾后，胶带巷能见度迅速降低。在打开风门 FM_6 以后，高浓度烟流将整个巷道充斥，说明烟流排出路径是不允许作为逃生路径的。上风侧 50 m 处的能见度在 10 m 左右波动，说明此时受火源热释放速率和风流影响。工作面运输巷能见度经过短时间波动后恢复正常，在 30 m 左右，为人员逃生创造了条件。

本书研究了主进风巷火灾的发生原因和发展过程，分析了胶带、电缆、煤尘

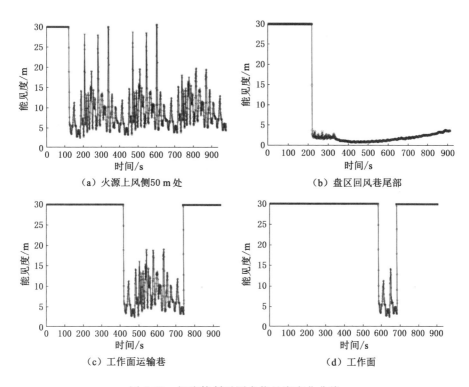

（a）火源上风侧50 m处　　　　　　（b）盘区回风巷尾部

（c）工作面运输巷　　　　　　　　　（d）工作面

图 3-27　烟流控制后测点能见度变化曲线

等物质燃烧时发光、发热和产烟特性。对各类燃烧产物和危害进行了分析，探讨了火灾发生后，烟气流在巷道内扩散、蔓延的运移规律；分析了火灾发生后燃烧物的热力学参数特征和固体表面火蔓延模型，推导了顺流、逆流、不同倾角条件下火灾蔓延速度的计算公式；阐明了井巷火灾过程中产生的节流效应、浮力效应是引起矿井风流紊乱和烟流滚退的主要原因，为火灾应急救援系统研究提供了基础资料。根据井巷火灾风网中的烟流调控特点，本书提出了研究复杂风网结构中火灾烟流控制与人员逃生路径，提高了烟流调控系统与通风系统之间的耦合性，为灭火救灾和人员逃生创造了条件。通过数值模拟发现，火灾发生 541 s后整个工作面及进风区域全部被烟流覆盖；700 s后整个盘区全部被烟流污染，人员逃生几乎不可能。火灾稳定燃烧时工作面温度稳定在 60 ℃左右，但是逃生通道上的相关地点会被高温阻断。工作面人员需要在 280 s内撤出工作面运输巷，且必须在 700 s内撤出盘区辅运巷，进入副平硐后才能及时逃生。实践表明：不采取烟流控制措施，采区工作人员很难成功逃生。

3.3.3　矿井火灾风烟流演化与控制的 FLUENT 模拟

建立矿井烟流的远程智能调控系统应基于其与风网结构之间的耦合关系,并对其耦合系统的动力特征做深刻分析,否则在控制系统启动后,由于改变了风网结构可能导致通风系统失稳,会使灾害进一步扩大。本节应用非线性理论,对矿井非稳态条件下的通风系统的动力特性进行了深入的分析,通过对胶带巷火灾的燃烧规律与热烟流的运移特征进行量化分析,研究了矿井非稳态通风系统中的特殊火烟现象,并对风网结构与远程应急救援系统之间的耦合性进行分析。

3.3.3.1　数学模型及边界条件

（1）胶带燃烧

巷网火灾产物复杂,没有定量的气体组分。为此我们借用煤与氧气反应的化学方程式表示巷网火灾燃烧产物和组分比,其化学方程式如下:

$$2C+1.5O_2 ＝＝CO_2+CO+热量 \tag{3-7}$$

由式(3-7)可知,每消耗 1.5 mol 氧气生成 1 mol 二氧化碳和 1 mol 一氧化碳。随着胶带燃烧的持续,胶带燃烧的生成热也在逐渐积累,胶带表面温度和环境温度都会逐渐升高,胶带燃烧速率会逐渐增大。在本书中,不考虑胶带燃烧生成热,环境温度始终保持室温,胶带燃烧速率也为一恒定值:反应物氧气为 0.025 $kg/(m^3 \cdot s)$、生成物二氧化碳为 0.034 5 $kg/(m^3 \cdot s)$、一氧化碳为 0.002 2 $kg/(m^3 \cdot s)$、反应生成热为 11 516 W/m^3。胶带燃烧地点设在带式输送机尾附近,现场模型如图 3-28 所示,依据现场局部通风系统建立的 Gambit 模型如图 3-29 所示。

（2）边界条件

使用计算流体力学软件——FLUENT 软件进行数值模拟。由于二维模型不考虑高度因素,会出现当模拟流量与真实流量相当时,模拟流速偏大的现象。在火灾烟流控制过程中,须重点监测有毒、有害气体的浓度及分布。因此,要保证模拟流量与真实流量一致,模拟之前先设置边界条件,西翼采区进风巷实际风量为 2 124 m^3/min,回风巷实际风量为 2 146 m^3/min。设置西翼采区进风巷为压力入口,回风巷为压力出口。调节各入口和出口压力值,使数值模拟中的风量尽量与实际风量一致。数值模拟中主进、回风巷风量(救灾前)能基本反映实际风量,其误差在－2.18%～1.26%之间,如表 3-3、表 3-4 所列。胶带燃烧中产生的有毒、有害气体通过设置源相的方法添加到模型中,救灾门的开闭通过控制救灾门的边界条件类型实现,救灾门动作后的风量依据现场实验测试的数据进行设定。

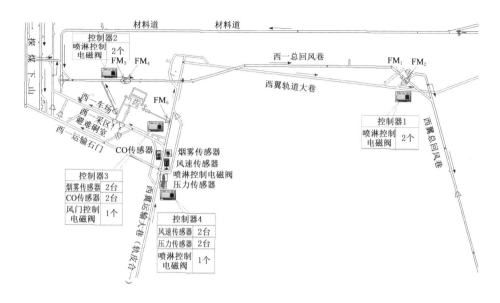

图 3-28　龙东煤矿西翼采区通风系统物理模型

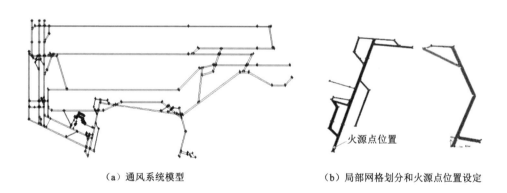

（a）通风系统模型　　　　　　　　（b）局部网格划分和火源点位置设定

图 3-29　FLUENT 模拟的数学物理模型

表 3-3　西翼采区主进、回风巷风量

巷道名称	西翼运输巷	西翼回风巷	西翼运输石门	采区回风巷	西一采区
救灾前风量/(m³·min⁻¹)	2 124	2 146	1 536	1 898	1 638
救灾后风量/(m³·min⁻¹)	2 924	3 046	75	168	38

表 3-4　数值模拟中主进、回风巷风量

巷道名称	西翼运输巷	西翼回风巷	西翼运输石门	采区回风巷	西一采区
救灾前风量/(m³·min⁻¹)	2 077.69	2 159.3	1 522.48	1 921.91	1 624.24
救灾前风量误差/%	−2.18	0.62	−0.88	1.26	−0.84
救灾后风量/(m³·min⁻¹)	2 977.92	3 059.53	52.18	71.91	64.18
救灾后风量误差/%	1.84	0.44	−30.43	57.20	68.89

3.3.3.2　巷网模型的模拟结果及分析

为了对比分析正常状态、火灾状态和救灾状态的通风与灾变参数,将模拟过程分为三个阶段。正常通风条件下,模拟巷道的风流分布特征、待迭代过程收敛后,对比分析模拟结果与实际通风系统的拟合度。在合理配置通风参数的基础上,增加燃烧参数,分别模拟应急救援系统开启前后的火灾烟流扩散蔓延规律。

（1）在正常通风模式下,西翼采区各巷道风流的速度场分布如图 3-30 所示。

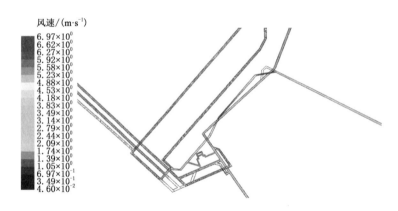

图 3-30　巷道风流的速度场分布图

（2）应急救援系统未启用条件下胶带燃烧烟气的流动规律,以 CO 浓度及其分布为基本指标,来分析烟流在各个巷道中运移分布规律。图 3-31 记录了火灾发生后,不同时刻烟流在西翼采区各巷道中蔓延的动态分布规律。

（3）应急救援系统启用后,由于风流路径变短,采区风量会增加。模拟西翼采区各巷道风量速度场分布如图 3-32 所示,CO 浓度及其在各个巷道中运移分布规律如图 3-33 所示。

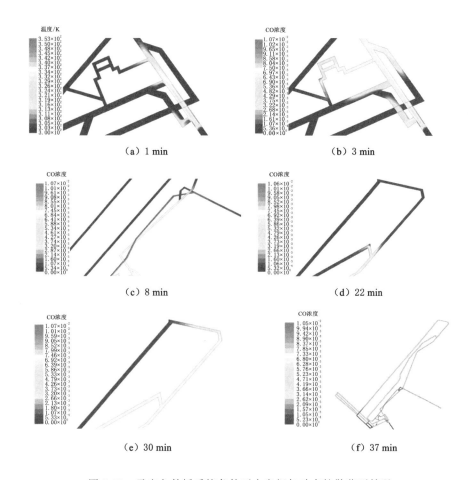

（a）1 min　　　　　　　　　　　（b）3 min

（c）8 min　　　　　　　　　　　（d）22 min

（e）30 min　　　　　　　　　　　（f）37 min

图 3-31　无应急救援系统条件下火灾烟气动态扩散蔓延情况

分析以上 3 种状态的模拟结果，由图 3-32 可知，主进风巷道的风速在 2.79 m/s 左右，总回风巷的风速在汇集处由于入口断面较小一般在 4.18 m/s 左右，在回风巷末端为 3.14 m/s 左右。在西一采区回风巷段，风速出现增大，达到 6 m/s 左右，主要原因是这段巷道在折弯处冒顶，支护困难导致巷高增大。对比分析各处巷道的风量分配（排除巷道高度的影响），与实际风量分配基本吻合，为模拟下一步火灾烟流运用分布规律奠定了良好基础。

由图 3-32 可知，在未采取烟流控制措施的条件下，当燃烧 1 min 后，高温烟气已经侵入炸药库；当燃烧 3 min 后，高温烟气已完全侵占了整个炸药库；当燃烧 8 min 后，高温烟气就侵入西翼总回风巷；当燃烧 22 min 后，高温烟气就完全侵入西一轨道下山，并已侵入交叉口处；当燃烧 33 min 后，烟气已侵入西一采区

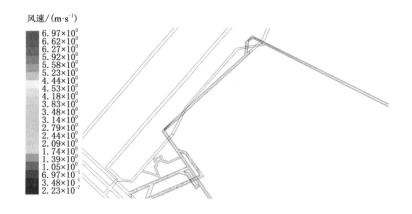

图 3-32　启动救灾系统后各巷道风流的速度场分布图

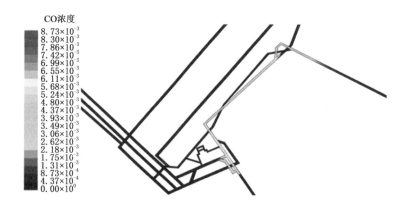

图 3-33　启动救灾系统后各巷道 CO 浓度分布图

所有巷道；当燃烧 37 min 后，烟气已侵入西翼所有巷道。此时西翼巷道的平均气温为 332 K，O_2 浓度为 14.8％，CO_2 浓度为 5.1％，最高 CO 浓度为 0.68％，在此种环境下，遇险人员是无法生存的。

由图 3-33 可知，在采取烟流控制措施的条件下，当主运巷与回风巷之间联络巷的风门打开之后，西翼采区的所有风量均由主运巷进入总回风巷，采区其他巷道处于无风状态。由于风流短路通风阻力降低，主运巷风速由 2.79 m/s 左右增加至 4.18 m/s 左右。此时有利于工作人员迅速撤离，但风量的增大，会加速火灾燃烧速度，增加散热量和有毒、有害气体释放量。由于风门 FM_5 的关闭，炸药库周围巷道也处于无风状态。火灾烟气分布随风流由主运巷进入回风巷,采区由于无风流进入,烟气只有在巷道口处有少许弥散,采区内部无烟流进入。由于风量的增加,此时西翼巷道的平均气温为 325 K,O_2 浓度为 16.1%,CO_2 浓度为 6.5%,最高 CO 浓度为 0.49%,烟流的各项参数比无救灾系统时有所降低。模拟结果同时说明,应急救援系统能够调整通风系统的状态,避免烟流进入人员集中区域,并能够顺利地将烟流导入采区总回风巷。

对比分析模拟结果,火灾发生后下风侧的各个巷道及工作面受风量与通风方式等因素的影响,火灾产生的有毒、有害气体分布情况存在明显差异。灾变条件下通过地面中心站启动救灾,常开风门关闭,闭锁风门打开,将烟流控制在较小范围并将其导入回风巷。这种风流控制方式宏观上可以避免烟流进入采区造成人员伤亡的问题,但救灾系统启动后,受火风压、风网变化、风机运行工况改变的影响,大量风流通过胶带巷随烟流导入回风巷而导致采区风量骤降,微观上必须考虑风门的开度可调性,用以调节和控制烟流排放的短路风流风量,为风网改变后的风量调控及合理分配提供保障。

3.4　主进风巷火灾救援风量调控技术的理论分析

在主进风巷火灾救援过程中,如果风网调控方法不合适或各分支风量分配不合理,在火灾区域易出现火焰燃烧的节流效应、回燃、"蛙跳"、烟流滚退、风流逆转等现象;在非烟流区易出现风量不足、瓦斯超限等现象,给灭火撤人造成困难并可能产生次生事故。要研究建立主要进巷火灾远程应急救援系统并按照预定功能启动,风网发生改变后火灾区域的需风量及影响因素,新鲜风流区所需风量及影响因素,定量地计算风量需求。利用烟流区和非烟流区的风网结构关系、主要通风机运行工况曲线、火灾燃烧产生的火风压、不同风门开度下的调节风阻等,通过分析风网解算结果,获取某一调节阻力下烟流区与非烟流区的最佳风量分配,为风门开度调节的远程控制提供理论依据。

3.4.1　救灾过程中影响风量分配的综合因素分析

主进风巷火灾发生过程中,由于热烟气的存在会产生热阻力和节流效应,在风流控制不合理的条件下会产生烟流滚退、风流逆转、"蛙跳"、回燃火势蔓延加速等现象。这些现象都与热释放速率及风流速度有关,可以通过计算临界风速的方式获取火灾燃烧区域的最佳配风量。非烟流区为了保障人员的安全撤离,应保证安全风量的供给。

3.4.1.1　烟流滚退

烟流滚退是矿井火灾时期由火风压引起的风流紊乱现象,在火源下风侧压力梯度、节流效应和巷道断面影响下,新鲜风流流入火源,燃烧产生的烟气膨胀密度变小而显出"上浮"现象,沿上风侧巷道顶部逆向回退一段距离再翻卷流向火源。前人运用 PHOENICS 软件计算无因次烟流滚退距离时,得出平巷火灾在 5 MW 热释放速率条件下风速为 2.3 m/s 时,烟流滚退几乎不会发生并通过实验验证了这一结果。本书利用 FDS 数值模拟软件研究不同倾角巷道对烟流滚退距离的影响,得出平巷中的临界风速为 2.6 m/s;20°倾角斜巷火灾在 5 MW 热释放速率、风速为 3.3 m/s 时,烟流滚退几乎不会发生。

3.4.1.2 "蛙跳"现象

火焰的"蛙跳"现象是指富燃料类火灾可能出现断续蔓延的特征,一定条件下,未消耗尽的高温、挥发性气体在距原生火源一定距离形成再生火源,使火焰呈跳跃状。中国矿业大学火灾课题组通过大量实验,研究了火灾"蛙跳"现象的发生规律,获得了"蛙跳"现象发生的具体图片,主要进风巷火灾火焰"蛙跳"的实验现象如图 3-34 所示。在配置主进风巷火灾远程应急救援系统过程中,整个救灾系统预定功能在 1 min 内能够完成动作,风流能够迅速地变为预定流动路径,风网改变后,火源发生点不会出现风流逆转现象,而且胶带巷风速有变大的趋势,不会出现富燃料燃烧,所以不会产生"蛙跳"现象。

图 3-34　主要进风巷火灾火焰"蛙跳"的实验现象[150]

3.4.1.3 回燃现象

火灾的回燃现象是指在受限空间内发生火灾时,当空气供应量不足时,由可燃物受热分解的可燃组分进入周围烟流中因缺氧而不能燃烧,即处于富燃料燃烧状态,当富燃料燃烧的高温、可燃气体遇到新鲜空气时发生的突然燃烧,称作回燃。回燃的发生需要两个条件,即前导可燃物燃烧,通风条件变化。井下巷道的受限空间内,在即将发生风流逆转时,通风状况较差,在发生逆转的临界过程中,风流流动已基本停滞,周围氧气量不断减少,燃烧效率不断下降,热解产物不断产生并积聚在巷道上部,形成了富含可燃物的热烟气层。若风流逆转的临界过程持续时间较长,通风条件在短时间内无法改变,则前导燃烧会逐渐减弱直至熄灭,这样巷道内就不会发生回燃现象。在燃烧逐渐减弱的过程中,能量获得速率会持续下降直至无能量产生,巷道通过热对流和传导向周围环境散热,直至巷道内外温度相同。若前导火灾未完全熄灭时,巷道内风流发生逆转或有风流流过,新鲜空气进入火区,则会产生回燃现象。回燃时,巷道中过剩热解产物,将使火灾过程出现能量迅猛爆发,而当过剩热解产物浓度较高,能量爆发强度较大时,火灾状态会出现一个从缓慢燃烧状态到迅猛燃烧状态的大阶跃。所以,回燃现象的发生会导致灾情的扩大,对救灾不利。回燃是下行风流逆转过程中的一种伴生现象,只要条件具备,就有可能发生。

3.4.1.4　火灾蔓延速度

主要进风巷火灾的蔓延速度与风流速度有密切的关系,前人通过大量实验证明:可燃性 PVC 电缆燃烧时,当风速小于 1.5 m/s 时,蔓延速度随风速的增大而增大;当风速在 1.5～2 m/s 时,蔓延速度随风速的增大变化不明显;当风速大于 2 m/s 时,蔓延速度随风速的增大而减小。在研究胶带火灾蔓延速度与风流速度的关系时也得到了类似的结论。美国矿业局在长 27.0 m、宽 3.8 m、高 2.5 m 的巷道中,研究风速对胶带燃烧特性的影响得出:1.5 m/s 时的风速最适合胶带火焰的传播,某些 PVC 和 SBR 型胶带在风速为 1.5 m/s 时出现闪络现象。前人在断面为 0.38 m×0.38 m,全长 44 m 的钢板制单条巷道中研究风速对木支架燃烧的影响:平巷时火灾难以蔓延,风速为 0.5～2 m/s 时为富氧型燃烧;风速为 2～5 m/s 时为富燃料燃烧。所以,在救灾过程中,胶带巷风速大于 3 m/s 时对火灾蔓延速度会产生阻碍作用。

3.4.1.5　烟流区与非烟流区的风量分配

要改变主进风巷火灾远程应急救援系统的风网结构,首先要保证风网结构改变后的主要通风机能够稳定地运行在工况曲线范围内,这样才能保证总阻力变化较小,这些将在下面模拟救灾状态下的风网解算中论证。根据矿井火灾的发生特点与烟流运动规律,将救灾系统启动后的通风系统区域划分为烟流区和非烟流区。这样该矿井的通风系统变成了两个并联分支网络,通过增阻或减阻方式调节风量分配,将烟流区风量调整在不产生烟流滚退而顺利将烟流导入回风巷,风速能够对火势蔓延起到一定抑制作用,至少不助燃,为灭火救灾提供良好条件;非烟流区按照《煤矿安全规程》对反风风量不低于正常风量 40% 的要求保证安全风量,为采区人员撤离提供保障,降低灾害损失并迅速完成灭火撤人工作。为了提高救灾过程的可靠性,降低瓦斯涌出在风量减少时造成的危险,在模拟火灾救援过程风量分配的网络解算中,争取将采区风量控制在原有风量的 60% 以上。

3.4.2 火灾救灾过程调控的计算模型分析

矿井通风网络中分支风量的分配和调节,一般是通过对风网结构和阻力分布情况进行风网解算的(根据解算结果研究风量的分配情况,为风网调节提供定量依据)。在主进风巷火灾远程应急救援系统的通风网络中,灾变过程的火区风阻是随火势发展动态变化的,无法确定不同调节风阻下的风量分配和风机工况。但是由火灾发展特性曲线可知,在火情稳定时期,其热释放速率趋于稳定,火区风阻也会在某一稳定值处上下波动。所以在模拟救灾过程的风网解算中将火区风阻拟定为常规火灾产生热阻力的计算值,根据风门离散性开度控制的特点,研究几个开度条件下的风阻对风网分支风量及风机运行工况的影响。

结合主进风巷火灾远程应急救援系统的救灾原理及通风网络的特点,绘制井工二矿一采区胶带巷火灾前后的通风网络示意图(图 3-35)。由于救灾过程改变了风网结构,各段通风阻力的串并联关系重新组合,并且增加了火区阻力和风量调节阻力,为了更好地解释计算模型,将灾变前后的通风网络图进行简化。由图 3-36 可知,救灾时期 2、6、4、5 节点间的巷道为烟流污染区域,1、3、4 节点间的巷道(包括采区)为非烟流区,将 1、3、4 节点间的巷道设置为火灾时期的关键避灾路线,通过调节风量为火灾发生区域的灭火救灾及采区人员迅速撤离升井创造良好条件。为了更加准确地得出风量分配的最佳结果,通过研究虚拟火灾条件下远程应急救援系统启动前后的通风网络结构,计算主进风巷火灾当量热释放能及实际风速下的火区风阻和预置风门不同开度下的调节风阻,完成救灾过程中风量调控的网络解算。

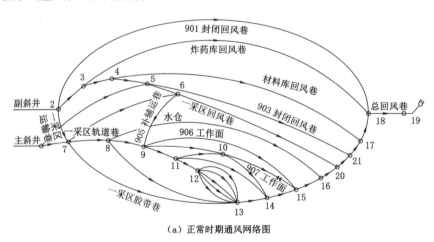

(a) 正常时期通风网络图

图 3-35 矿井常态与胶带巷火灾救灾时期的通风网络图

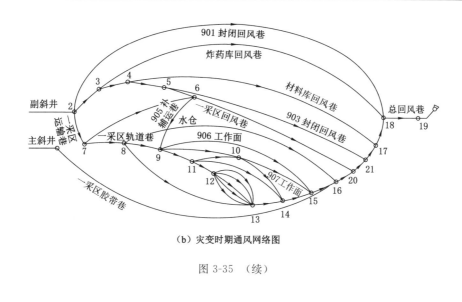

（b）灾变时期通风网络图

图 3-35　（续）

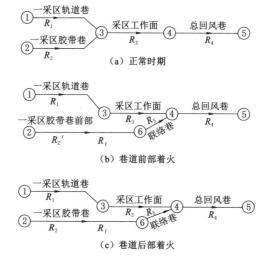

图 3-36　一采区胶带巷火灾救灾过程的通风网络简化图

　　对比分析图 3-36（a）～（c），风网结构在主进风巷火灾远程应急救援系统启动前后除了巷道的串并联关系重组外，通风网络中还增加了胶带巷火灾的火区风阻 R_f 和风门开度变化产生的调节风阻 R_5。其中火区风阻受风流速度和热释放速率变化影响随时间延续是动态变化的，为了简化模型确定调节风阻的理想调节量，将火区阻力取一稳定燃烧的常规巷道火灾参数的计算值，研究风门开度大小对风量调控的作用。根据前人的经验和实验结果，将火区阻力利用公

式(3-8)进行定量计算并利用公式(3-9)求得火区风阻[198]:

$$p_f = \rho \bar{u}^2 - \rho_0 \bar{u}_0^2 + \int_0^l \frac{\lambda \rho u^2}{2d} dx + (\rho_0 - \rho) g l \sin \theta_{fire} \tag{3-8}$$

$$R_f = \frac{p_f}{Q^2} \tag{3-9}$$

式中　p_f——火区阻力,Pa;

　　　ρ——火区烟流密度,kg/m^3;

　　　$\bar{u}$——火区烟流平均速度,m/s;

　　　θ_{fire}——火区巷道倾角,(°);

　　　ρ_0——火区上风侧风流密度,1.29 kg/m^3;

　　　u——瞬时风流速度,m/s;

　　　$\bar{u}_0$——火区上风侧风流平均速度,m/s;

　　　l——火区长度,m;

　　　λ——巷道的摩擦因子,砌碹巷道一般取 0.035;

　　　d——巷道的当量直径,m;

　　　g——重力加速度,m/s^2;

　　　R_f——火区风阻,N·s^2/m^8;

　　　Q——烟流的体积流量,m^3/s。

井工二矿一采区胶带巷的断面为 4.5 m×3.6 m,胶带巷的正常进风量为 3 100 m^3/min,巷道倾角为 10°,模拟火灾为胶带燃烧,热释放速率设定为 10 MW,火区长度为 300 m,相当于一场中型火灾的能量。

利用局部风阻和摩擦风阻叠加的方法近似计算调节风阻,根据局部风阻的定义和类型划分,将风门开度变化产生的调节风阻近似地看成断面突然缩小后又突然变大产生的局部风阻之和,具体计算见下式:

$$R_m = \alpha \frac{LU}{S^3} \tag{3-10}$$

$$R_{jx} = 0.5 \left(1 - \frac{S_1}{S}\right) \frac{\rho}{2S^2} \tag{3-11}$$

$$R_{jd} = \left(1 - \frac{S_1}{S}\right)^2 \frac{\rho}{2S_1^2} \tag{3-12}$$

$$R_5 = R_m + 2(R_{jx} + R_{jd}) \tag{3-13}$$

式中　R_m——摩擦风阻,N·s^2/m^8;

　　　α——摩擦阻力系数,N·s^2/m^4;

　　　L——巷道长度,m;

U——巷道周长，m；

S——巷道断面面积，m^2；

ρ——风流密度，kg/m^3；

R_{jx}——突然缩小的局部风阻，$N \cdot s^2/m^8$；

R_{jd}——突然扩大的局部风阻，$N \cdot s^2/m^8$；

S_1——可控风门的调节断面面积，m^2。

西翼胶带巷与回风巷之间的联络巷断面为 4 m×3.6 m，长度为 30 m，支护方式为石砌巷道。联络巷内安装最大开度为 3.2 m×2.5 m 的风门两道，间距为 18 m，可调断面分别为 2.4 m×2.5 m、1.6 m×2.5 m、0.8 m×2.5 m。代入计算调节阻力 R_5 分别为 0.021 9 $N \cdot s^2/m^8$、0.058 8 $N \cdot s^2/m^8$、0.197 $N \cdot s^2/m^8$、1.152 $N \cdot s^2/m^8$，利用这 4 种调节风阻，解算烟流区和非烟流区的风量分配情况，寻找该矿在现有通风阻力条件下发生火灾时最佳的风量分配及主要通风机运行工况。

3.4.3　火灾过程中救灾风量调控的网络解算结果分析

利用课题组开发的风网解算软件，根据井工二矿井下风网情况、风机性能测定结果、通风阻力测定结果，救灾时加入火区风阻与调节风阻，限于篇幅只列举了简化风网的风量分配，风网解算结果见表 3-5 至表 3-9。

表 3-5　正常时期风网解算结果

区段序号	巷道名称	解算风量/($m^3 \cdot s^{-1}$)
$1^{\#} \sim 3^{\#}$	一采区轨道巷	106.27
$2^{\#} \sim 3^{\#}$	一采区胶带巷	60.86
$3^{\#} \sim 4^{\#}$	采区	167.13
$4^{\#} \sim 5^{\#}$	总回风巷	167.91

注：风机工况，$Q = 167.13$ m^3/s，$p = 282\,6$ Pa。

表 3-6　$R_5 = 0.021\,9$ $N \cdot s^2/m^8$ 的风网解算结果

区段序号	巷道名称	解算风量/($m^3 \cdot s^{-1}$)
$1^{\#} \sim 3^{\#}$	一采区轨道巷	66.23
$2^{\#} \sim 3^{\#}$	一采区胶带巷	125.30
$3^{\#} \sim 4^{\#}$	采区	76.23
$4^{\#} \sim 5^{\#}$	总回风巷	191.53

注：风机工况，$Q = 191.53$ m^3/s，$p = 2\,438.7$ Pa。

表 3-7 $R_5 = 0.058\ 8\ \text{N} \cdot \text{s}^2/\text{m}^8$ 的风网解算结果

区段序号	巷道名称	解算风量/(m³·s⁻¹)
1#～3#	一采区轨道巷	92.37
2#～3#	一采区胶带巷	81.30
3#～4#	采区	92.37
4#～5#	总回风巷	173.67

注:风机工况,$Q = 173.67\ \text{m}^3/\text{s}$,$p = 2\ 683.8\ \text{Pa}$。

表 3-8 $R_5 = 0.197\ \text{N} \cdot \text{s}^2/\text{m}^8$ 的风网解算结果

区段序号	巷道名称	解算风量/(m³·s⁻¹)
1#～3#	一采区轨道巷	102.38
2#～3#	一采区胶带巷	56.27
3#～4#	采区	102.38
4#～5#	总回风巷	158.65

注:风机工况,$Q = 158.65\ \text{m}^3/\text{s}$,$p = 2\ 892.0\ \text{Pa}$。

表 3-9 $R_5 = 1.152\ \text{N} \cdot \text{s}^2/\text{m}^8$ 的风网解算结果

区段序号	巷道名称	解算风量/(m³·s⁻¹)
1#～3#	一采区轨道巷	106.47
2#～3#	一采区胶带巷	30.09
3#～4#	采区	106.47
4#～5#	总回风巷	136.56

注:风机工况,$Q = 136.56\ \text{m}^3/\text{s}$,$p = 3\ 040.0\ \text{Pa}$。

结合影响风量调控的因素、烟流区顺利灭火排烟、非烟流区安全撤人等对风量的要求,对比分析灾变前后风量调控状态下的风网解算结果可知,表 3-6 中采区风量不足原有配风量的 50%。表 3-7、表 3-8 中采区风量达到原有配风量的 60% 以上,采区及安全通道的风量能够满足救灾过程撤人的安全风量要求,且胶带巷的风量分配使得风速超过 3 m/s。而表 3-9 中采区风量分配充足,胶带巷的风速为 2 m/s 左右,容易产生烟流滚退等现象,且风机的运行工况偏高、阻力偏大,有可能引起风机的"喘振"现象。对比表 3-8 中调节阻力条件下的风量及风机的运行工况比较贴近于表 3-5,并且采区内的风量比表 3-7 中的大。在主进风巷火灾救灾过程中,在满足火灾发生区段灭火救灾要求的基础上,采区风量、风机运行工况变化越小越好,综合各因素表明,井工二矿现有通风阻力条件下风门开度在 1 600 mm 时,主进风巷火灾远程应急救援系统的风量分配达到最佳。

3.5 主进风巷火灾救灾过程分支风量智能调控技术

主进风巷火灾无论是在发生阶段还是在发展阶段都是一个动态变化过程,热释放速率始终在发生变化,其节流效应产生的火区阻力受热释放速率影响也是动态变化的。在主进风巷火灾过程的非稳定性通风条件下,必须机动灵活地调节和控制风网,实现最佳的风量分配,同时能够动态显示各网络分支的风量,为灾变条件下的顺利救灾提供实时的数据支持。各网络分支风量在救灾过程中的动态显示,是通过风机参数的动态监测和风网解算结果的迭代实现的。火区阻力是影响风网解算结果的主要因素,所以要实现救灾过程中各分支风量动态显示,必须直接或间接地实时监测火区阻力[199]。

3.5.1 风量智能调控系统功能实现的算法分析

3.5.1.1 风网中风流调节原理

通风网络中任一回路都遵守风压平衡定律,整个通风系统的回路风压平衡方程可以表示为:

$$\sum_{j=1}^{m} a_{ij}R_jQ_j\left|Q_j\right| - H_{fi} - N_{Pi} = 0 \quad (j=0,1,2,\cdots,m) \quad (3\text{-}14)$$

由于矿井巷道中的需风量与自然分风量不一致,则:

$$\sum_{j=1}^{m} a_{ij}R_jQ_j\left|Q_j\right| - H_{fi} - N_{Pi} \neq 0 \quad (j=0,1,2,\cdots,m) \quad (3\text{-}15)$$

这时可以采取一定措施增加独立回路分支风压 ΔH_i,以满足风压平衡方程:

$$\sum_{j=1}^{m} a_{ij}R_jQ_j\left|Q_j\right| - H_{fi} - N_{Pi} - \Delta H_i = 0 \quad (j=0,1,2,\cdots,m) \quad (3\text{-}16)$$

$$\Delta H_i = \sum_{j=1}^{m} a_{ij}R_jQ_j\left|Q_j\right| - H_{fi} - N_{Pi} \quad (j=0,1,2,\cdots,m) \quad (3\text{-}17)$$

式中 ΔH_i——第 i 个独立回路的阻力调节量,m³/s;

     H_{fi}——第 i 个独立回路的风机风压,Pa;

     N_{Pi}——第 i 个独立回路的自然风压,Pa;

     R_j——第 j 个分支的风阻,N·s²/m⁸;

Q_j——第 j 个分支的风量，m^3/s；

a_{ij}——0、1 和 -1 三个向量数值中的一个值，其中，$a_{ij}=0$ 时代表第 j 条
分支不在回路 i 中；当 $a_{ij}=1$ 时表示第 j 条分支在回路 i 中且风
流与回路方向相同；当 $a_{ij}=-1$ 时表示第 j 条分支在回路 i 中且
风流方向与回路方向相反。

如果 $\Delta H_i>0$，则需要增加阻力调节；如果 $\Delta H_i<0$，则需要减小阻力或者
增压。

某矿局部通风系统简化后的风网结构示意图如图 3-37 所示。

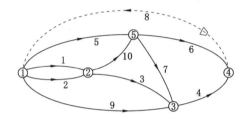

图 3-37　某矿局部通风系统简化后的风网结构示意图

分别对图 3-37 中的每条分支进行增阻和降阻调节，计算各个分支调节后的
分支灵敏度矩阵 $\boldsymbol{D}$，分支对整个通风系统的灵敏度矩阵 $\bar{\boldsymbol{\alpha}}$，分支对系统的主导度
矩阵 $\bar{\boldsymbol{\beta}}$，通风系统的稳定性值 S_{um}（表 3-10 和表 3-11）。通过对这些值分析可以
看出，任一分支风阻增加后，它对系统的灵敏度和主导度都降低，整个系统的稳
定性变高；而当风阻降低时，该分支对系统的灵敏度和主导度都增大，整个系统
的稳定性降低。

表 3-10　分支增阻后的稳定值表

分支号	分支原风阻/(N·s²·m⁻⁸)	改变后风阻/(N·s²·m⁻⁸)	系统稳定性值
1	0.163	0.463	18.898 6
2	0.225	0.625	19.916 1
3	0.153	0.453	16.688 2
4	0.212	0.612	16.381 3
5	0.132	0.532	16.177 3
6	0.256	0.756	19.916 1
7	0.075	0.875	19.916 1
8	0.062	0.362	8.954 9

表 3-11 分支降阻后的稳定值表

分支号	分支原风阻/(N·s²·m⁻⁸)	改变后风阻/(N·s²·m⁻⁸)	系统稳定性值
1	0.163	0.023	24.207 5
2	0.225	0.025	24.262 8
3	0.153	0.013	28.706 7
4	0.212	0.012	38.222 2
5	0.132	0.013	37.794 8
6	0.256	0.056	27.899 5
7	0.075	0.001	20.250 7
8	0.062	0.012	25.572 2

选择某一分支风阻变化,分析其灵敏度矩阵特性,对图 3-37 中的分支 3 进行增阻调节,风阻增加至 $0.453\ \mathrm{N\cdot s^2/m^8}$,计算风网的灵敏度矩阵为 $\boldsymbol{D}_{3-1}$ 以及分支对整个通风系统的灵敏度矩阵 $\bar{\boldsymbol{\alpha}}_{3-1}^{\mathrm{T}}$、分支对系统的主导度矩阵 $\bar{\boldsymbol{\beta}}_{3-1}$ 分别为:

$$
\boldsymbol{D}_{3-1}=\begin{bmatrix}
-15.716\ 3 & 9.806\ 1 & -7.471\ 2 & -4.009\ 0 & 17.302\ 2 & -1.889\ 4 & 1.478\ 3 & -23.058\ 6 \\
13.536\ 0 & -11.150\ 5 & -6.359\ 1 & -3.412\ 3 & 14.726\ 6 & -1.608\ 1 & 1.258\ 5 & -19.626\ 1 \\
-2.180\ 3 & -1.344\ 4 & -13.830\ 3 & -7.421\ 3 & 32.028\ 8 & -3.497\ 5 & 2.736\ 6 & -42.684\ 7 \\
-0.513\ 9 & -0.316\ 9 & -3.259\ 9 & -39.375\ 1 & -15.854\ 7 & 18.996\ 3 & -3.633\ 9 & -64.403\ 4 \\
1.385\ 2 & 0.854\ 1 & 8.786\ 9 & -9.902\ 0 & -67.126\ 8 & -10.353\ 1 & -3.401\ 0 & -81.494\ 0 \\
-0.281\ 2 & -0.173\ 4 & -1.783\ 5 & 22.051\ 8 & -19.243\ 3 & -32.847\ 0 & 2.969\ 5 & -59.775\ 3 \\
1.666\ 4 & 1.027\ 5 & 10.570\ 3 & -31.953\ 8 & -47.883\ 6 & 22.493\ 9 & -6.370\ 5 & -21.718\ 7 \\
-0.795\ 1 & -0.490\ 2 & -5.043\ 4 & -17.323\ 3 & -35.098\ 0 & -13.850\ 7 & -0.664\ 4 & -124.178\ 7
\end{bmatrix}
$$

$$\bar{\boldsymbol{\alpha}}_{3-1}^{\mathrm{T}}=\begin{bmatrix}10.091\ 4 & 8.959\ 6 & 13.215\ 5 & 18.294\ 3 & 22.912\ 9 & 17.390\ 6 & 17.960\ 6 & 24.680\ 5\end{bmatrix}$$

$$\bar{\boldsymbol{\beta}}_{3-1}=\begin{bmatrix}4.509\ 3 & 3.145\ 4 & 7.138\ 1 & 16.931\ 1 & 31.158\ 0 & 13.192\ 0 & 2.814\ 1 & 54.617\ 4\end{bmatrix}$$

对图 3-37 中网络图的分支 3 进行降阻调节,风阻为 $0.013\ \mathrm{N\cdot s^2/m^8}$,计算风网的灵敏度矩阵为 $\boldsymbol{D}_{3-2}$ 以及分支对整个通风系统的灵敏度矩阵 $\bar{\boldsymbol{\alpha}}_{3-1}^{\mathrm{T}}$、分支对系统的主导度矩阵 $\bar{\boldsymbol{\beta}}_{3-1}$ 分别为:

$$D_{3-2} = \begin{bmatrix} -38.7155 & 12.9164 & -71.5714 & -8.2929 & 25.1183 & -4.5515 & -0.8406 & -50.2802 \\ 17.8293 & -25.7949 & -60.9175 & -7.0584 & 21.3793 & -3.8739 & -0.7154 & -42.7956 \\ -20.8862 & -12.8786 & -132.4888 & -15.3513 & 46.4976 & -8.4254 & -1.5560 & -93.0758 \\ -3.1071 & -1.9159 & -19.7096 & -46.8630 & -4.3335 & 19.9802 & 0.5582 & -82.1429 \\ 15.7068 & 9.6849 & 99.6343 & -7.2325 & -56.9720 & -8.4341 & 1.5028 & -63.5838 \\ -2.0722 & -1.2777 & -13.1449 & 24.2792 & -6.1408 & -36.8397 & -0.6114 & -74.5166 \\ 17.7791 & 10.9627 & 112.7792 & -31.5117 & -50.8311 & 28.4056 & 2.1142 & 10.9328 \\ -5.1793 & -3.1936 & -32.8545 & -22.5838 & -10.4745 & -16.8595 & -0.0532 & -156.6596 \end{bmatrix}$$

$$\bar{\alpha}_{3-2}^T = [26.5358 \quad 22.5456 \quad 41.3950 \quad 22.3263 \quad 32.8439 \quad 19.8603 \quad 33.1646 \quad 30.9822]$$

$$\bar{\beta}_{3-2} = [15.1595 \quad 9.8281 \quad 67.8875 \quad 20.3966 \quad 27.7184 \quad 15.9216 \quad 0.9940 \quad 71.7484]$$

3.5.1.2 风量调节前的模拟分析

在进行风网关联分支变阻力调节时,会影响到整个通风系统,如果调节失误还可能会导致重大事故。因此在调节前,需对分支风阻调节进行超前模拟,对调节分支的需风量进行核定,将其代入风网中进行迭代解算,反演计算调节分支风阻,从而获取调节风阻。分析调节后各分支风量分配和阻力分布,确定无异常后实施调节,保障通风系统调节过程中的稳定性,实现调节过程的超前模拟。

根据调节分支的需风量反演计算调节风阻时,需要建立数据库,将风机特性曲线、分支风量、风阻、风网结构融入其中,并根据采掘接替情况及时更新修正。根据图论理论,对于 N 个分支,M 个节点的通风网络,存在 $N-M+1$ 个独立回路。如果测得所有余树分支风量,根据节点风量平衡定律,求得其余分支风量。对通风网络中任一回路,遵守风压平衡定律,选择只存在一条待求风阻的分支组成回路,根据风压平衡定律作为求解方程,即:

$$\sum_{j=1}^{MB} R_j Q_j |Q_j| - H_f - N_P = 0 \quad (j = 0, 1, 2, \cdots, m) \tag{3-18}$$

式中　H_f——风机运行风压,Pa;

　　　N_P——自然风压,Pa;

　　　MB——闭合网孔中所包含最大支路数;

　　　R_j——第 j 分支的风阻,N·s²/m⁸;

　　　Q_j——第 j 分支的风量,m³/s。

各分支风量通过监测与余树分支风网解算获取,除调节分支以外的风阻由数据库调取,反演计算出调节分支风阻。

在计算调节风阻时,风网迭代解算采用 Hardy-Cross 迭代法。在迭代计算中,通过设定迭代次数防止计算进入死循环。迭代计算反复进行中,为了提高收敛速度,对 Hardy-Cross 迭代法施加 Gauss-Seidel 技巧参与计算,即:

$$\Delta Q_i = -\frac{\sum\limits_{j=1}^{b} R_j \times Q_j \left| Q_j \right| - H_{fi} - N_{Pi}}{\sum\limits_{j=1}^{b} 2R_j \times \left| Q_j \right| - F'_i} \quad (j=0,1,2,\cdots,m) \quad (3\text{-}19)$$

式中 ΔQ_i——第 i 分支的风量调节量，$\mathrm{m^3/s}$；

$\quad\quad R_j$——第 j 分支的风阻，$\mathrm{N \cdot s^2/m^8}$；

$\quad\quad Q_j$——第 j 分支的风量，$\mathrm{m^3/s}$；

$\quad\quad H_{fi}$——闭合回路 i 中风机风压值，Pa；

$\quad\quad N_{Pi}$——闭合回路 i 中自然风压值，Pa；

$\quad\quad F'_i$——风机曲线斜率。

Hardy-Cross 迭代过程为:选择回路后,根据各个余树分支的监测风量赋值;计算出各树枝的风量;计算出 ΔQ_i;根据 ΔQ_i 对个独立回路风量矫正。如果 ΔQ_i 小于迭代精度,则达到精度要求,迭代结束;如果 ΔQ_i 大于迭代精度,继续计算 ΔQ_i。Hardy-Cross 迭代程序流程图如图 3-38 所示。

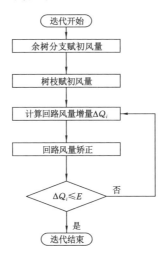

图 3-38 Hardy-Cross 迭代程序流程图

3.5.1.3 典型矿井火灾风烟流远程智能化调控模型分析

根据井工二矿通风系统现状,结合该采区瓦斯涌出规律和风量配置情况,建立一采区胶带巷火灾烟流智能调控系统,其简化示意图如图 3-39 所示。火灾烟流智能调控系统的基本原理为:在一采区胶带巷与轨道巷、联络巷之间设置常开风门 $\mathrm{FM_1}$、$\mathrm{FM_2}$、$\mathrm{FM_3}$、$\mathrm{FM_4}$;在胶带巷与回风巷联络巷之间设置闭锁风门 $\mathrm{FM_5}$、$\mathrm{FM_6}$。为实时监测整个巷道的烟气情况并实现火灾预警,分段设置烟雾传感器 $\mathrm{YW_1}$、$\mathrm{YW_2}$、

YW_3、YW_4，每处两台(冗余设计)，悬挂在胶带两侧的正上方。正常状态下，胶带巷与回风巷联络巷之间过车行人时，FM_5、FM_6 能够实现自动闭锁；灾变条件下，通过地面中心站或智能调控软件均可以启动烟流智能调控系统，常开风门全部关闭。如果 YW_1、YW_2 同时监测到信号，YW_3、YW_4 无信号，则打开闭锁风门 FM_6，根据烟流情况灭火，人员由采区轨道巷回撤至副井井口；如果 YW_3、YW_4 同时监测到信号，或者所有探头同时监测到信号，则打开闭锁风门 FM_5，根据烟流情况灭火撤人(风门 FM_5、FM_6 不可同时打开)。这种风流控制方式宏观上可以将烟流控制在较小范围内，并将其导入回风巷，从而避免烟流进入采区造成大量人员伤亡的问题。但救灾系统启动后，受瓦斯涌出量、火风压、风网变化、风机运行工况改变的影响，大量风流会通过胶带巷随烟流导入回风巷，从而导致采区风量骤降，甚至会造成采区瓦斯积聚，产生次生灾害。在实现系统风量智能调控功能时将风门 FM_5、FM_6 设置成级差开关，用以调节和控制烟流排放的短路风量，为风网改变后的风量调控及合理分配提供保障。火灾烟流智能调控系统启动后，为了使火源点附近的遇险人员能够迅速地进入轨道巷，在每道风门上均设有逃生小门并加装自动关门装置，以便在开门后关闭，灾区人员逃向安全区。

当井下巷道火灾发生时，救灾系统正常启动后烟流的运动路径就限定在已知区域。救灾过程的信息参数主要就是动态显示各分支巷道的风量结果，提取火区阻力特性，用以观察火势发展和风量分配情况。风网解算所需的主要参数就是风网结构、各分支风阻、风机的运行工况、火区阻力的动态结果。火区风阻受风速和热释放速率变化的影响是随时间动态变化的过程，其他网络分支风量与风阻受火区风阻的变化而变化。火区风阻的获取方法可以分为直接监测法和间接监测法。直接监测法是指根据火区阻力的计算公式，将公式中所需的参数利用传感器监测，然后通过连续采样计算获取动态的火区阻力；间接监测法是通过动态监测简化风网结构的关键巷道风量及主要通风机运行工况，然后利用风量与风阻关系的反演并迭代运算获得动态火区阻力。

根据前文公式推导可知，采用直接监测法，火区风阻 R_f 与热释放速率 Q 之间的量化关系，必须建立在火区烟流平均速度和风流升温幅度已知的基础之上。在救灾过程中，由于燃烧产生火焰、大量热能和灾变过程中井下会断电，布线困难可靠性降低，且火灾发生的火源点位置具有不确定性，风流经过火区的升温幅度不可能通过监测获取，所以这种直接监测法存在较大难度。

根据主进风巷火灾远程应急救援系统启动前后的风网结构关系，通过监测关键巷道风量与主要通风机运行工况的间接方法，利用简化网络结构进行网络解算，或者直接通过并联网络分支的计算公式也可以获得火区风阻。在非烟流区末端和总回风巷末端加装风速传感器监测到两处风量，利用总回风量减去非

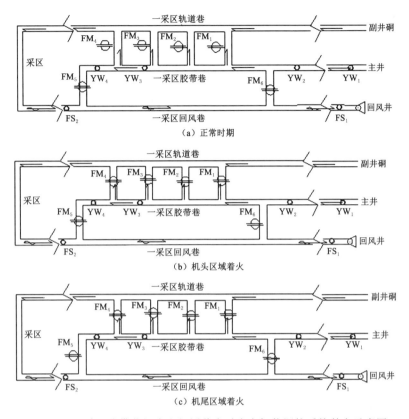

图 3-39 一采区胶带巷机头和机尾着火时火灾智能调控系统救灾示意图

烟流区风量得到烟流区风量。通过主要通风机在线监测系统的风机运行工况获取 Q_s、H_s，推导出 R_s，按照简化网络，利用风网解算软件在已知关键巷道配风量的条件下反推简化网络的火区风阻，亦可以通过公式(3-20)、式(3-21)计算出火区风阻。将火区风阻、风机工况代入主进风巷火灾远程应急救援系统启动后的风网结构中，进行全矿井的通风网络解算得出救灾过程中各网络分支的风量。利用动态监测结果计算出动态的火区阻力，通过网络解算的迭代，实现救灾过程中各分支风量动态显示的人机友好界面。

$$Q_1 = Q_s \sqrt{\frac{R_s}{R'}} \Leftrightarrow R' = \left(\frac{Q_s}{Q_1}\right)^2 R_s \qquad (3\text{-}20)$$

$$R_f = R' - R_2' - R_5 \qquad (3\text{-}21)$$

式中　　Q_1——发火巷道风量，$\mathrm{m^3/s}$；

$\qquad Q_s$——主矿井风量，$\mathrm{m^3/s}$；

$\qquad R_s$——全矿井风阻，$\mathrm{N \cdot s^2/m^8}$；

R_f——火区风阻,$\mathrm{N \cdot s^2/m^8}$;

R'——发火巷道的总风阻,$\mathrm{N \cdot s^2/m^8}$;

R_2'——联络巷的调节风阻,$\mathrm{N \cdot s^2/m^8}$;

R_5——发火巷道的原始风阻,$\mathrm{N \cdot s^2/m^8}$。

3.5.2 风量智能调控系统风量动态显示功能实现

结合井工二矿通风系统现状,本书分析了胶带火灾的发生发展过程,探讨了主进风巷火灾烟流智能调控系统功能的实现方法。中国矿业大学火灾课题组结合现场设计了能够克服巷道变形、防夹的门体结构,以自动风门的形式在矿区获得了良好的使用效果。设计了风门开度可调的监控系统,使用三位五通的本安电磁阀且在原有门体结构上加装 5 个磁性传感器,以便监测风门开关过程的运行位置。

根据远程应急救援系统灾变过程智能调控的特点,设计开发地面中心站,其主要功能有采集各分站的信息、处理数据、与计算机进行数据交换、向各分站发生控制指令等。为了实现智能控制和手动控制相结合的双保险调控方式,设置了控制面板,救灾启动及恢复开关按钮、风门开度调节与控制按钮以及风门开关状态显示。灾变烟流智能调控系统首先将救灾期间的简化网络结构、分支风阻、主要通风机性能曲线、实际网络结构、各分支风阻值嵌入到系统后台数据库,关键位置的风速传感器 FS_1、FS_2,实时监测风量通过中心站缓存处理后进入数据库,通过连续迭代运算获得救灾过程中各巷道分支的实时风量。风网解算获取该采区救灾过程中关键巷道的理想风量,根据理想风量设置阈值。当实际监测风量与理想风量误差超过 10% 时,系统自动发出调整风门开度的指令,促使系统对风量进行调整,调整数据与设定阈值实时对比。主进风巷火灾远程调控分支风量动态显示系统如图 3-40 所示。灾变烟流智能调控系统试运行发现,现场测定的结果与模拟计算结果、风量动态显示结果耦合性非常好,使系统功能得到了良好实现。

图 3-40 主进风巷火灾远程调控分支风量动态显示系统

3.6　巷网火灾风烟流的自主救灾决策(ES-DSS)技术

灾变烟流控制能够为人员逃生提供良好的环境,因此,需要将烟流污染区域控制在小范围内并将其导入回风巷,同时创造出新鲜风流区域,为灭火撤人创造良好条件;通过构建灾变烟流控制过程中风量的供需匹配模型,确定烟流区域与非烟流区域;分析单体关联分支环境参数监测方法,提出了构建基于单体通信中断自适应判断的 ES-DSS 自主决策模型,形成灾变信息的自主研判及决策方案。

3.6.1　ES 技术概述及在煤矿现场的应用

3.6.1.1　ES 技术概述

专家系统(expert system,ES)作为人工智能一个重要分支,是 20 世纪 60 年代初期产生并发展起来的一门新兴应用科学,而且正随着计算机技术的不断发展而日臻完善和成熟。1982 年,美国斯坦福大学教授费根鲍姆给出了专家系统的定义:专家系统是一种智能的计算机程序。这种程序使用知识与推理过程,求解那些需要杰出人物的专门知识才能求解的复杂问题。专家系统有 3 个特点:① 启发性。运用专家的知识和经验进行推理和判断。② 透明性。解决本身的推理过程,回答用户的问题。③ 灵活性。不断地增长知识,修改原有知识。

3.6.1.2　专家系统在煤矿火灾救灾中的特点

人类在与矿井火灾等灾害做长期斗争的实践中,不仅从理论上取得了巨大的成果,还从实践和经验教训中获得了大量的相当丰富的救灾指挥决策知识。这些丰富的实践经验乃至教训,在一定程度上指导着人们处理矿井火灾事故。将这些丰富的知识汇集、整理、综合起来,利用电子计算机将其存储,然后再利用一定的程序在需要时调用,即借鉴专家处理火灾的经验,利用计算机高效快速地制订救灾指挥方案,这便是矿井火灾救灾专家系统的研制过程。

矿井火灾救灾专家系统是以矿井火灾救灾专家的经验和教训为基础,按照救灾指挥时专家指挥决策的思路,将其转化为计算机程序,以此来辅助救灾指挥人员做出救灾决策。矿井火灾救灾专家系统虽然同其他领域的专家系统相似,但由于矿井条件的特殊性,它又有着其自身的特点。

3.6.1.3　专家系统在煤矿火灾救灾中的应用

根据火灾救灾专家系统的自身特点,前人利用 C++程序进行设计,首次设计了煤矿火灾救灾专家系统。该系统具有火灾位置判断和控风措施优选及评价等功能。

3.6.2 DSS 技术概述及在煤矿现场的应用

3.6.2.1 DSS 技术概述

决策支持系统(decision support system,DSS)是信息系统中发展最快的一个分支。DSS 是以管理科学、运筹学、控制论和行为科学为基础,以计算机技术、信息技术为手段,面对半结构化或非结构化的决策问题,是帮助支持决策者进行决策活动并具有智能作用的人机交互式系统。它能为决策者提供决策所需要的数据、信息和资料,帮助决策者明确决策目标和对问题的认识,建立和修改决策模型,提供各种备选方案,并对各种方案进行优化,通过人机对话系统,进行分析、比较和判断,帮助决策者提高决策能力。

3.6.2.2 DSS 技术与 ES 技术的区别和联系

DSS 的本质特征是强调"支持"作用,而不是企图代替或独立于决策者进行自动决策。DSS 对问题求解的方法及技术不同于专家系统。矿井灾变过程中影响决策的因素众多,且不断变化的很多因素又很难进行准确的量化和模型化,因此试图在救灾决策中用 ES 代替人作出决策是不现实的。然而,计算机能辅助人们进行决策,可以充分利用计算机所存储的资源(如风网结构、巷道特性、消防设施布置、以往救灾的经验教训和处理方法、已经制定过的灾变应急处理方案和措施等)和有价值的分析工具,以及计算机的高速运算与推理功能,通过人—机交互方式,增强决策者的能动性和科学性,扩大指挥员处理问题的能力和范围,提高指挥员决策的质量和速度。DSS 对这些问题求解的新思路也是本书开发矿井火灾救灾决策支持系统(mine fire rescue decision support system,MFRDSS)的指导思想。

3.6.2.3 DSS 技术在煤矿现场的应用

王德明等利用 DSS 技术开发了 MFRDSS。MFRDSS 辅助救灾决策的主要功能为矿井火灾计算机模拟、选择最佳救灾与避灾路线和推荐控风方案及控风后的模拟计算[200]。辽宁工程技术大学和金川集团股份有限公司(简称金川公司)为金川公司二矿区开发了"矿井火灾救灾决策支持系统"软件。该软件具有矿井火灾时期风流状态模拟功能、避灾路线、救灾路线的选择优化功能[201]。

3.6.3 ES-DSS 自主救灾的提出

利用 ES 技术开发的火灾救灾专家系统可以自行判断火灾位置和自主优选控风措施,可以对煤矿井下火灾事故作出实时地反应并迅速制定控制措施,但 ES 是使用过去的经验,用一个规定的过程来解决重复出现的问题。但是矿井的灾变过程中,影响决策的因素众多,且对不断变化发展的火势又很难进行准确的量化和模型化,使得 ES 技术的应用受到种种制约和限制。利用 DSS 技术开发的矿井火灾救灾决策支持系统可以模拟矿井火灾时期风流状态、选择优化避灾路线、救灾路线等,DSS 技术给决策者提供各种备选方案和支持数据,决策者根据自己的工作经验以及 DSS 提供的备选方案和支持数据,选择最优方案,这种通过人—机交互方式选出的方案,往往是最优方案,但是需要决策者的参与才能完成,这延长了救灾决策执行的时间。

为了用最短的时间制定科学的救灾措施,本书提出了将 ES 技术和 DSS 技术两者的优势相结合,对于易于实施、常见的并且不易产生次生灾害的控制措施(如启动喷淋系统),本书采用 ES 技术,迅速形成救灾措施;对于影响范围较大,或容易产生次生灾害的控制措施(如风流短路的措施),先利用 DSS 技术生成备选方案和支持数据,供决策者进行参考和最终决策,如果决策者在规定的时间内没有做出决策,为了不延误最佳救援时间,则 ES 系统就将 DSS 系统生成的最佳备选方案作为最终方案输出。以上技术称为 ES-DSS 技术。

为了使救灾决策迅速转化为实际行动,本书利用自动控制技术和计算机技术研制了矿井火灾远程控制救灾门,利用光纤网络控制技术实现了信号的远距离传递和风门的远程控制,利用 PLC 技术和计算机技术将远程控制救灾系统和 ES-DSS 技术相结合,称之为 ES-DSS 自主救灾技术,使得 ES-DSS 技术生成的控风措施利用远程控制风门得以快速实施。

3.6.4　矿井火灾的 ES-DSS 自主救灾技术

胶带火灾和电缆火灾是两种主要的矿井外因火灾事故类型,一旦发生,会产生大量有毒、有害气体。若有毒、有害气体随风流侵入或蔓延到采区内,必将导致采区内人员中毒甚至窒息死亡。鉴于此,我们研发了矿井火灾的 ES-DSS 自主救灾技术及相应的硬件系统,实现火灾发生时的烟流控制和积极救援的目的。

ES-DSS 自主救灾系统运行分为两个阶段:第一阶段降低风速,主动灭火;第二阶段启闭通风设施,控制烟流。在第一阶段,当系统探测到胶带火灾或电缆火灾后,系统报警,提示人员撤离,并主动启动胶带火灾喷淋系统,实施灭火,并调节胶带火灾进风巷风门开度,降低胶带巷风速。如果胶带火灾继续蔓延燃烧,则系统运行进入第二阶段,此时系统有两种救灾模式,即辅助救灾模式和人工救灾模式。在辅助救灾模式下,系统向地面控制室人员发出预警,并提示决策者进行救灾决策,决策者根据井下人员撤离状况和胶带燃烧情况做出决策,如果决策者没有及时进行决策,则系统自动启动胶带火灾救灾烟流远程智能调控系统,将有毒、有害气体导入回风巷,保证采区免受有毒、有害气体的侵害;在人工救灾模式下,系统只发出火灾报警,不主动采取救灾措施,而是由决策者启动风流短路调控系统进行救灾。矿井火灾的 ES-DSS 自主救灾技术如图 3-41 所示。

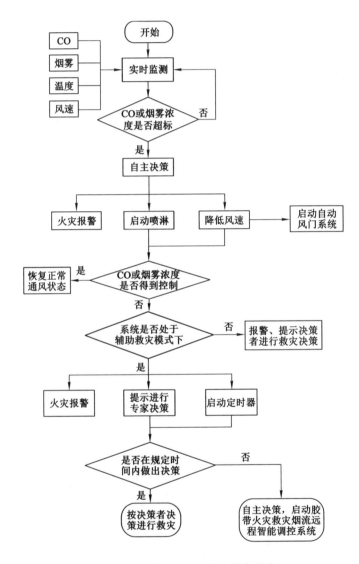

图 3-41 矿井火灾的 ES-DSS 自主救灾技术

3.7 本章小结

本章研究了火源热释放速率、风速、烟流滚退距离之间的关系,根据井下火灾发生过程中不同可燃物的特点和燃烧特性,完善和丰富了矿井火灾灾变过程的风流流动状态理论。通过分析主进风巷火灾烟流流动的动态变化规律,提出了主进风巷火灾应急救援的烟流控制方法,采用定性分析和定量计算的方法,对应急救援系统与风网结构之间的耦合关系进行了深入的分析,具体结论如下:

(1) 分析了火源热释放速率、风速、巷道倾角与烟流滚退距离之间的关系,利用火灾动态数值模拟软件 FDS 对不同条件下的烟流滚退距离进行了模拟,并模拟了平巷热释放速率、风速与烟流滚退距离之间的关系。本书应用拟合公式模拟了平巷临界风速条件下不同倾角斜巷的烟流滚退情况,分析了倾角对滚退距离的影响。

(2) 提取现场通风系统,通过简化处理建立配置救灾系统的巷网模型,利用火灾动态模拟软件 FDS 进行数值模拟,模拟点火源与线火源条件下,火灾蔓延、烟流运动及温度分布规律,对比启动远程应急救援系统前后的火灾烟流运动路径变化,论证了应急救援系统在主进风巷火灾烟流控制中的实用性和可行性。

(3) 提取龙东煤矿现场通风系统,通过简化处理建立矿井巷网模型,利用火灾动态模拟软件 FLUENT 进行数值模拟,模拟火灾蔓延、烟流运动及温度分布规律,对比启动烟流自动控制系统前后的火灾烟流运动路径变化,论证了烟流远程智能调控技术在胶带巷火灾烟流控制中的实用性和可行性。

(4) 对影响烟流控制的因素进行了深入分析,简化了救灾系统启动前后的通风网络变化模型。结合井工二矿实际,利用静态火区风阻、不同调节风阻、简化风网结构、风机特性曲线,模拟解算了救灾过程的风量分配,得出风门为 1.6 m×2.4 m 时,风量分配达到最佳效果。利用动态监测关键巷道风量和风机工况迭代解算出动态火区阻力,再对救灾过程的通风网络进行迭代解算,得到各巷道分支的动态风量结果,为救灾系统的远程风量调控提供了依据。

(5) 分析了矿井救灾决策技术的应用现状,提出了 ES-DSS 自主救灾决策技术,实现了自主决策和辅助决策技术的结合。设计了动态的人机友好界面,在窗体上添加了相关参数和图像,高效地实现人机界面的友好互动,满足了矿井及时、快速、科学救灾的要求。

4 瓦斯爆炸对通风设施的破坏机理与通风系统恢复技术

4.1 引　言

　　在煤炭开采过程中,各种灾害事故时有发生。但一次死亡 30 人以上的特大事故中,瓦斯爆炸事故约占事故总数的 70%[202]。大多数工业化国家对瓦斯爆炸过程和机理进行了大量的理论和实验研究,分析认为瓦斯爆炸过程复杂且受多种因素影响。瓦斯爆炸对工作人员的伤害主要体现在冲击波超压、火焰高温灼烧和烟流窒息,由于瓦斯爆炸的超压和高温衰减非常快,对爆源点附近的人员会造成重大伤害。瓦斯爆炸冲击波对通风系统的破坏、风流紊乱及爆炸烟流的不可控性会导致大量人员窒息死亡。大量的研究成果表明,瓦斯爆炸过程中窒息死亡人员比例达到 70% 以上。瓦斯爆炸事故一旦发生,就会瞬间产生爆炸冲击波、高温气流、有害气体,从而引起通风构筑物的破坏,造成矿井通风网络风流紊乱,导致人员窒息死亡。灾变发生后的救灾原则是尽快地救人和适当条件下恢复通风系统,通过研究采掘工作面不同爆源点发生爆炸后,其冲击波对周围通风设施的破坏程度和有毒、有害烟流的运动路径,为系统恢复和烟流控制提供依据。由于瓦斯爆炸冲击波的破坏及大量热烟流存在,现场搭建临时通风设施困难,风网可靠性无法保障,处理不当还会出现二次爆炸,甚至连续爆炸。对初次爆炸或者弱爆炸条件下的风流控制是救灾的有效手段,所以开发适用于瓦斯爆炸条件下的通风系统自动恢复设施势在必行。

　　本章旨在研究瓦斯爆炸冲击波对周围通风设施的破坏作用,爆炸产生有毒、有害气体的运动路径及其控制措施;分析矿井瓦斯爆炸的基本物理化学特征及其爆炸产物,爆炸压力的分类及其计算方法;研究采掘工作面发生瓦斯爆炸的局部通风系统模型,爆炸发生后的冲击波在受限空间内的衰减规律及计算方法;分析瓦斯爆炸将通风设施破坏后的风网结构、风流紊乱情况,研究控制烟流流动路径的方法及相关设备功能的实现;提出了在关键通风设施位置预置常开自动风门,瓦斯爆炸冲击波破坏原有通风设施后泄压,预置常开风门自动关闭,从而恢复通风系统的新思路。同时,结合瓦斯爆炸对通风设施破坏过程的实验结果,设计了一种含磁性锁解的防爆泄压风门。在爆炸冲击超压作用下打开风门,实现大断面泄压,在冲击波通过后风门在弹力和自重作用下自动复位,系统具有连续自动泄压复位功能,有效克服瓦斯爆炸对通风设施的破坏,保障通风网络运行,为高效应急救援提供支持。

4.2　瓦斯爆炸对周围通风设施的破坏效应

4.2.1　瓦斯爆炸的破坏机理及效应分析

大量的矿井瓦斯爆炸事故现场勘察结果表明,瓦斯爆炸对周围环境的破坏和人员的伤害主要表现在:冲击波的超压破坏,火焰峰面的高温灼烧和爆炸产生有毒、有害气体导致的窒息。井下瓦斯爆炸与其他物质爆炸的物理化学机制相同,爆炸过程中快速燃烧产热效应是其强烈动力现象存在的能量基础。

当可燃气体爆炸时,爆炸产物在冲击波作用下以极高的速度向后传播,随传播距离的增大,能流密度不断减小,总摩擦力增大而能量下降形成压力降低区。由于气体压力不断下降而体积不断膨胀,压力很快就降到初始压力 p_0,此时在惯性作用下膨胀还要达到最大体积,使得其平均压力低于初始压力 p_0,形成负压区。周围气体又向负压区流动,开始二次膨胀压缩过程,往复作用最终达到平衡。在实际瓦斯爆炸过程中,有实际意义的只有一次膨胀—压缩过程。

在井下瓦斯爆炸时,爆炸波传播过程中会遇到很多障碍物出现反射、绕射等现象。冲击波的破坏大小由其超压 $(p_s - p_0)/p_0$ 和正压区冲量 I_s 决定。冲量为冲击波对障碍物的压力,可以按式 $I_s = \int_{t_0}^{t_0+T^+} (p - p_0)\mathrm{d}t$ 计算,即爆炸压力时间曲线所包围的面积,如图 4-1 所示。实际破坏类型非常复杂,与障碍物的位置、形状、方向都有关系。

超压—冲量的 p-I 准则认为,冲击波对目标的破坏效应由超压 Δp 和冲量 I 共同决定,且当两者同时达到或超过某一临界值 Δp_c 和 I_c,才能对目标造成一定程度的破坏作用。

一种修正超压—冲量爆炸模型的方法,并将爆炸波作用的比冲量定义为:

$$I = \int_0^{t_+} p(t)\mathrm{d}t \tag{4-1}$$

用 I_c 和 p_c 两个参数代表对目标产生破坏效应的理想化静态载荷,用式(4-2)计算修正压力 p_+:

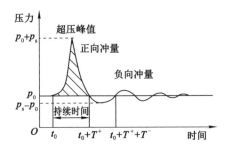

图 4-1　瓦斯爆炸冲击波传播的压力与时间曲线

$$p_+ \equiv \frac{\left[\int_0^{t_+} p(t)\mathrm{d}t\right]^2}{2\int_0^{t_+} (t-t_0)p(t)\mathrm{d}t} \qquad (4\text{-}2)$$

这样,爆炸冲击波破坏模型可用下式表示:

$$(p_+ - p_c)(I - I_c) = 常数 \qquad (4\text{-}3)$$

在 I_c 和 Δp_c 均未知的情况下,这个模型可用来评价爆炸波破坏的潜能。此时令 $\Delta p_c = 0$、$I_c = 0$,则式(4-3)变为

$$p_+ \cdot I = \mathrm{DN} \qquad (4\text{-}4)$$

式中,DN 表示某种等级破坏的准数。

根据其数学模型建立了基于 $p\text{-}I$ 准则的爆炸场成灾模式,如图 4-2 所示。

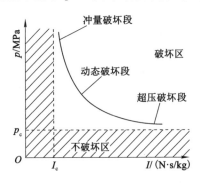

图 4-2　爆炸波破坏的 $p\text{-}I$ 准则

图 4-2 表明任何一种特定的破坏曲线都可分为 3 段,即超压破坏段、动态破坏段和冲量破坏段。图中在 I_c 左边 p_c 下边有区域形成不破坏区,在整个区域的右上边均为破坏区。

典型爆炸冲击波由超压和负压两部分组成,但在大多数研究中,冲击波的负压破坏效应往往被忽视。但是负压过程是在已经遭破坏的物体上进行的，破坏效果更为严重，当反向冲击时，如果混合气体中含有易爆气体，则可能造成二次爆炸。另外，当爆炸冲击波在巷道中传播时，如有障碍物、巷道的拐弯、分岔或断面的突变，爆炸压力将会骤增，尤其是发生连续爆炸时，第二次爆炸的理论压力峰值为第一次爆炸压力峰值的 5～7 倍，而第三次爆炸的理论压力峰值为第二次爆炸压力峰值的 5～7 倍，依次类推连续爆炸的超压情况。

4.2.2　采掘工作面瓦斯爆炸破坏的现场模型分析

瓦斯爆炸对通风设施的破坏效应主要体现在超压冲击波摧毁和高温气流的冲击，冲击波在受限空间内传播的衰减过程受诸多因素影响。瓦斯爆炸冲击波的破坏效应受爆炸能量、爆源点位置、周围通路、风网结构等多种因素影响，本书拟结合瓦斯爆炸的频发地点与其周围的通风网络，选取几种比较典型的爆炸模型进行研究。统计 1991—2000 年国有重点矿务局特大瓦斯爆炸事故发生地点：掘进工作面 57 次，占总次数的 42.2%；采煤工作面 52 次，占总次数的 38.5%；巷道及其他 26 次，占总次数的 19.3%。瓦斯爆炸大多发生在采掘工作面，瓦斯爆炸发生后，冲击波破坏周围通风设施，导致风流紊乱，大量有毒、有害气体进入采区人员集中的地方，造成大量人员窒息死亡。为了研究瓦斯爆炸对通风系统的破坏作用，根据某高瓦斯矿井采掘工作面布置和开拓情况，提取该矿 S_6 采区局部通风系统，如图 4-3 所示。

为了更深入地研究瓦斯爆炸破坏通风系统机理并为现场瓦斯爆炸事故调查和防灾减灾工作提供指导，分析了采掘工作面发生瓦斯爆炸后，造成大量人员伤亡的原因，研究瓦斯爆炸对局部通风系统、周围通风设施的破坏情况，从而确定灾变后整个通风网络的风流紊乱状态、烟流蔓延及扩散区域。在前人研究工作的基础上，从通风设施破坏、风网结构改变、烟流运动变化规律及烟流控制方法等角度综合研究瓦斯爆炸的伤害问题。综合分析图 4-3 中的采掘工作面爆炸模型及现场情况，拟通过相似管道实验对瓦斯爆炸冲击波传播过程及衰减规律进行实验研究和数值分析，并对冲击波传播过程中破坏通风设施的超压值进行数值计算。分析瓦斯爆炸后的烟流气体成分，通风设施破坏后的风网变化情况，为通风系统自动恢复设备的设计与功能实现提供理论依据。

4.2.3　瓦斯爆炸对通风设施的破坏情况分析

通风构筑物受破坏的程度不仅与爆炸波的峰值、波形变化、超压值及正向持续时间等因素有关，还与构筑物本身的性质如自振频率、静态强度及韧性等有关。通过将自由空间内爆炸超压公式进行超压值的等效容积换算，可得到巷道

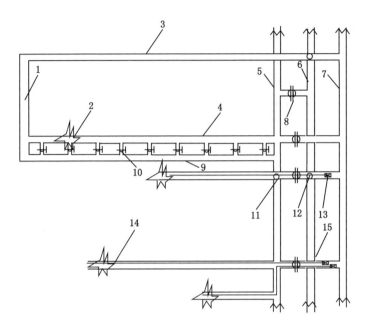

1—采煤工作面;2—瓦斯爆炸点;3—胶带巷(进风平巷);4—轨道巷(回风平巷);5—采区回风巷;

6—采区胶带巷;7—采区轨道巷;8—闭锁风门;9—尾巷(瓦斯排放巷);10—调节风窗;

11—掘进回风巷道;12—溜煤眼;13—局部通风机;14—掘进头;15—风桥。

图4-3 某矿 S_6 采区的局部通风系统图

等受限空间内爆炸的近似超压值。在研究瓦斯爆炸的计算中,一般采用当量TNT作为基本参数,首先进行瓦斯参与爆炸量与当量 TNT 之间的转化,如下式:

$$m = \frac{n \times \zeta \times q_{CH_4} \times \rho \times V_{CH_4}}{Q_T} = 0.945\ V_{CH_4} \tag{4-5}$$

式中　m——当量 TNT 炸药量,kg;

　　　n——TNT 转化率,$n=0.2$;

　　　ζ——爆炸系数,取 0.6;

　　　q_{CH_4}——瓦斯的发热量,取 46 054.8 kJ/kg;

　　　ρ——瓦斯密度,标准状态下取 0.716 kg/m³;

　　　V_{CH_4}——瓦斯体积,m³;

　　　Q_T——TNT 标准炸药发热量,取 4 186.8 kJ/kg。

W. P. M. Mercx 等[170]在前人研究自由空间内爆炸冲击波传播规律的基础上,研究了巷道网络的瓦斯爆炸冲击波传播机理,得出如下衰减规律计算过程。

（1）在独头巷道内爆炸时沿程的超压值计算

$$\Delta p = 177.5 \left(\frac{m}{SR}\right)^{\frac{1}{3}} + 1\ 431.8 \left(\frac{m}{SR}\right)^{\frac{2}{3}} + 8\ 629.9 \frac{m}{SR} \tag{4-6}$$

式中　Δp——距爆心距离 R 处的爆炸超压值，kPa；

　　　　S——巷道平均断面面积，m^2；

　　　　m——当量 TNT 的质量，kg；

　　　　R——距爆心距离，m。

（2）矿井巷道相似自由空间的等效容积内爆炸时沿程超压值计算

当 $\Delta p < 19.613\ 3$ kPa 时，$\Delta p = 317.087\ \lambda^{-1.320\ 1}$；

当 $65.704\ 6$ kPa $> \Delta p > 19.613\ 3$ kPa 时，$\Delta p = 677.19\ \lambda^{-1.629\ 1}$；

当 $\Delta p > 65.704\ 6$ kPa 时，$\Delta p = 1\ 131.20\ \lambda^{-2.019\ 7}$。

其中，R 为单位质量 TNT 爆炸后气流扩散的平均半径（m），$R = \sqrt[3]{\dfrac{3V}{4\pi}}$；$\lambda$ 为等效距离（$\mathrm{m/kg}^{1/3}$），$\lambda = \sqrt[3]{\dfrac{3V}{4\pi m}}$；$V$ 为爆炸气流扩散的总体积（m^3）。

邢玉忠[203]结合国外专家对瓦斯爆炸衰减特征函数的研究，通过实验、理论推导以及曲线拟合等方法，对原有公式进行修正，得出独头巷道和一般巷道瓦斯爆炸的冲击波超压衰减函数，如下式：

$$\Delta p = 186.4 \left(\frac{m}{SR}\right)^{\frac{1}{3}} + 1\ 445.6 \left(\frac{m}{SR}\right)^{\frac{2}{3}} + 9\ 713.2 \frac{m}{SR} \tag{4-7}$$

$$\Delta p = 4\ 295.6 \frac{m}{SR} + 1\ 261.4 \left(\frac{m}{SR}\right)^{\frac{2}{3}} + 282.9 \left(\frac{m}{SR}\right)^{\frac{1}{3}} - 4.954\ 2 \tag{4-8}$$

结合某采区工作面的实际配置情况，其工作面走向长度最大 1 800 m，巷道断面面积为 14 m^2 左右，瓦斯爆炸的能级按当量 TNT 质量计算一般在 2～60 kg，假定一次中小型的瓦斯爆炸，选取当量 TNT 质量为 30 kg。在不考虑堆积物和拐弯巷道激励超压的条件下，利用公式（4-7）计算独头巷道爆炸冲击波传播到 1 800 m 时的超压值为 47.5 kPa，再利用公式（4-8）计算一般巷道（平巷）爆炸冲击波传播到 1 800 m 时的超压值为 49.25 kPa；随距爆源点距离减小超压值将增大，在遇到障碍物、拐弯、分岔条件下冲击波超压也会增大，此种计算条件下获取的超压值应为最小值。

鉴于瓦斯爆炸多发生在巷道中，本书以掘进巷道为例建立冲击波衰减模型，通过能量相似律进行分析推导瓦斯爆炸衰减规律。将井下空气视为理想气体，忽略热传导与黏性影响，则冲击波峰值超压 Δp 的主要影响因素有瓦斯爆炸能量 E_0，空气初始状态参数大气压 p_0，气体密度 ρ_0，巷道断面面积 S，水力直径

d_B,巷道粗糙系数 β,距爆源的距离 R。其中:

$$E_0 = q_e \cdot V \cdot c \tag{4-9}$$

$$\frac{\Delta p}{\Delta p'} = e^{\frac{\beta R}{d_B}} \tag{4-10}$$

$$\beta = \frac{2g\alpha}{\gamma} \tag{4-11}$$

式中 q_e——1 m³ 体积的纯瓦斯完全燃烧释放出的热量,kJ;

      V——瓦斯爆炸混合气体体积,m³;

      c——爆炸气体中瓦斯的浓度,%;

      γ——空气的重力密度,N/m³;

      α——巷道摩擦阻力系数,N·s²/m⁴;

      β——巷道粗糙系数;

      g——重力加速度,标准状态 9.8 m/s²;

      Δp——考虑巷道壁面摩擦系数的超压值,Pa;

      $\Delta p'$——未考虑巷道壁面摩擦系数的超压值,Pa。

运用定理和量纲一致原理分析各参量之间的关系,建立爆炸冲击波峰值超压衰减预测模型。利用量纲分析法将实验结果整理成幂次关系:

$$\Delta p = A \cdot \left(\frac{E_0}{R^3}\right)^{b_1} \cdot \left(\frac{R^2}{S}\right)^{b_2} \cdot e^{-\frac{\beta R}{d_B}} \tag{4-12}$$

式中,A、b_1、b_2 均为变化的实数。

许浪[163]在重庆煤科院大尺寸实验巷道中进行了瓦斯爆炸实验,实验巷道断面面积为 7.2 m²,长度为 886 m,实验瓦斯浓度为 9.5%,分别在掘进工作面迎头段进行瓦斯空气混合体积 50 m³、100 m³、200 m³ 的 3 种类型下爆炸实验,并按照不同间距测定了冲击波超压峰值和传播速度值。利用 MATLAB 中Regress 函数进行多元线性回归分析,获取瓦斯爆炸超压衰减模型,如式(4-13)所示,其冲击气流速度 u 的衰减模型如式(4-14)所示。

$$\Delta p = 2.06 \times 10^{-2} \cdot \left(\frac{E_0}{R^3}\right)^{0.91} \cdot \left(\frac{R^2}{S}\right)^{1.39} \cdot e^{-\frac{0.0081R}{d_B}} \tag{4-13}$$

$$u = 9.02 \cdot \left(\frac{E_0}{R^3}\right)^{0.44} \cdot \left(\frac{R^2}{S}\right)^{0.51} \cdot e^{-\frac{0.0086R}{d_B}} \tag{4-14}$$

假设某断面面积为 15 m² 的掘进巷道中,大巷为混凝土喷浆支护,巷道粗糙系数 β 为 0.01,发生大量瓦斯涌出长度为 100 m,平均瓦斯浓度为 9.5%,由式(4-13)和式(4-14)可以计算,在距离爆源点 500 m 处的超压值为 270.42 kPa,传播速度瞬时值为 101.27 m/s;800 m 处的超压值为 139.35 kPa,传播速度瞬时值为 44.27 m/s；1 000 m 处的超压值为 89.16 kPa，传播速度瞬时值为 26.21 m/s。这说明瓦斯定点爆炸冲击波离开爆源点后，在不继续燃烧激励超压的条件下，传播路径上超压与波速均衰减较快。从风网结构角度分析瓦斯爆炸的致灾效应发现，通风设施破坏后会产生风流短路，该采区乃至整个通风系统将变为失效状态，风流紊乱易造成逃生与救灾困难，导致遇险人员窒息及次生灾害发生，必须采取相关措施提高通风系统的抗灾能力。

瓦斯爆炸对通风系统及设施的破坏作用主要表现在冲击波超压上，矿井瓦斯爆炸多发于采掘工作面，瓦斯涌出量大且电气及机械设备较多，爆炸发生后，冲击波沿周围巷道传播，遇到障碍物或巷道分岔拐弯等情况将使冲击波加速且超压值升高。结合井下实际情况，爆源点一般与通风设施都有一段距离，假设风门失效为刚性破坏，冲击波达到通风设施位置的超压值受爆炸能级和能量传播过程衰减影响。根据某采区的通风系统配置实况，利用冲击波超压衰减特征函数计算闭锁风门处的超压值，判断通风设施的破坏情况。根据瓦斯煤尘爆炸冲击波超压对井下通风设施及构筑物的破坏程度，对不同条件下冲击波超压的极限进行取值，如表 4-1 所列。

表 4-1　爆炸冲击波传播 1 000 m 之外的破坏情况

通风构筑物	木质风门风桥（临时密闭）	铁质风门风桥	永久密闭
厚度/cm	20～30 cm 厚的木墙粉碎	破裂失效	45.5 cm 厚的砖墙破坏
抗冲击能力/kPa	$\Delta p = 13.8 \sim 20.7$	$\Delta p = 20.7 \sim 27.6$	$\Delta p = 89.7 \sim 117.3$

对比表 4-1 说明，无论采取哪种计算方法，瓦斯爆炸在中等能量条件下的超压足以将风门等通风设施破坏，但是较厚的密闭墙和巷道等设施在此条件下破坏失效的概率比较小，同时表明通风设施在瓦斯爆炸过程中是脆弱的。从风网结构的角度分析，通风设施破坏后，将会产生风流短路，该采区乃至整个通风系统将变为失效状态，必须采取相关措施提高通风系统的抗灾能力。大量的瓦斯爆炸事故致灾过程分析显示，爆炸超压传播过程中破坏脆弱通风设施，导致通风系统紊乱，造成救灾困难、人员窒息及次生灾害发生。因此，需深入分析爆炸后局部通风系统中的烟气成分、烟流运动路径、风网结构破坏情况及其隐患，选出关键通风设施建立其分级管理模式，全面提升其抗灾能力及灾后应急救援能力。

4.3　爆炸冲击波后烟流运动路径及其控制方法研究

瓦斯爆炸事故发生后，由于爆炸威力大，超压峰值比较高，冲击波轻则摧毁通风设施，重则摧毁周围巷道。瓦斯爆炸火焰发展迅猛，而事故现场可燃物多,伴随爆炸引起燃烧,燃烧促进爆炸发展,易造成大面积着火,产生大量烟流和有毒、有害气体。在通风设施遭到冲击波破坏后,通风网络失稳,风流产生紊乱。这样一方面可能会由于风流的紊乱使得本已不在爆炸极限范围内的混合气体达到爆炸极限,发生二次爆炸等次生灾害;另一方面爆炸产生烟流的运动路径无法有效控制,一旦进入采掘工作面人员集中的地方,将导致大量工作人员窒息死亡。在瓦斯爆炸发生后,要尽快地采取相应手段,控制和恢复通风系统,避免发生二次爆炸及有毒、有害气体导致的窒息等次生灾害,在可能的条件下控制烟流的流动路径,避免短距离进入采区人员集中区域,尽可能地将其导入回风巷。

4.3.1 冲击波后风网破坏情况及其危害

通过计算瓦斯爆炸冲击波到达通风设施的超压值,在刚性破坏的条件下,风门是最容易失效的通风设施。为了研究冲击波破坏通风设施后的通风系统情况,必须在监控系统中增加必要的风速传感器,获取爆炸后矿井各采区的风量分布情况,从而推断损坏通风构筑物的位置以及破坏后的烟流流动情况。在日常通风管理中,分析计算各巷道通过风量与其相应的风速传感器实测风速的关系,绘制两者的关系曲线。在发生瓦斯爆炸时,部分巷道的风速传感器可能会被破坏,但是通过剩余风速传感器的读数以及通风机的运行工况,可以获得灾变巷道的风量变化情况,进而推断出失效通风构筑物的位置,为快速恢复通风系统及局部通风系统打下基础。

通风系统被破坏后,由冲击波造成的有毒、有害气体逆流和风流短路导致的二次爆炸将成为主要事故隐患。实验室测试火焰锋面的最大传播速度高达2 500 m/s,爆炸现场温度可达2 300 ℃,所以瓦斯爆炸冲击波破坏通风设施后,冲击气流会逆向流入进风侧。同时,由于爆炸冲击波传播速度过快及气体的瞬间膨胀,在爆源点附近形成负压区,在火焰熄灭后,爆炸波能量逐渐损失完毕,前端逆流气体回流,使得自由空间的压力慢慢达到平衡。如果此时系统能够恢复到正常,逆流的爆炸产物则随着风流运动稀释,爆炸烟流危害降低,逆流的回流现象也将不会发生。但是通风设施遭到破坏后而致通风系统紊乱、风流短路,原来进风侧风量减少甚至无风,在烟流的作用下很快就会导致下风侧人员的窒息;而爆源附近污染区由于氧气量的消耗,破坏了爆炸条件,在风流短路条件下,大量新鲜风流及逆流的回流导入爆源点附近,由于高温和过火物体的点火源等因素存在,混合气体达到爆炸极限后,将会发生二次爆炸,甚至连续爆炸,危害进一步加大。

4.3.2　冲击波后烟流控制方法及通风系统自动恢复技术研究

为了降低瓦斯爆炸后的人员窒息风险和防止二次爆炸的发生,基本的救灾原则就是根据通风系统被破坏情况,尽快地实施救人措施,搭建临时密闭封闭爆炸区域,并创造条件尽快恢复通风系统。由于爆炸冲击波后大量高温烟流的存在以及二次爆炸的危险,现场搭建临时通风设施非常困难,容易延误最佳救灾时期。根据救灾原则和冲击波后烟流的运移规律,设计和开发无电无压气条件下的自动风门,在原有闭锁风门的进风端设置嵌入巷壁中的备用常开自动风门。一旦瓦斯爆炸发生,原有闭锁风门被摧毁,冲击波泄压,有毒、有害气体逆流,风流短路、风网失效。为了防止烟流的逆流和风流短路,备用常开风门自动关闭,迅速恢复原有通风系统。矿井采掘工作面的初次瓦斯爆炸能级一般在中等及以下,通风设施比较脆弱易遭受破坏,但是对巷道的破坏不是太严重。结合高瓦斯矿井通风系统中某采区局部通风系统的配置情况,在闭锁风门靠近进风侧设置常开风门,为了避免爆炸冲击波的破坏作用,风门打开时的截面积等同于巷道断面面积。

4.3.2.1　门体安装方式及结构功能

在巷道两帮开掘硐室,顶底板掏槽,将门框全部嵌入巷道壁中。为了提高巷道的抗爆能力,四周用混凝土浇筑,通过预埋钢结构连接件固定门框及整体结构。风门采用对开方式设计,开关运行在同一平面上,由钢丝绳牵引定滑轮使风门完成开关动作。正常状态下,风门及门框全部嵌入巷壁,灾变破坏原有闭锁风门时自动关闭,隔断进回风之间的风流流动,恢复原来的通风系统。在巷道间距允许的地方设置两道风门以减少风门关闭状态下的漏风量,距离较小的地方设置一道,同时提高风门关闭的密闭效果。瓦斯爆炸是瞬间发生的,虽然冲击波超压、火焰温度都非常高,但是持续时间短,在冲击波及火焰过后由于井下各种因素的影响,很有可能会有人存活。而幸存人员在爆炸烟流中可能很快就会窒息,所以要考虑风门关闭后的人员逃生问题,在门体结构上安装逃生小门并加装自动锁门装置。结合现场风门使用的优缺点设计了适合瓦斯爆炸条件下风网自动恢复的门体结构,如图4-4所示。其功能特点如下:① 风门开关采用两扇对开门,有助于将其"藏"入巷道两帮壁墙内,上横梁嵌入顶板,下横梁嵌入底板,不受瓦斯爆炸冲击波的影响。冲击波过后控制电磁阀打开压气使用气缸推拉主动门,通过钢丝绳实现联动。对开门上设置逃生小门,并加装自动锁门装置。② 动力源采用井下压气并用高压气瓶作为备用气源,井下压气压力正常为0.5 MPa,备用气瓶压力调整为0.4 MPa,两种气源通过单向阀自动切换。③ 在矿压规律及冲击波破坏影响下,巷道容易变形,导致风门横梁承压变形而无法正常运行,新门体在受压条件下横梁整体下移,可调滑轨在弹簧拉力作用下上移,保证了对开门的运动空间不变,可调间距为 60 mm 足以应付一般的巷道变形。

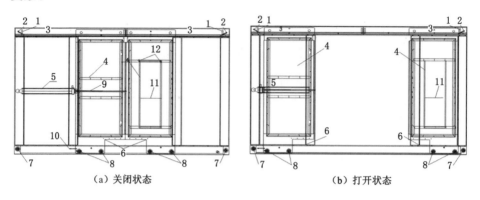

（a）关闭状态　　　　　　　　　　（b）打开状态

1—横梁下移滑道;2—弹簧;3—可调滑轨;4—双扇对开门;5—气缸;6—巷道轨道预留空间;
7—门梁定滑轮;8—门体定滑轮;9—推杆;10—开关到位传感器固定架;11—逃生小门;12—自动锁门器。

图 4-4　矿井远程控制风门的门体结构示意图

4.3.2.2　控制系统设计及功能实现

瓦斯爆炸后的救灾宗旨是根据井下工作人员的分布情况,确定能够快速修复的部分通风构筑物,通过快速修复少数失效的通风构筑物,实现灾变区域及其他关键区域的局部通风,为迅速抢救遇险人员创造良好条件。本书结合巷道瓦斯爆炸冲击波传播的特点及监测监控系统的要求设计了基于 PLC 的风门控制器关联设备,包括矿用开关传感器、矿用电磁阀、矿用高频压力传感器、矿用烟雾传感器等,整个系统通过了国家防爆检验和煤安认证。风门自动恢复系统的功能特点如下:

（1）控制器采用本安兼隔爆型设计,电源在正常条件下使用外电供应,蓄电池自动浮充;灾变停电后自动切换到蓄电池供电,关联设备全部考虑微功耗设计,实验测定系统正常工作时,蓄电池供电时间为 7 h。

（2）为了方便远程监测和控制风门的开关状态,在门体上设计固定架并加装开关到位传感器,系统配置了光通信模块,利用光纤通信提高了系统传输距离和可靠性,开发了地面风门状态监控的人机友好界面并融入矿井监测监控网络中。

（3）控制方式选用地面远程控制和井下自动控制相结合。控制器通过装设在巷壁上的高频压力传感器和烟雾传感器采集瓦斯爆炸信号,一旦采集信号超过设定阈值,延时后会触发电磁阀进行关门动作。

矿井瓦斯爆炸后备用风门自动关闭系统控制程序框图见图 4-5。控制系统通过井下安全监测监控网络与地面调度室或监控中心连接,时刻保持通信,将井下各项监测参数输送到地面监控网站的人机友好界面。地面中心站设有报警系统,在井下超压或风流烟雾传感器监测参数超过阈值也会发出报警,井下控制器同时进入计时状态,当延时时间到,地面还没有发送风门关闭操作指令时,井下控制器就会自动将风门关闭。在工作面回风合适位置装设风速传感器,灾变监测的传感器配置要考虑冗余设计,提高系统的可靠性。这样,地面监控中心可以通过井下各分支风量的采集情况,结合主要通风机的运行情况,分析瓦斯爆炸造成的风网破坏情况,提出高效准确的整体救灾方案。

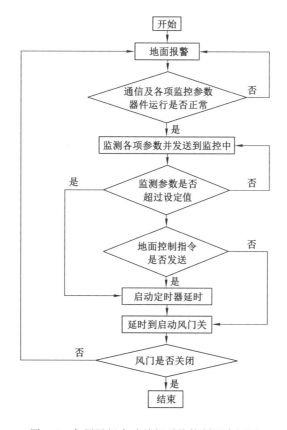

图 4-5　备用风门自动关闭系统控制程序框图

4.3.3　全自动连续泄压复位风门的功能实现

　　风门是煤矿井下隔断巷道通风,同时允许行人或车辆通过的通风构筑物,在通风系统中作用重大。根据爆炸传播规律的相关研究,爆炸传播过程中遇到障碍物会使冲击波压力进一步增大,使得火焰传播明显加速,造成更大的破坏。普通风门在巷道中闭合时,会产生增强爆炸的作用。现有风门在爆炸灾害情况下均不具有大面积泄压功能,爆炸发生后会加剧冲击波威力;在爆炸灾害情况下均不具有多次重复使用功能,在爆炸灾害过后将会丧失原有功能。

结合矿井实际巷道与瓦斯爆炸特点,运用瓦斯爆炸破坏通风设施模型实验及传播特性的数值计算结果,分析瓦斯爆炸对通风系统破坏致灾机理与应急救援方法。研究瓦斯爆炸超压波破坏通风系统后能够自动泄压复位的通风设施,研制具有抗冲击、多次泄压、快速复位、锁扣密封及承压解锁功能的风门,为快速恢复通风系统提供保障。由巷道内冲击波超压和气流速度衰减特性的计算结果可知,如果靠监控系统探测瓦斯爆炸表征,触发动力系统打开风门,若风门距离爆源点 500 m,则从爆炸响应到风门打开时间必须控制在 2 s 内,但是现有自动风门开关执行周期却无法实现。

鉴于外部动力瞬间开启的困难,研究利用冲击波超压开启风门技术,设计了新型自动泄压复位风门,其结构原理如图 4-6 所示。门体顶部设置万向转动轴,能够保证门体左右自由开启;底部设置可调电磁锁,常态风门关闭能够承受风压作用,保证门体锁扣密封;门体正反面加装弹性阻燃橡胶板,起到超压波撞击的缓冲作用;风门前后两侧顶板安装有多组弹簧和电磁锁,保障风门被冲击波打开后,达到顶板位置能够缓冲保护门板,通过电磁锁定位在顶部,泄压完成后电磁锁掉电,在弹簧力和自重作用下自动复位;门体四周镶嵌阻燃橡胶垫,降低关闭状态下的风门漏风;风门能够实现不同方向爆炸冲击波作用的大断面泄压,通过自动复位隔离火焰和烟流,保障爆炸波发生后通风系统自动恢复。通过深入分

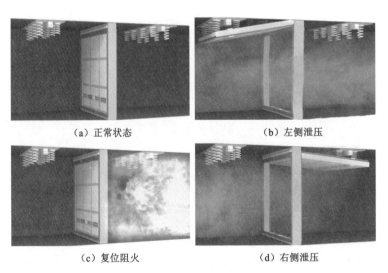

（a）正常状态　　　　　　　　　　（b）左侧泄压

（c）复位阻火　　　　　　　　　　（d）右侧泄压

图 4-6　新型自动泄压复位风门结构及功能原理图

析复杂通风系统中,采掘巷道等局部爆炸后的烟气成分、烟流运动路径、风网结构破坏情况及次生灾害风险等,选出关键通风设施设置位置并建立分级管理模式,将易爆点附近风门设置自动泄压复位功能,全面提升通风系统抗灾能力及灾后应急救援能力。

4.4　瓦斯爆炸破坏通风设施相似实验研究

鉴于多数瓦斯爆炸传播机理及破坏效应可通过模拟实验管道获取,本书通过拓扑分析局部风网结构模型,建立了简化的实验管路模型。运用弱面玻璃板模拟通风设施,通过监测爆炸冲击波传播过程中的超压值,分析超压分布规律。研究弱面通风设施破坏前后的超压分布特征,利用片度统计法分析超压波对不同位置通风设施的破坏效应特征。

4.4.1　实验系统介绍

实验系统主要由爆炸实验管道、真空泵、TST6300 高速数据采集器、配气系统、高能点火器、动态数据分析处理软件、高频压力传感器、高频火焰传感器等8 个部分组成,其各部分组成如图 4-7 所示,部分设备实物如图 4-8 所示。

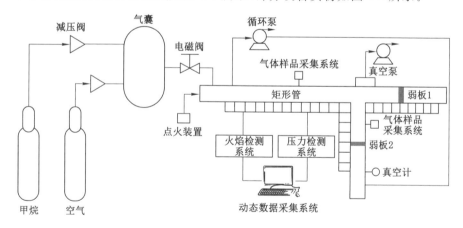

图 4-7　实验系统组成

实验采用截面为 80 mm×80 mm 的锰钢管道,各种不同长度规格的直管和三通弯管进行对接组合成相似实验模型。高能点火器采用徐州燃烧控制研究院有限公司研发的高能点火装置,触发后的瞬时火花能量为 2 J。真空泵主要完成管路的气密性检测和管路内瓦斯爆炸后产物气体的排出工作。配气系统通过高

（a）采样系统　　（b）高能点火器　　（c）真空泵　　（d）部分管路及传感器

图 4-8　实验系统部分设备实物图

压高纯瓦斯气体钢瓶和高压空气钢瓶充入配气袋中，待稳定后利用光学瓦斯传感器测定气体浓度，两相气体相互配合达到理想浓度。采用真空泵将管道抽真空，负压表读数为 -0.096 MPa 时停止抽气，连接配气袋利用内外压差为管道内充入混合气体。

　　TST6300 动态数据储存仪是基于以太网接口的数据采集器，应用当前嵌入式技术和网络技术的成果，研制新型便携式高速采样仪器。CYG100 型高频压力传感器的工作电压范围为 $6\sim15$ V DC；零位温度系数小，2×10^{-5}/℃ FS；灵敏度温度系数高，2×10^{-5}/℃ FS；非线性度低，0.05% FS；工作温度范围宽，$-40\sim80$ ℃。根据前人的实践经验，为了提高测定结果的准确性，选取量程为 $0\sim2$ MPa 的压力范围，并用活塞式压力计对传感器的压力值进行标定。火焰传感器作为触发信号使用。传感器位置和压力校准特性曲线如图 4-9 所示。

　　在相似实验中，通风设施模拟材料的选取较为关键，如果在爆炸冲击波传播方向的正对面放置障碍物，即镶嵌于两段管道中间，在侧壁上会影响破坏效果，前人将破坏过程假定为刚性破坏，选取的易碎材料有橡胶板、薄铁皮、水泥块、钢筋混凝土块等。鉴于现场闭锁风门或密闭的漏风很小，实验过程的气密性和真空度检验，选择将玻璃作为瓦斯爆炸波破坏特性研究的弱面材料，根据玻璃承受负压和抗拒正压的能力，选取合适厚度玻璃进行实验。自行设计了既能够镶嵌玻璃板又能够与其他管道相连接的法兰盘，如图 4-10 所示，实物如图 4-11 所示。

　　图 4-11 中两片法兰盘，其中一片厚度为 25 mm，内部通过"O"形橡胶圈凹槽可以镶嵌 $0\sim6$ mm 厚玻璃板；另一片厚度为 10 mm，一面设置为连接管道的密封圈凹槽，另一面通过密封圈压紧玻璃，通过 4 个 $\phi8$ mm 的平头螺丝将镶嵌玻璃板的两片法兰盘固定为一体。根据本书真空腔实验的经验，玻璃板的厚度选取 $4\sim5$ mm，为了对比实验，选取同一批次的玻璃分割加工，用黄油密封。

　　根据实验方案中的模型，利用管道和支架搭建实验平台，连接各相关设备，对不同模型进行实验。开口爆炸实验喷火瞬间拍摄图如图 4-12 所示。

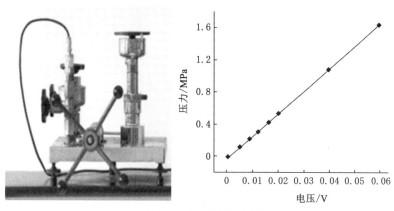

（a）活塞式压力表及其特性曲线

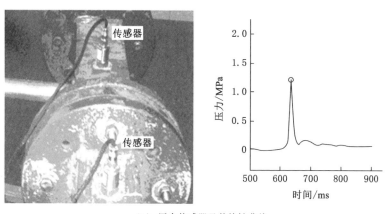

（b）压力传感器及其特性曲线

图 4-9 活塞式压力表和压力传感器的特性曲线

4.4.2 实验方案模型及破坏特征分析

4.4.2.1 爆炸冲击波破坏局部通风系统的简化模型分析

在瓦斯爆炸频发地点中，采掘工作面占到 80% 以上。研究瓦斯爆炸对通风设施的破坏效应以及通风设施破坏前后的冲击波超压传播规律，为通风设施的冗余设置和烟流控制方法做指导。通过分析多个煤矿的通风系统及巷道布置情况，提取采掘工作面典型的局部通风系统。井巷瓦斯爆炸冲击波传播及破坏效应的主要影响因素为瓦斯爆炸能量、障碍物、周围巷道等。本书通过简化局部通风系统模型，建立相似实验模型研究瓦斯爆炸冲击波的传播规律和破坏特征。

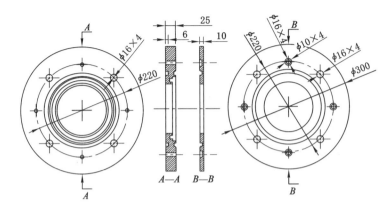

图 4-10　镶嵌玻璃板的法兰盘结构图

图 4-11　嵌有玻璃板的法兰盘实物图

图 4-12　开口爆炸实验喷火瞬间拍摄图

　　实验研究的目的是通过相似实验模型反映现场模型的基本规律，深入分析几种瓦斯爆炸频发区域的局部通风系统模型，将其进行拓扑，找出影响瓦斯爆炸波传播过程的关键因素。采煤工作面的瓦斯爆炸一般发生在靠近回风侧的位置,其沿工作面及胶带平巷方向传播会受支架影响,而沿回风平巷方向传播非常顺利。同时,传播过程遇到采区联络巷闭锁风门或密闭时,容易使这些通风设施被破坏,导致通风系统紊乱及发生次生灾害。拓扑分析采煤工作面瓦斯爆炸某一方向的传播与掘进头爆炸的传播模型类似。在建立实验模型时对其局部通风系统进行简化,按照巷道不同分岔数和分岔方式、玻璃板的放置位置和个数不同建立 4 种实验模型。

4.4.2.2　实验项目分析及模型建立

为了分析井巷瓦斯爆炸的破坏程度及烟流造成的工作人员窒息死亡情况,研究瓦斯爆炸对通风系统、周围通风设施的破坏情况。确定灾变后风流紊乱状态、烟流蔓延及扩散区域,评估次生灾害发生概率,为灾变烟流控制技术研究和救灾设备设计提供理论支持。实验研究瓦斯爆炸对周围通风设施的破坏效应,首先研究玻璃板模拟闭锁风门的冲击波传播规律及破坏效应,其次研究玻璃板模拟密闭设施的冲击波传播规律和破坏作用,其具体实验目的如下:

(1)通过实验模型研究井巷内瓦斯爆炸波的传播规律,遇到拐弯巷道的超压变化特征,以及通风设施破坏前后的超压分布规律。

(2)研究当爆炸波主要传播路径上有两处通风设施的情况下,破坏过程中超压值分布规律及通风设施破坏的优先级,为通风设施的配置提供基础数据。

结合瓦斯爆炸实验室的实验管道情况和采掘工作面局部通风系统的特点,拟通过搭设如图 4-13 至图 4-16 所示的实验模型系统(这些图中 $P_1 \sim P_{10}$ 为压力传感器的安装位置;F 为火焰传感器,作为采样系统监测压力的触发信号;后面数据是直管中距离点火端的长度,拐弯处的距离是离直管中心的距离)。在实验管路搭设过程中,主干(直管)管道长度在 10 m 左右,拐弯管道长度控制在 2 m 以内。在管道分岔前后及玻璃板(弱面板)前后 0.3 m 内分别设置压力传感器,用于观察拐弯及弱面板破坏前后的爆炸超压波的压力变化特性。本实验主要研究瓦斯爆炸的压力分布特征及破坏效应,所以在实验时拟采用爆炸威力较大的瓦斯浓度,如 9%～10%。

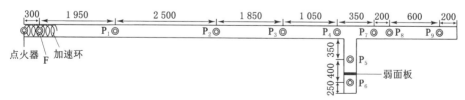

图 4-13　分岔拐弯管道中的玻璃板破坏模型

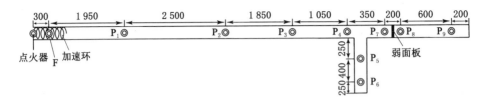

图 4-14　分岔直管中的玻璃板破坏模型

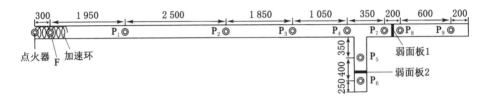

图 4-15　含分岔管道的两处玻璃板破坏模型

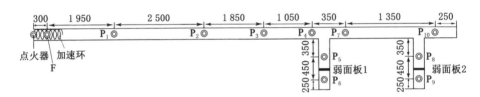

图 4-16　含分岔的并联管道的两处玻璃板破坏模型

利用瓦斯爆炸管网实验平台及数据采集系统开展实验,每次实验完成后,拆开玻璃板固定法兰,观察玻璃板破碎情况并提取玻璃碎片,统计碎片的大小和数量,用以描绘爆炸超压波的破坏特征。如果实验玻璃板未被炸碎,为保证每次爆炸玻璃板的性质相同,将其更换并不再使用。对于开口实验,为了避免玻璃碎片飞溅,采用 100 目的加厚金属网及法兰盘罩住管道末端。为了更准确地体现瓦斯爆炸超压传播规律和破坏效应,将每一种模型在同一种实验条件下进行多次实验,选取 3～5 组理想结果,绘制不同模型下各测点超压值特性曲线并分析其破坏特性。

4.4.2.3　爆炸破坏特征分析的碎片模型

爆炸冲击波破坏特性的衡量和定量分析是当前爆炸科学的难题,由于其传播速度快,无法通过高频设备采集到其瞬态应力或应变参数。现阶段主要通过观察其被破坏形态进行研究,弹性材料的破坏特征一般采用鼓包位移分析,塑性材料采用块度分布的统计分析,井下瓦斯爆炸对通风设施的破坏应属于塑性破坏。因此,本实验选用玻璃这种塑性材料作为冲击波破坏的弱面板(相对于锰钢管道壁)模拟通风设施,其规格为 ϕ150 mm×4 mm 与 ϕ150 mm×5 mm 两种。在实验中发现 4 mm 厚玻璃在爆炸波破碎后的碎片太小,块度不易统计,于是统一选用 5 mm 厚玻璃进行实验。块度分布的测试方法可归纳为直接法和间接法两大类。

直接法就是对爆炸破坏物直接测试统计块度信息,包括筛分法、二次岩块统计法和爆堆直接测量法等。间接法就是通过实测数据、经验公式、摄影、摄像等方法获取破坏样品块度的几何信息。通过分析各种测定方法的利弊,结合本研究使用玻璃板作为破坏特征的塑性材料,碎块个数较少,本书选用直接法进行块度统计。直接法统计块度时,可以采用碎块质量,也可以采用碎块特征尺寸,本研究的玻璃厚度较小、质量较轻,根据其尺寸特征进行统计。利用网格分类法按照碎片的面积大小分类(图 4-17),将碎片放在预先画好格子的面板上,每个格子尺寸为 10 mm×10 mm,碎片占据格子面积超过一半计为一个,小于一半计为零个。统计碎片某一面积规格的个数来描述冲击波的破坏特征。

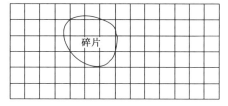

图 4-17　碎片面积计算的网格示意图

当爆炸冲击波加载在玻璃板上的压力大于其屈服应力时,玻璃板开始产生形变破裂,其起裂特征与其他容器壁在爆炸压力载荷下起裂特征基本一致。前人研究柱形或球形容器的起裂特征时将其分为边缘和中心起裂两种方式。边缘起裂的裂隙又可分为横向和纵向裂隙。中心起裂造成的碎片会稍微均匀一些。所以本书采用的玻璃板在冲击波的正前方,受反射波作用较强,其破裂程度较为剧烈,一般会出现中心起裂现象。爆炸后玻璃板的破碎特征实物如图 4-18 所示。

图 4-18　爆炸后玻璃板的破坏特征实物图

4.5　实验结果分析

4.5.1　瓦斯爆炸传播的基本特性

为了提高实验方案的可行性和实验结果的可信度,首先利用实验模型在不加弱面板的情况下,采用瓦斯浓度为 9％～10％的混合气体进行实验,并将实验结果与前人实验结果对比。实验进行了 8 组,只研究爆炸超压波在巷道拐弯分岔时的超压变化规律,根据爆炸超压波传播路径上各测点压力数据,绘制超压波峰值特性曲线,如图 4-19 所示。

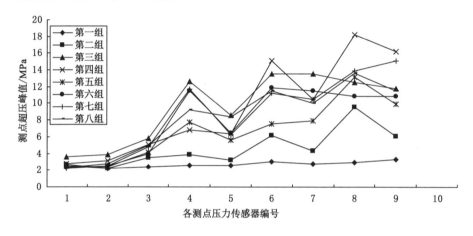

图 4-19　无弱面板爆炸波的超压峰值特性曲线

对比分析图 4-19 中的 8 组曲线,发现第一组测定超压峰值的结果较小,第四组结果较大,但是各传感器监测的超压峰值的波动规律基本一致。利用其余几组效果较好的特性曲线分析瓦斯爆炸超压波的传播规律,从第 1 个传感器至第 4 个传感器处于直管起爆阶段,超压峰值逐渐升高,受气体混合程度影响会产生少许波动。第 5、7 个超压峰值分别为拐弯后弯管、直管中的第 1 个传感器采样值,两者峰值同时出现了下降现象,分析认为爆炸超压波能量产生了分流,而扰流产生的加速燃烧能量还没有体现。第 6、8 个峰值较大的主要原因是扰流后的剧烈燃烧产生能量与管道末端爆炸超压波反射产生的能量共同作用导致超压值剧增。第 9 个峰值较大的主要原因是爆炸超压波反射作用导致峰值变大。分析第 5 个～第 9 个超压峰值的变化规律说明了爆炸超压波在遇到分岔巷道时,超压峰值首先下降,此时能量的分流起主要作用;接着上升,此时扰流导致的加速燃烧起主要作用;闭口实验中,超压波的反射对超压峰值的剧增影响也非常强烈;第 5 个传感器监测的超压峰值始终比第 7 个传感器监测的超压峰值小,说明在分岔巷道中,分岔后直管方向上的超压峰值比弯管方向上大。这些实验结果与前人的结果基本一致。

4.5.2 相似弱面板破坏的实验结果分析

4.5.2.1 含分岔弯管弱面板破坏的实验结果

在研究分岔巷道弱面板破坏模型中,为了获取爆炸超压波沿其传播方向上的超压峰值变化曲线以及弱面板破坏的碎片特征,采取不同的爆炸压力进行了多组实验。选取其中 5 组超压传播特性较好的结果,绘制含分岔弯管弱面板破坏的超压峰值特性曲线,如图 4-20 所示。

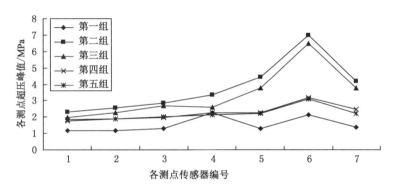

图 4-20 含分岔弯管弱面板破坏的超压峰值特性曲线

从图 4-20 可以看出,爆炸波传播过程的超压峰值变化趋势与无弱面板的特性基本一致。第 6 个传感器位置的超压峰值上升的幅度比较大,说明弱面板在爆炸波传播过程中起到了明显阻碍作用,激励了燃烧使得超压峰值迅速升高。由于弯管中的弱面板距离直管较近,在其阻碍作用下,第 5 个和第 7 个传感器位置的超压峰值也有所提高,较第 4 个传感器位置的超压峰值大。瓦斯爆炸冲击波的破坏效应利用碎片模型进行表征,如图 4-21 所示,还包含了弱面板破坏前后实际采样的超压对比曲线。由图 4-21 可知,在爆炸波超压峰值为 0.35 MPa 左右时,弱面板破坏较为严重,碎片面积小于 1 cm^2 的有 42 个,而 5 cm^2 的碎片只有 4 个,这说明 0.35 MPa 的超压值对 5 mm 厚的钢化玻璃的破碎能力比较强,部分碎片也可能是撞击管壁所导致的。

4.5.2.2 含分岔直管弱面板破坏的实验结果

在研究含分岔直管弱面板破坏的模型实验中,选取其中 5 组超压传播特性

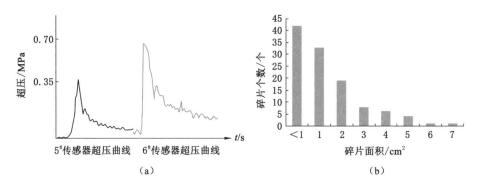

（a）　　　　　　　　　　　　　　（b）

图 4-21　瓦斯爆炸冲击波的破坏特征（1）

较好的结果,绘制的含分岔直管弱面板破坏的超压峰值曲线如图 4-22 所示。从图中可以看出,爆炸波传播的超压峰值变化趋势与无弱面板的基本一致,第 3 组数据特性误差较大,其余几组的变化特性较为平缓,第 8 个传感器超压峰值上升幅度较大,说明弱面板明显阻碍了爆炸波传播,激励了燃烧使得超压峰值迅速升高。图 4-22 与图 4-20 相比,第 4 个传感器的超压峰值明显上升,说明在拐弯激励爆炸波和弱面板阻碍激励共同作用下,燃烧迅速加剧,同时也说明在爆炸波正前方的障碍物对其激励作用更加明显。第 6 个传感器的超压峰值变化波动较大,这是拐弯后的燃烧加剧以及堵头处的反射波共同作用的结果。

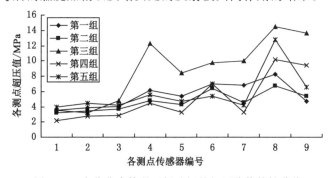

图 4-22　含分岔直管弱面板破坏的超压峰值特性曲线

瓦斯爆炸冲击波的破坏特性利用碎片模型进行表征,如图 4-23 所示。由图 4-23 可知,在爆炸冲击波超压峰值为 0.62 MPa 左右时,弱面板破坏非常严重,小于 1 cm² 的碎片为 65 个,1 cm² 的碎片有 72 个,最大碎片面积为 5 cm² 的只有 1 个。这说明 0.62 MPa 的超压值能将 5 mm 厚的钢化玻璃粉碎,部分碎片由撞击管壁所致。对比分析两幅超压破坏特征图可以发现爆炸超压峰值愈大,玻璃的破坏愈严重,碎片也越小。

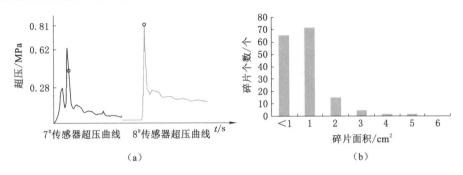

（a）　　　　　　　　　　　（b）

图 4-23　瓦斯爆炸冲击波的破坏特征(2)

4.5.2.3　含并联管道两弱面板破坏的实验结果

在研究含并联管道两弱面板破坏的实验中,采取不同的爆炸压力进行多组实验,绘制的并联管道两弱面板同时破坏的超压峰值特性曲线如图 4-24 所示。

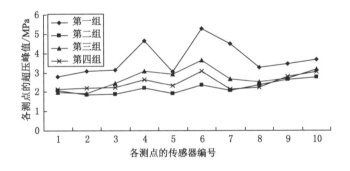

图 4-24　并联管网两弱面板破坏的超压峰值特性曲线

从图 4-24 可以看出,爆炸冲击波传播的超压峰值变化趋势与无弱面板的基本特性有微妙的变化,4 组数据的超压峰值特性除第一组波动幅度较大外,其余 3 组非常一致,较为理想地体现了瓦斯爆炸波在该模型下的传播特性。只有第 4 个和第 6 个传感器的超压峰值上升幅度较大,说明弱面板 1 及巷道拐弯在爆炸波传播过程中起了明显激励作用,使得超压峰值迅速升高。第 8 个传感器的超压峰值也有所提高,主要是弱面板 2 及第二个巷道拐弯激励作用产生的。第 9 个传感器的超压峰值升高幅度不大,原因在于弱面板破坏后不含瓦斯的管路较长所致(无瓦斯段长 1.5 m)。第 10 个传感器位置的超压峰值上升幅度较大,主要是拐弯及堵头处的反射波激励作用产生的。

瓦斯爆炸冲击波的破坏特征,如图 4-25 所示。当爆炸冲击波超压峰值为 0.19 MPa 时,小于 1 cm² 的碎片有 12 个,5 cm² 的碎片有 3 个;当冲击波超压峰值为 0.24 MPa 时,小于 1 cm² 的碎片有 20 个,1 cm² 的碎片有 42 个,最大碎片 7 cm² 的有 1 个,部分碎片也可能是撞击到管壁所致,这说明 0.2 MPa 左右的超压值对 5 mm 厚钢化玻璃的破碎能力一般。综合分析不同爆炸冲击波超压条件下的碎片统计规律,0～3 cm² 的碎片个数较多,且随超压值的提高,小块碎片越多,大块碎片越少,这表明其破坏力越强。

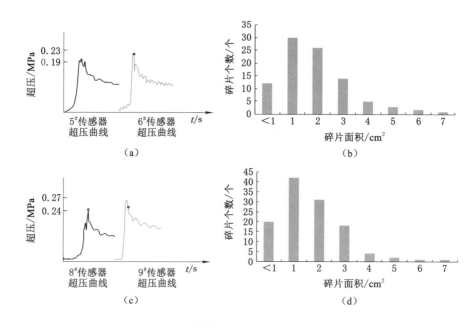

图 4-25 瓦斯爆炸冲击波的破坏特征(3)

4.5.3 模拟密闭的弱面板破坏实验结果分析

在研究模拟密闭的弱面板破坏模型实验中,采取不同的爆炸压力进行了多组实验,绘制的超压峰值特性曲线如图 4-26 所示。由图可知,5 组数据的超压峰值特性非常一致,较为理想地体现了瓦斯爆炸波在该模型下的传播特性。第 6 个和第 8 个传感器的超压峰值上升幅度较大,说明弱面板在爆炸冲击波传播中起到了明显的阻碍作用,激励了燃烧使得超压峰值迅速升高;同时,也可以看出直管中的超压峰值升幅更大,说明障碍物在爆炸冲击波传播的正前方时对其激励作用更加明显;在玻璃破碎后,冲击波在堵头位置产生的反射波也提高了超压峰值。

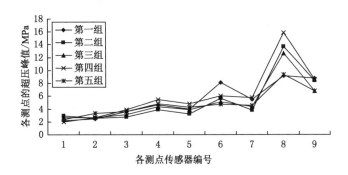

图 4-26　含分岔管道两弱面板破坏的超压峰值特性曲线

　　瓦斯爆炸冲击波的破坏特征如图 4-27 所示。图中除了弱面板破坏前后实际的超压对比曲线,还包括碎片块度统计。在爆炸冲击波超压峰值为 0.4 MPa 时,弱面板破坏较为严重,小于 1 cm^2 的碎片为 50 个,5 cm^2 的碎片只有 2 个,说明 0.4 MPa 的超压值对 5 mm 厚的钢化玻璃的破碎能力比较强。冲击波超压峰值为 0.58 MPa 时,弱面板破坏非常严重,小于 1 cm^2 的碎片有 70 个,1 cm^2 的碎片有 65 个,5 cm^2 的碎片只有 1 个,其中部分碎片可能是撞击管壁所致。

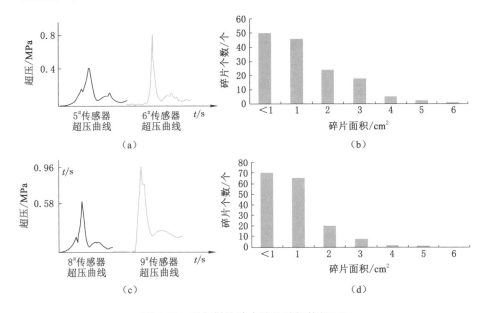

图 4-27　瓦斯爆炸冲击波的破坏特征(4)

4.5.4 不同厚度弱面板破坏的实验研究

在含分岔管道的两处玻璃板破坏模型中,开展不同厚度玻璃板破坏特性的瓦斯爆炸实验,用来验证通风设施强度对瓦斯爆炸的影响。在实验中发现 4 mm 以下厚度玻璃在系统抽负压时易破碎,并且在爆炸冲击波使其破碎前后对爆炸冲击波特性影响较小。因此,本实验采用 5 mm、6 mm、7 mm 三种厚度规格的玻璃板开展实验,为了保障材质的相同性,每组实验使用同一块玻璃进行分割加工。图 4-28 中 P_1 至 P_9 为压力传感器的安装位置,监测连续的超压特性。在方形管道的另一侧相同位置安装了火焰传感器 F_1 至 F_9,通过火焰到达时间计算火焰波的传播速度;F_0 为火焰传感器用于点火成功后触发监控系统开始采样,点火器 F 表示点火(引爆点)位置,在点火初期增设了加速环,激励爆炸速度和超压,实验管道点火端封闭,另外两个端口完全开放。

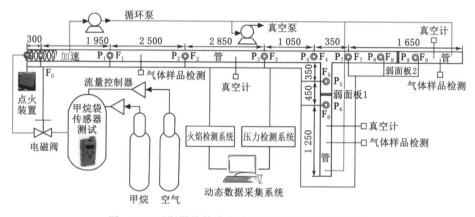

图 4-28 瓦斯爆炸管路实验系统原理及组成结构图

4.5.4.1 实验方法及步骤

实验方法及步骤如下:

(1)标定超压传感器、瓦斯浓度传感器、火焰传感器、测试系统以及相关软件,每次实验前都要对系统进行预测试。

(2)搭建实验模型系统,连接、组装各爆炸管道,在各管道的相应位置上安装超压、火焰传感器,真空泵、循环泵与管路相关阀门连接,传感器、采样系统、上位机相互连接。

(3)爆炸管道模型密封性能实验,通过抽负压后,观察真空表的保持时间,查找管道模型中可能存在漏风情况的地点。

(4)本次实验的瓦斯爆炸浓度为 9.5%,预先配置并存放于瓦斯包。安装嵌入玻璃板的法兰,安装管道出口端法兰进行密封,完成实验系统的准备工作。首先将管路抽真空,同时将管路内部的残留气体排净,保持 5 min 后负压表无变化;接着,打开瓦斯包阀门,由负压将气体吸入管道中,待负压表归零后,延时 2 min 关闭阀门,打开循环泵持续 5 min;最后,取下管道出口端法兰并用纸张临时密封。

(5) 打开上位机监控系统软件后开始采样,各项指标正常后开始点火,记录各项监测数据。观察玻璃板是否破碎,如果破碎则记录实验数据,进行分析统计;如果不破碎则重新实验,但是未破碎的玻璃板不再使用。

4.5.4.2　实验结果分析

为了研究矿井巷道内瓦斯爆炸波对不同强度通风设施破坏作用,统计管道内瓦斯爆炸超压波及火焰的传播参数,对比分析无玻璃板、不同厚度玻璃板破坏的超压波传播特性,揭示增加通风设施强度对爆炸特性的影响规律。瓦斯爆炸传播路径上各测点超压峰值变化规律方面,仅在直管中设置不同厚度玻璃板时,玻璃板破坏的测点超压分布曲线如图 4-29 所示;仅在弯管中设置不同厚度玻璃板时,玻璃板破坏的测点超压分布曲线如图 4-30 所示;设置两处不同厚度玻璃板时,玻璃板破坏的测点超压分布曲线如图 4-31 所示。

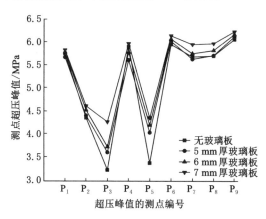

图 4-29　直管处玻璃板的瓦斯爆炸超压峰值分布特性曲线

对比分析图 4-29 至图 4-31 中爆炸超压传播路径上的超压分布特性曲线发现:在无玻璃板条件下,管道内各测点的超压峰值,从 P_1 测点开始逐渐降低,P_3 测点达到最低点后 P_4 测点开始升高,说明在爆炸初期点火位置作为封堵端,冲击波产生大量反射选择单向传播,传播一段距离后超压峰值才升高。P_5、P_7 测点超压峰值突然下降,并且 P_5 测点下降较多,基本达到 P_3 测点的水平,说明在爆炸超压波分岔位置,出现了动能和冲量的再分配,超压值降低。但是,在正

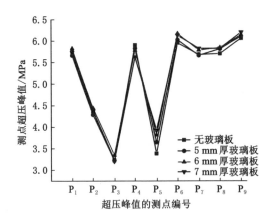

图 4-30　弯管处玻璃板的瓦斯爆炸超压峰值分布特性曲线

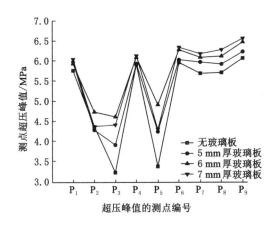

图 4-31　两处玻璃板的瓦斯爆炸超压峰值分布特性曲线

常燃烧传播后,P_6 测点的超压值突然升高,超过之前所有测点超压;P_8 测点的超压峰值与 P_7 测点相近,说明管道分叉后,爆炸燃烧还没完全加速。P_9 测点超压峰值突然上升,说明随着传播稳定后,爆炸燃烧加剧,直到火焰喷出。

在加装玻璃板后,超压峰值的变化规律和无玻璃板基本一致,但是爆炸初期超压峰值较大,说明在玻璃板破坏前作为阻挡,影响爆炸超压波传播,导致超压峰值升高,而且随玻璃板厚度增加,整个路径上的爆炸超压都有变大趋势。图 4-30 中各测点的爆炸超压峰值与无玻璃板时较为接近,图 4-29 中的超压峰值增加较为明显,图 4-31 中最为明显,说明正面冲击破坏对爆炸超压波传播的激励效果更为明显,而弯管对爆炸超压的影响较小,两处玻璃板同时加装在破碎之前就增加瓦斯爆炸的超压峰值,破碎对冲击波扰动使得后期超压峰值也明显高于无玻璃板场景。同时,无论有无玻璃板,P_7 测点的超压峰值始终比 P_5 测点大,说明在分岔巷道中,分岔后直管方向上的超压峰值比弯管方向上大,实验结果与前人的结果基本一致。

瓦斯爆炸传播路径上各测点火焰特性(到达时间与分段平均速度)变化规律方面,火焰传播分段平均速度由测点火焰到达时间差与分段间距计算获取。仅在直管中设置不同厚度的玻璃板,玻璃板破坏时的各测点火焰特性曲线如图 4-32 所示;仅在弯管中设置不同厚度玻璃板,玻璃板破坏时的各测点火焰特性曲线如图 4-33 所示;设置两处不同厚度玻璃板,玻璃板破坏时的各测点火焰特性曲线如图 4-34 所示。

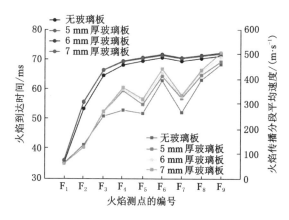

图 4-32　瓦斯爆炸火焰传播特性曲线(直管处玻璃板破坏时)

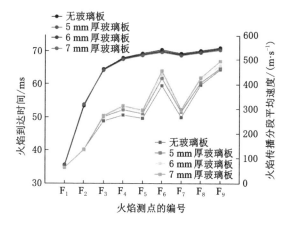

图 4-33　瓦斯爆炸火焰传播特性曲线(弯管处玻璃板破坏时)

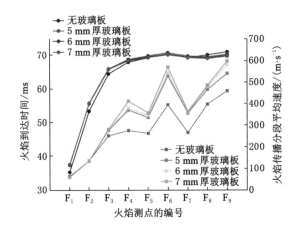

图 4-34　瓦斯爆炸火焰传播特性曲线（两处玻璃板破坏时）

由图 4-32 至图 4-34 可以看出，在火焰到达时间方面，无玻璃时，火焰到达测点的时间越来越短，说明爆炸冲击波在传播路径上一直处于加速状态。从图 4-34 中看出 F_1 至 F_3 测点的火焰到达时间明显滞后于加装玻璃板后的到达时间；在 F_4 测点，7 mm 厚玻璃板爆炸火焰到达时间与无玻璃板基本持平；在 F_5 测点，有无玻璃板两者的爆炸火焰到达时间基本持平。从图 4-32 至图 4-34 还可看出，有玻璃板的火焰到达时间均早于无玻璃板，且无玻璃板与 5 mm 厚玻璃板比较接近，玻璃板越厚，火焰到达时间越早。

从图 4-34 中爆炸波传播的分段平均速度来看，点火起爆后传播持续加速，在 F_3 测点与 F_4 测点之间加速变缓，超压波受前方巷道分岔的影响。无玻璃板条件下明显小于有玻璃板，且玻璃板越厚，分段平均速度越大，这说明玻璃板破碎能够加速火焰波的传播，并且玻璃板越厚对火焰波加速越明显。F_8 测点到 F_9 测点的火焰传播速度出现增加，受到前面超压波到达出口泄压明显，影响了后续火焰的传播速度。对比发现，图 4-33 中各测点的分段平均速度与无玻璃板时较为接近，图 4-32 中的分段平均速度增加较为明显，图 4-34 中最为明显，说明正面冲击破坏对爆炸超压波传播速度的影响更为明显。弯管对爆炸火焰传播速度的影响较小，但加装两处玻璃板在破碎之前影响了分段传播速度，破碎对冲击波扰动使得后期分段传播速度明显高于无玻璃板场景。

综合分析不同条件下瓦斯爆炸实验结果及传播特性发现，在瓦斯爆炸传播路径上通风设施遭到破坏过程中激励了瓦斯爆炸的传播，导致爆炸超压升高，分段传播速度加快。微观上讲，爆炸火焰波在玻璃板破坏前后，受超压气流扰动影响,火焰阵面被拉伸变形,燃烧面积增大,造成火焰加速与流场湍动作用增强,火焰传播速度不断增加,爆炸超压不断增强。通风设施的强度越大,对瓦斯爆炸的激励作用越强。在煤矿通风系统中,通风设施起到风流隔断与调节作用,在瓦斯爆炸破坏后,会导致通风系统级联崩溃,促使有毒、有害气体扩散,扩大灾变区域造成人员窒息死亡。因此,无法加大通风设施强度来降低瓦斯爆炸的破坏效应,需研究能够自动泄压复位的通风设施,瓦斯爆炸超压波能够触发通风设施自动打开泄压,超压波过后自动复位关闭,恢复风流隔断的功能,保障通风系统稀释爆炸产物并将其排出地面。

4.6　本章小结

本章通过研究瓦斯爆炸破坏通风系统机理及灾后烟流控制的自动恢复技术,拓扑分析了局部通风系统配置情况建立实验模型,利用玻璃板作为弱面通风设施,对瓦斯爆炸冲击波的破坏机理进行实验,通过不同模型及不同爆炸威力进行多次对比实验,得到如下结论:

(1) 分析了矿井巷道瓦斯爆炸特性衰减模型,计算出特定瓦斯爆炸条件下距离爆源 1 000 m 处的超压值为 89.16 kPa,传播速度瞬时值为 26.21 m/s,能够轻易破坏通风设施。探讨了自动泄压复位风门设计思路,在爆炸冲击超压作用下打开风门实现大断面泄压;在冲击波通过后,风门在弹力和自重作用下自动复位,隔断烟流与火焰,为快速恢复通风系统提供保障。

(2) 设计了开关运行在同一平面易于"藏"入巷壁内且能克服巷道变形的门体结构,开发了基于 PLC 和光通信的本安兼隔爆型控制器,便于远程监控和自动控制。探讨了自动泄压复位风门设计思路,在爆炸冲击超压作用下打开风门实现大断面泄压;在冲击波通过后,风门在弹力和自重作用下自动复位,隔断烟流与火焰,为快速恢复通风系统提供保障。

(3) 通过对比有无弱面板的瓦斯爆炸超压峰值,在管路模型实验结果中,无玻璃板场景中,爆炸初期超压峰值明显滞后,并且前三个测点呈现下降趋势。这说明起爆端堵口超压波出现反射激励现象,分段平均火焰速度呈上升趋势;分岔传播时正向传播超压值高于弯道上超压值,分岔后超压值存在先降低后升高的趋势,火焰传播分段平均速度也呈现先降低后升高趋势,最大速度可达 459.77 m/s。

(4) 当实验模型中加装不同厚度玻璃板后,爆炸冲击波特性趋势与无玻璃板基本一致。在测点 3 至测点 4 出现峰值时,玻璃板破碎,玻璃板厚度越大,后部超压峰值升高越明显。直巷内玻璃板对超压峰值的影响明显大于弯巷内,且随玻璃板厚度增加超压峰值增大明显。在火焰传播分段平均速度方面,玻璃板破碎加速明显,双玻璃板场景中最大速度达 579.71 m/s。

综上所述,瓦斯爆炸传播路径上的巷道配置、障碍物情况和燃烧能量对超压破坏效应起着至关重要的作用。

5　灾后矿工逃生路径优选理论与引导技术

由矿井灾变风烟流可知,温度、有毒有害气体浓度和环境能见度的变化,对人员的逃生和救援来说,都会带来重大的影响,而且这些因素只能通过模拟得出定性分析,无法得到这些因素的具体影响值。本书通过建立静态逃生困难度模型和动态人员健康度模型,从定性和定量的角度综合分析火灾给人员逃生造成的具体影响量。

本章分析了影响矿工在灾害发生后的逃生因素,首先,基于坡度、凹凸度和气流速度等关键因素建立了计算模型,关键因子和逃逸速度之间的方程由大量实验值拟合,建立了高温,CO、CO_2 和 O_2 浓度,能见度以及与矿工动态健康相关的其他环境因素的定量模型。然后,结合这些因素的计算值,将静态难度设定为主要选择因子,并将动态健康度设定为次要因素,利用元胞自动机算法计算出矿井火灾时期最优的人员逃生路径。接着,通过对矿工进行的模拟灾害演练和数值模拟结果,证明了利用改进的元胞自动机模型进行人员逃生路线优化是合理可行的。由于巷道网络的复杂性和灾害造成的破坏,特别是在巷道火灾的动态破坏过程中,火灾环境迅速变化,在如此极端危险的环境中找到最优的逃生路线,这给每名矿工带来了巨大的挑战。因此,有必要综合考虑巷道网络的逃生难度,烟气流量的扩散,灾害情况的发展,矿工在疏散过程中的从众行为,逃生路线引导以及其他因素。基于这些综合因素,必须确定最佳逃生路线和方法,并制订应急救援方案。

为了验证本书提出的元胞自动机优化与引导的火灾逃生最优路径选择技术和火灾救灾远程智能烟流控制技术的实际作用效果,本章选择在唐家沟煤矿 12# 煤层作为两项火灾救灾技术的效果实验点。运用 FDS 模拟灾变前后火灾参数的变化规律,并根据建立的巷道逃生困难度,利用元胞自动机算法求出受灾人员最佳逃生路径,通过远程智能调控风门的开闭,从而控制灾变烟流的运移。结合系统主动救灾的矿井火灾烟流控制效果指导人员逃生也必将给今后的煤矿应急救援提供新的思路。

5.1 巷道静态逃生困难度计算模型

5.1.1 行走速度对人员逃生的影响

顾名思义,巷道静态逃生困难度就是在巷道未发火的正常时期,根据巷道中行走速度、巷道坡度、风流速度和人员位置与逃生出口的距离等因素的计算模型,得出它们对人员逃生的影响量。国内外学者普遍认为,煤矿井下环境复杂恶劣,灾后逃生过程中的阻碍因素诸如巷道坡度、风速、行走速度和距离等会导致矿工的体能下降和耗氧需求增加,吸入有毒、有害气体导致机体受损的概率加大,严重影响其逃生效率。为了定量分析巷道环境因素对人员逃生效率的影响,引入巷道困难度的概念,采用人体摄氧量 Q_{O_2} 来量化巷道困难度 D。通过推导与巷道困难度有关的几个关联因子(巷道坡度、巷道崎岖度、风流速度等)计算公式,将这些因子参数代入巷道困难度 D 的计算公式,可定量对巷道逃生的难易程度进行分析,从而为受灾人员选择最优逃生路径提供理论基础。图 5-1 是巷道困难度模型示意图。

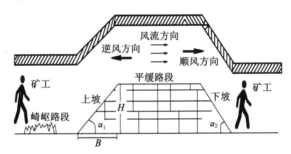

图 5-1 巷道逃生困难度模型

George 等在运动生理学实验中归纳了行走速度与摄氧量、能量消耗之间的关系,大量的研究结果表明,当行走速度在 2.4 km/h 和 6.4 km/h 之间时,摄氧量与速度之间成正比关系,正常的行走或跑都可以认定摄氧量随着行进速度的增加而增加。行走速度与摄氧率之间的关系如图 5-2 所示。

图 5-2 描述了一般哺乳动物,灵长类动物和人类等不同物种的速度与摄氧率之间的关系。显然,随着速度的增加,身体的能量消耗增大,但增加的速度取决于是哪类物种。哺乳动物和灵长类动物行走的方程来自泰勒及其同事,人类行走和跑步的方程来自 ACSM 手册,曲线人行走方程来自潘多尔夫及其同事。通过步行速度来计算摄氧量或能量消耗的方程很多,其中美国运动医学院

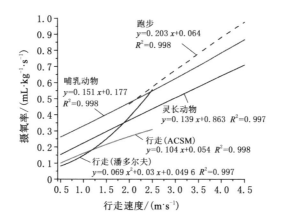

图 5-2 不同物种的速度与摄氧率关系

（ACSM 2000）推荐的步行速度和摄氧率方程最具代表性。

$$V_{O_2} = 0.1v + 1.8v\alpha + 3.5 \text{（走步状态）} \tag{5-1}$$

$$V_{O_2} = 0.2v + 0.9v\alpha + 3.5 \text{（跑步状态）} \tag{5-2}$$

式中 V_{O_2}——逃生人员单位质量的摄氧率，mL/（kg·min）；

v——人员逃生速度，m/min；

α——行走路段坡度。

在井下发生灾变后，遇险人员逃生主要处于奔跑状态下，逃生者在进入安全空间的行走周期内所需的摄氧量 Q_{O_2} 的计算公式为：

$$Q_{O_2} = V_{O_2}TM/1\,000 = (0.2v + 0.9v\alpha + 3.5)TM/1\,000 \tag{5-3}$$

式中 Q_{O_2}——摄氧量，L；

M——逃生者体重，kg；

T——逃生时间，min。

5.1.2 巷道坡度对人员逃生的影响

矿井巷道由于坡度不同，可以简单分为上坡路段、下坡路段和水平路段。井下上下坡巷道的坡度可由以下公式计算得出：

$$\alpha_i = \frac{H_i}{\sqrt{L_i^2 - H_i^2}} \tag{5-4}$$

式中 α_i——第 i 段的巷道坡度；

H_i——第 i 段的坡度巷道始末节点的高差，m；

L_i——第 i 段的坡度巷道的长度，m。

为了掌握巷道坡度对逃生速度的影响,通过现场测试上下坡路段的行走速度,以及减少巷道风速对坡度的影响,选择在风速小于 1 m/s 的巷道中进行测试。以水平巷道中的行走速度为参考,上坡阶段的坡度为正值,下坡阶段的坡度为负值,拟合行走速度与坡度之间的特征曲线,如图 5-3 所示。

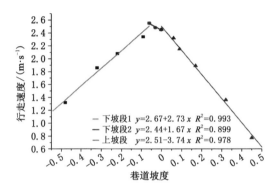

图 5-3　巷道坡度与行走速度关系

由图 5-3 可知,逃生速度与巷道坡度分阶段呈线性关系,拟合出各段曲线方程如下:

$$v = 2.67 + 2.73\alpha \quad (\text{下坡段} -0.5 \leqslant \alpha < -0.09) \tag{5-5}$$

$$v = 2.44 - 1.67\alpha \quad (\text{下坡段} -0.09 \leqslant \alpha < 0) \tag{5-6}$$

$$v = 2.51 - 3.74\alpha \quad (\text{上坡段} 0 \leqslant \alpha \leqslant 0.5) \tag{5-7}$$

因此,通过查找斜坡巷道始末点标高差和坡段巷道长度并运用坡度计算公式得到巷道坡度 α 后,运用上述 3 个公式计算巷道逃生速度,由坡段长度与逃生速度获取该段的逃生时间 T,从而运用摄氧量计算公式,获取该段巷道逃生的摄氧量。

同时,也可以根据坡度计算公式求得巷道水平路段的逃生摄氧量。逃生路线坡度为 0 时,即水平巷道路面上人员摄氧率为:

$$V_{O_2} = 0.2v + 3.5 \tag{5-8}$$

5.1.3　巷道崎岖度对人员逃生的影响

通过现场测试,在井下某些巷道崎岖不平以及机械设备设施等阻碍条件下,矿工为了快速逃生仍会以 1.5 m/s 的速度奔跑,但为了保持逃生速度不变,会改变自身的步幅和步频。可以想象,在巷道环境较为复杂的地方(如巷道崎岖、杂物堆积的地方),井下人员保持恒定逃生速度且不能摔倒是一件非常困难的事情,在减小步幅的背景下,只能通过增加行走频率来维持,这无疑会使人体耗氧速度加快。因此，可以利用人员行走的步长 P 来代替巷道的凹凸程度 μ，从而建立步长和人体摄氧率的数学关系。图 5-4 表示的便是步长与摄氧率之间的关系。

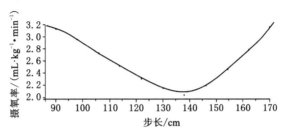

图 5-4　步长与摄氧率关系

通过 MATLAB 利用高斯 2 阶拟合可得速度为 1.5 m/s 时，步长 P 与摄氧率 V_{O_2} 的关系拟合公式为：

$$V_{O_2} = 2.752\exp\left[-\left(\frac{P-1\,827}{3\,207}\right)^2\right] + 3.363\exp\left[-\left(\frac{P-6\,643}{8\,606}\right)^2\right] \quad (5\text{-}9)$$

摄氧率与步长拟合公式的 R^2 为 0.998，拟合度较好。在巷道中有机械设备或路面凹凸起伏等路段，设此路段长度为 b，步长为 P，逃生速度为 1.5 m/s，此时摄氧量 Q_{O_2} 为：

$$Q_{O_2} = \left\{2.752\exp\left[-\left(\frac{P-182.7}{32.07}\right)^2\right] + \right.$$
$$\left. 3.363\exp\left[-\left(\frac{P-66.43}{86.06}\right)^2\right]\right\}\frac{70b}{90\,000} \quad (5\text{-}10)$$

5.1.4　巷道风流速度对人员逃生的影响

在矿工实际逃生过程中发现巷道风速对行走速度具有明显的影响，为了量化其影响效果，选择 15 条不同风速的水平巷道进行测试，分别测试顺风风速和逆风风速的影响，逆风风速显示为负值。通过控制变量法选择具有轨道的道路进行对比分析，得到道路平均风速对矿工逃生速度的影响规律。矿工逃生速度随巷道平均风速而增加，拟合出了行走速度与风流速度之间的特征曲线如图 5-5 所示。

由图 5-5 可知，逃生速度与巷道平均风速呈线性关系，拟合曲线的方程式如下：

$$v = 2.397 + 0.195v_f \quad (5\text{-}11)$$

综合分析可知，在顺风逃生时随风速的增大，矿工逃生速度增加，逆风逃生

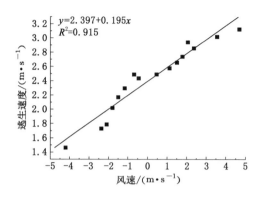

图 5-5　风速与逃生速度关系

时随风速的增大逃生速度降低。因此,通过行走段巷道长度与逃生速度获取该段的逃生时间 T,从而运用坡度公式,获取该段巷道逃生的摄氧量。

通过推导不同坡度路段、不同崎岖度路段、不同风流速度等影响因素的摄氧量计算公式,在计算矿井灾变逃生路径困难度时,按照分类分段的原则,计算逃生路径上每一段巷道的摄氧率,结合矿工体重和逃生时间运用本章公式计算该路段的摄氧量,从而得出逃生路径上的总摄氧量为:

$$Q_{O_2} = \sum Q_{iO_2} \tag{5-12}$$

5.2　动态健康度模型

在煤矿火灾中,井下受灾人员 80％ 以上的死亡原因都是由灾变烟气流引起的,其余的是由高温引起的。因此,矿工的逃生路线必须要远离有毒、有害气体污染的区域。基于这一原因提出了动态健康度的概念,用于考量巷道逃生的难易程度,虽然对一些关键因素建立了计算模型,但鉴于参数数据的准确性和连贯性,本书中的健康度模型只是根据模拟得到关键参数的变化规律,用于在火灾时期井下人员选择逃生路径的定性分析。影响人员动态健康度的主要因素是火灾烟流的特性,如火焰和烟雾的热辐射、烟雾中的有毒气体,以及氧浓度等。为了简化计算模型,采用烟气温度、CO、CO_2 和 O_2 浓度等因素来评估逃生路线的动态健康程度。井下人员选择最佳的逃生路线是非常重要的,也能够提高逃生效率。

5.2.1　火灾温度对人员逃生的影响

高温烟雾流不仅会影响矿工的逃生速度,还会导致呼吸困难和烧伤。对处于受灾高温区域的健康人员,本书研究测试了人体温度与忍耐度的最佳时间之

间的关系,并且拟合出了如下公式:

$$t = 4.1 \times 10^8 \left(\frac{T - B_2}{B_1} \right)^{-3.61} \tag{5-13}$$

式中 t——人体对温度忍耐的最长时间,s;

T——烟流的温度,℃;

B_1,B_2——常数,通常取 $B_1 = 1$ 和 $B_2 = 0$。

该式不考虑环境湿度对烟流的影响,但是考虑到火灾燃烧可燃物会产生大量水蒸气,随着烟气温度的降低,这种水蒸气也会随之迁移。当井下巷道中的环境湿度增加时,人体忍耐的最长时间会减小。因此,当该公式应用于井下情景时,增加修正的安全系数为 0.8,此时将其校正如下:

$$t = \frac{3.28 \times 10^8}{T^{3.61}} \tag{5-14}$$

通过校正公式和拟合特征曲线可以划分出死亡区域和安全区域,如图 5-6 所示。具体来说,如果持续时间超过某一温度点的忍耐度的最高时间,则矿工将会在短时间内死亡。在所选择的最佳逃生路线的计算模型中,多个高温受影响区域可能在逃生路线上,通过累积分割来计算人体在多段高温巷道中忍耐高温的时间。所选逃生路线的安全性可以通过每个部分的权重来评估。

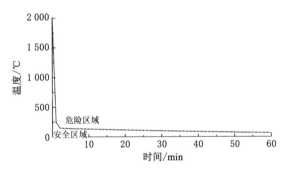

图 5-6 温度与人体忍耐度关系

5.2.2 火灾烟流对人员逃生的影响

矿工在灾难逃生过程中,火灾烟雾会刺激人的呼吸系统,降低逃生速度,严重时会导致矿工窒息死亡。因此,火灾烟雾的成分和浓度对逃生路线的选择起着很大影响作用。因此,应对有毒、有害气体进行伤害评价,对逃生路线上的烟气成分进行了综合分析,以此提高成功逃生的概率。有效暴露剂量百分比公式(FED)是评估有毒烟雾伤害特征的好方法之一,通过分类确定灾害烟雾成分的释放量。该公式将每个测量值转换成杀死测试对象所需总剂量的比例，并通过每个比例的总和计算烟雾的损害程度。FED 模型可以描述为下式：

$$\text{FED} = \sum_1^n \frac{\int_0^T c_i \, \mathrm{d}t}{\text{LC}_{50} T} \tag{5-15}$$

在此基础上，还分析了火灾环境对矿工逃生的影响，并将窒息性气体模型的基本原理定义为：

$$\text{FED} = \sum_1^n \sum_{t_1}^{t_2} \frac{c_i}{(\text{Ct})_i} \Delta t \tag{5-16}$$

式中　c_i——第 i 种气体的浓度，ppm（1 ppm $= 10^{-6}$，下同）；

　　　LC_{50}——在一定时间内对实验对象的一半致死的第 i 种气体浓度，ppm；

　　　$(\text{Ct})_i$——实验对象在第 i 种气体浓度下的暴露水平，ppm·min；

　　　T——在有毒环境中的暴露时间，min；

　　　n——混合气体中的 n 种成分；

　　　t_1——进入有毒气体环境的时间，min；

　　　t_2——离开有毒气体环境的时间，min；

　　　Δt——在灾害环境中的暴露时间，min。

火灾发生后的空气环境中，主要考虑 CO、CO_2 和 O_2 的浓度对人员逃生的影响。在 FED 计算模型中，如果 CO_2 浓度超过 2%，呼吸系统明显受到刺激，呼吸频率增加，导致大量有害气体被吸入肺部。CO_2 对呼吸率的影响用下式表示：

$$V_{CO_2} = \exp \frac{c_{CO_2}}{5} \tag{5-17}$$

将 CO、CO_2 和 O_2 浓度的综合伤害效应，整合成下式的 FED 模型：

$$\text{FED} = \exp \frac{c_{CO_2}}{5} \left[\sum_{t_1}^{t_2} \frac{c_{CO}}{(\text{Ct})_{CO}} \Delta t + \sum_{t_1}^{t_2} \frac{21\% - c_{O_2}}{21\% - (\text{Ct})_{O_2}} \right] \Delta t \tag{5-18}$$

5.3　元胞自动机理论和模型构建

5.3.1　元胞自动机算法理论

元胞自动机（cellular automaton，CA）是 Neumann 于 20 世纪 50 年代在研究生物细胞自繁殖现象时提出来的[204]。CA 也可以解释为它是一个由诸多的相同个体通过相互之间的联络关系离散并且发散，空间可扩展的整体系统。元胞自动机的特点可以概括为离散和局部，即在时空和状态上它是离散的，且各变化量只可以取有限个状态。根据 CA 状态改变规则可知,其在时间和空间上的改变也只是局部改变,图 5-7 为元胞自动机的结构示意图。

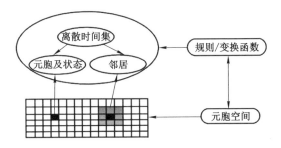

图 5-7 元胞自动机的结构示意图

20 世纪 70 年代开始,计算机技术的迅猛发展和普及使得元胞自动机自身的空间建模和高速计算能力有了用武之地。英国的数学家约翰·霍顿·康威在 1970 年基于 CA 理论发明了"生命游戏"。S. Wolfram 基于 CA 理论建立的交通流(traffic flow)成功模拟出了真实生活中交通流堵塞以及走走停停等活动规律,并回答了其中有关激波自组织临界学理难题,从而为以后的城市交管部门如何提高交通流释放效率提供了理论基础[205]。

中国科学技术大学杨立中教授建立了基于元胞自动机的火灾逃生模型。该模型的原则就是逃生人员总是尽可能以最快的速度往最安全的地方运动,使得人员在确定逃生路线方面更加合理、方便[206]。

通过静态逃生困难度和动态健康度对人员逃生的分析,为了最快地选择最佳路径,通过建立元胞自动机路径优化选择模型,从而根据井下受灾人员的位置分布、受灾区域快速高效地规划出最优逃生路径。

5.3.2 元胞自动机模型构建

元胞自动机是时间和空间都是离散的、由有限个数的元胞组成的动力学演化系统,一般表示为四元组 $A=(L,S,N,f)$,其中 L 表示元胞空间,S 表示元胞有限的离散状态集合,N 表示所有邻域内元胞的集合(包括中心元胞),即包含有 n 个不同元胞状态的空间向量,f 为演化规则。将唐山沟煤矿的通风网络图用 $G(v,E)$ 表示,假设该网络图有 n 个节点,每一个网络分支的节点用一个元胞来定义,通风网络分支中与其相邻的节点自然定义为邻居。其中,v 代表网络分支上的节点,E 表示两个网络分支节点之间的权值,从源点 v_1 到目标点 v_n 的最优路径是需求。利用元胞自动机模型求解最优路径,根据 n 段带有权重的分支组成的网络图 $G(v,E)$,构造元胞自动机模型。

元胞空间 $L=(v_1, v_2, v_3, \cdots, v_n)$，最优路径集 P 为从源点 v_1 到目标点 v_n 的最优路径顶点集合，剩余集为 Q 且 $L=P \cup Q$。中心元胞 v_x 的邻居 $N(v_x)=\{v \mid (v_x, v) \in E \lor (v_x, v) \in E \lor (v=v_x)\}$，易知 $|N(v_x)|$ 为 $N(v_x)$ 的长度；状态集 $S=\{S\text{-}N, S\text{-}W, S\text{-}I, S\text{-}M\}$；演化规则 f，设当前处于 t 演化阶段，中心元胞为 v_t，属于最优路径集 P。此时，源点 v_1 到中心元胞 v_t 的最短路径为 $w(v_t)$，中心元胞 v_t 邻居为 $N(v_t)$，邻居权重集 $r_t(v_t, v_{t+1})$，此时 v_t 处于 $S\text{-}I$ 状态。

① 如果弧 (v_1, v_{t+1}) 的权重 $r(v_1, v_t) \leqslant w(v_t)+r_t(v_t, v_{t+1})$，此时 v_t 状态变为 $S\text{-}N$，属于剩余集 Q，而顶点 v_{t+1} 由 $S\text{-}N$ 状态变为 $S\text{-}I$ 状态，即该点处于寻路状态。

② 如果弧 (v_1, v_{t+1}) 的权重 $r(v_1, v_t) > w(v_t)+r_t(v_t, v_{t+1})$，则 $w(v_{t+1})=w(v_t)+\min r_t(v_t, v_{t+1})$。此时，$v_t$ 状态变为 $S\text{-}M$，属于最优路径集 Q，而 v_{t+1} 状态变为 $S\text{-}I$。

通过对煤矿灾害逃生路径上的静态困难度和动态健康度进行分析，确定了相关参数研判的方法和计算模型，在获取了逃生路径的分段参数后，根据煤矿生产系统和通风网络结构，建立改进的元胞自动机模型，灾变发生后快速计算出灾害逃生的最优路径，指导遇险人员安全高效的逃生。

5.4 唐山沟煤矿火灾人员逃生困难度模型建立

为了验证静态巷道困难度模型在井下巷网中的应用效果，本书分析了唐山沟煤矿火灾发生后的人员逃生和疏散计划。通过分析该煤矿 12# 煤层的采掘图和井下巷网，计算出了各分支巷道的逃生困难度，根据所计算的参数，评估各条逃生路线的安全性，并使用元胞自动机模型选择出火灾时期几条困难度较低的逃生路线作为遇险矿工候选的最佳逃生路径。

5.4.1 煤矿概况

（1）开拓开采方式。唐山沟煤矿初期的开采作业主要集中于 8# 煤层和 12# 煤层，整个矿区划分为 13 个采区。其中 8# 煤层有 4 个采区，12# 煤层有 9 个采区。基于 12# 煤层开采面积比较大，煤的种类也较多，采区主要集中于此，煤矿共有两个开采水平，一条是辅助开采水平，设置在了 8# 煤层的 +1 120 m 处，而另一条主开采水平设置在 +1 160 m 处。矿井的通风方式以对角式通风为主，其中主、副斜井和进风井负责整个矿井的进风工作，而 1#、2# 风井则负责整个矿井污风的排出，通风方式为机械抽出式。对于 8# 煤层和 12# 煤层的开采采用长壁采煤法，采煤时将采煤工作面沿走向推进，工作面长度较长，大约为

200 m（长壁采煤法生产效率高，可以提高工作面的生产集中程度，最重要的是安全性比较好，可以保证开采的安全性和工人的井下安全）。

（2）矿井通风方式和方法。矿井采用混合式的通风方式，通风方法选择机械抽风。根据巷道布置，通风路线如下：

进风行人斜井、副斜井、主斜井→轨道大巷、胶带大巷→运输平巷→回风平巷→专用回风大巷→回风煤斜井→地面。

唐山沟矿经过改造后，采用"三进三出"的通风系统，图 5-8 是唐山沟煤矿 12# 煤层的局部采掘图。

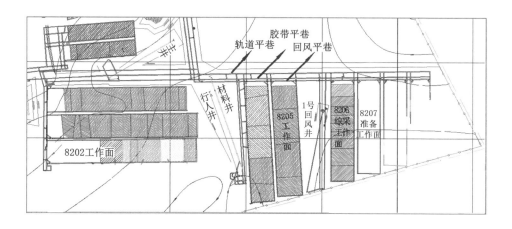

图 5-8　唐山沟煤矿 12# 煤层的局部采掘图

5.4.2　各分支巷道困难度的计算

唐山沟煤矿 12# 煤层 8207、8202 综采工作面，连接有采区胶带巷、采区轨道巷和采区回风巷。按照生产计划要求，一个采煤工作面有 20 人左右。当煤矿井下发生灾难时，位于采煤工作面的工作人员将逃往出口。唐山沟煤矿 12# 煤层简化通风网络结构如图 5-9 所示。

为了计算静态下唐山沟煤矿 12# 煤层巷网各分支的巷道逃生困难度，对相关参数进行设定：斜坡坡度 α 的计算公式为高程差/水平距离×100%。根据该矿 12# 煤层的采掘图能够统计出各巷道分支的长度，利用等高线能够算出巷道内的高程差，代入公式可计算出坡度。通过考察巷道内的实际环境，统计各巷道内机械设备（如液压支架等）的分布情况以及崎岖程度，从而综合这些因素计算出灾后井下人员逃生时的步长。为了方便计算，统一将井下工作人员设定为成年男性，并将

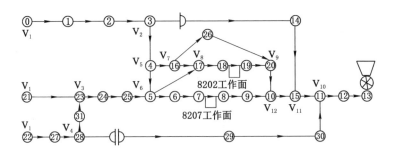

图 5-9　唐山沟煤矿 12# 煤层的简化通风网络结构图

体重设定为 $M=60\ \mathrm{kg}$。在火灾人员逃生时期,根据 12# 煤层采掘图、12# 煤层通风网络简化图,可以得到各个分支巷道的水平路段、上下坡路段以及凹凸不平路段的水平距离、坡度、逃生速度、凹凸度等原始数据,获取这些数据后将它们代入本章巷道困难度的计算公式可得到巷道各分支困难度,如表 5-1 所列。

表 5-1　巷道各分支困难度统计表

巷道分支	距离/m	上坡坡度/%,距离/m,速度/(m·s⁻¹)	下坡坡度/%,距离/m,速度/(m·s⁻¹)	巷道凹凸度/%,距离/m	巷道困难度
V_1—V_2	2 227	(32,477,1.11)、(2.4,1 500,2.48)	(0,0,0)	(120,50)	38.5
V_1—V_3	461	(48,461,0.67)	(0,0,0)	(0,0)	19.9
V_1—V_4	494	(48,413,0.67)	(0,0,0)	(0,0)	17.8
V_2—V_{11}	50	(0,50,2.51)	(0,0,0)	(0,0)	0.7
V_2—V_5	129	(8,129,2.35)	(0,0,0)	(0,0)	2.3
V_3—V_6	1 653	(6,871,2.40)	(−3,515,2.52)	(110,50)	18.4
V_3—V_4	135	(0,105,2.51)	(0,0,0)	(120,30)	2.0
V_4—V_{10}	1 057	(7,391,2.38)	(−3,591,2.52)	(124,60)	10.6
V_5—V_7	183	(0,183,2.51)	(0,0,0)	(0,0)	2.5
V_5—V_6	36	(0,36,2.51)	(0,0,0)	(0,0)	0.5
V_6—V_8	179	(2,129,2.49)	(0,0,0)	(110,50)	3.0
V_6—V_{12}	793	(0,50,2.51)	(0,0,0)	(101,156)	16.7
V_7—V_9	200	(6,150,2.41)	(0,0,0)	(130,50)	3.4
V_7—V_8	51	(0,51,2.51)	(0,0,0)	(0,0)	0.7

表 5-1(续)

巷道分支	距离/m	上坡坡度/%,距离/m,速度/(m·s⁻¹)	下坡坡度/%,距离/m,速度/(m·s⁻¹)	巷道凹凸度/%,距离/m	巷道困难度
V_8—V_9	145	(0,0,0)	(0,0,0)	(98,139)	16.5
V_9—V_{12}	180	(4,180,2.45)	(0,0,0)	(0,0)	3.2
V_{12}—V_{11}	92	(2,92,2.49)	(0,0,0)	(0,0)	1.3
V_{11}—V_{10}	470	(9,470,2.31)	(0,0,0)	(0,0)	8.6

5.5　唐山沟煤矿火灾逃生动态健康度模型建立

动态健康度模型作为定性分析最优逃生路径的工具,主要通过模拟巷道温度和烟气蔓延规律,并基于人员定位、烟流区和非烟流区等因素,分析井下受灾人员最为有利的逃生路径。为了掌握逃生路线的动态健康程度,必须通过数值模拟得出灾后烟流动态分布规律。利用 FDS 软件分析煤矿火灾频发的区域,并根据巷道结构建立了数值模拟模型。从数值模拟结果可以看出火灾后的温度、能见度和烟气浓度的变化规律,从而分析灾变烟流的分布和人员逃生的环境。

5.5.1　巷道物理模型的建立

所建立的火灾巷道模型总长度为 1 635 m,为了使模拟结果的准确度较高,应保证工作面与主井之间距离不能太长。因此,在建立该模型时以该矿巷道的实际尺寸为标准进行了相似比例的缩小,同时将巷道形状统一规定为矩形巷道,计算巷道断面积时也按矩形面积公式计算。所模拟的火灾为胶带巷发火情景,将发火源的热释放功率设定成 16 MW,并将所模拟的发火胶带巷的风流速度设定为 2.8 m/s,轨道巷的风流速度设定为 4 m/s,而回风巷的风速设定为 6.8 m/s。巷道内不设置风门,巷道保持畅通,并且不安装火灾报警装置和自动喷水设备。结合大量实践经验,人在巷道内的步速约为 1.2 m/s,并考虑巷道的实际长度,将整个模拟过程时间设定为 500 s。为了能够得到精确度较高的模拟结果,综合计算机性能及模拟时长,将网格大小划分为 0.5 m×0.5 m×0.5 m。本次火灾主要模拟烟气的蔓延情况,尤其是危害最大的 CO 浓度变化情况,所建模型如图 5-10 所示。

测点位置的布置主要考虑井下火灾发生后,人员逃生所需要经过的路途。因此,选取了两条逃生困难度相对较小的逃生路径,在这些巷道分支的不同位置分别安装了烟气、温度等感应器,表 5-2 为统计的各测点位置分布情况。

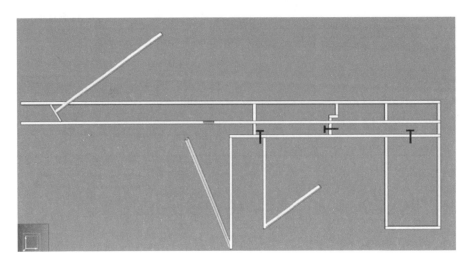

图 5-10　唐山沟煤矿 12# 煤层巷道火灾模型

表 5-2　测点位置分布

测点序号	测点位置
$1^{\#} \sim 3^{\#}$	轨道巷 X 轴:460 m,500 m,540 m 处
$4^{\#} \sim 7^{\#}$	轨道巷 X 轴:580 m,620 m,660 m,700 m 处
$8^{\#} \sim 11^{\#}$	回风巷 X 轴:460 m,500 m,540 m,580 m 处
$12^{\#} \sim 15^{\#}$	回风巷 X 轴:620 m,660 m,700 m,740 m 处

5.5.2　12# 煤层动态健康度指标参数模拟分析

　　结合现场通风系统和唐山沟煤矿简化物理模型,巷道火灾烟气在火灾后通风的影响下扩散,在烟雾蔓延到工作面或关键道路交叉处之前,必须疏散处于危险中的矿工。FDS 软件模拟之后,可以从烟雾视图中看到烟雾蔓延规律,烟气流量监测结果的温度和成分也可用于分析传播的特征。因此,评估了处于危险中矿工的逃生环境,并且还可以使用模拟结果来选择逃生路线。选择轨道巷和回风巷的 15 个关键测点,主要对影响逃生健康度的火灾烟气蔓延、温度、CO 浓度、CO_2 浓度、O_2 浓度、能见度等相关因素进行了数值模拟,并分析了它们对于巷道健康度和人员逃生的影响。

　　(1)模拟巷道发生火灾后的烟气蔓延情况,图 5-11 记录了火灾发生后不同时间的烟气蔓延情况。

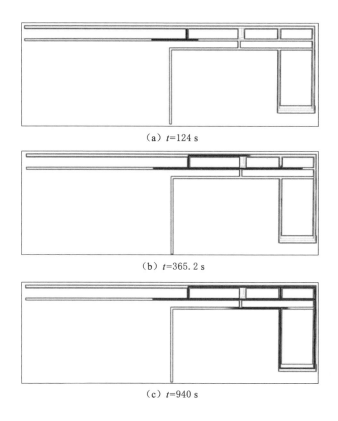

（a）$t=124\text{ s}$

（b）$t=365.2\text{ s}$

（c）$t=940\text{ s}$

图 5-11　火灾烟气在不同时刻蔓延图

从图 5-11 可以看出，火灾后烟雾受到高温的影响，迅速集中在巷道顶部，发生了烟流逆退的现象，然后烟雾蔓延到其他巷道分支。在火灾发生后的 124 s 时，烟气流通过连接巷扩散到轨道巷，并导致该区域的能见度降低。在如此短的时间内，处于危险中的矿工无法从工作面逃离到轨道巷并完成逃生。因此，结果表明，在火灾发生后，轨道巷不能用作人员逃生路线。随着火灾的发展，烟气流在火灾发生后的 365.2 s 时蔓延到了工作面。如果此时处于危险中的矿工不能走出工作面，那么逃生的成功率就会下降，甚至导致他们在高温和有害烟气环境中死亡。在火灾发生后的 940 s 时，烟雾通过 8207 工作面传播到回风巷道，然后整个巷道被烟雾污染。如果工作面上的矿工在火灾后发出警报，他们有足够的时间从工作面逃到有新鲜空气的巷道。

（2）模拟了火灾发生后轨道巷和回风巷两条巷道内测点位置处 CO 浓度随时间变化的情况，如图 5-12 和图 5-13 所示。

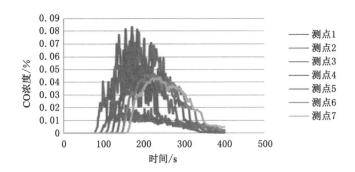

图 5-12　轨道巷各测点 CO 浓度随时间变化情况

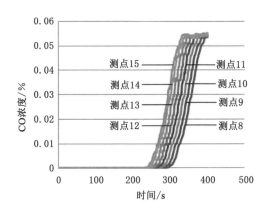

图 5-13　回风巷各测点 CO 浓度随时间变化情况

从图 5-12 可以看出，火灾发生后的 100～200 s 内，轨道巷中测点的 CO 浓度上升至最大值，此时的测点 2 和测点 3 位置的 CO 浓度已经超过 0.06%，明显超出《煤矿安全规程》规定的 0.002 4%。根据相关研究显示，在该浓度下工作 45 min 左右，工作人员会出现轻微中毒症状，出现耳鸣、头疼、心跳加速等症状。从图 5-13 可以看出，在火灾发生后 250 s 内的回风巷道中，CO 浓度一直保持在 0 值，说明火灾发生后的这段时间 CO 还未流入回风巷道，从 250 s 开始回风巷中测点位置的 CO 浓度才开始增加，而且没有下降的趋势。

（3）高温热害同样是火灾烟流带来的严重后果，作为健康度模型的关键因素，相较于轨道巷温度的变化情况，回风巷由于距离火源较远，其变化幅度更有限。因此，这里只模拟了轨道巷主要测点位置温度随时间的变化情况，结果如图 5-14 所示。

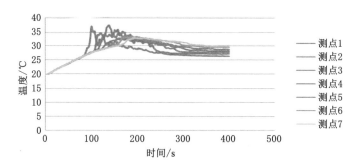

图 5-14 轨道巷各测点温度随时间变化情况

从图 5-14 可以看出,随着热气流的流动,在轨道巷中,火灾发生 100 s 后,各测点温度开始上升,随后又回落到 25 ℃左右。而在回风巷中,虽然温度在火灾后一直呈现上升趋势,但是由于离火源点较远,上升幅度较小。轨道巷和回风巷的温度变化都很有限,对人员逃生的影响不大。

(4) 火灾发生后,烟气的蔓延会造成巷道逃生环境能见度的降低,不仅对逃生路线判断带来影响,还可能导致受灾人员恐慌心理,本书模拟了轨道巷和回风巷中测点能见度的变化情况,如图 5-15 和图 5-16 所示。

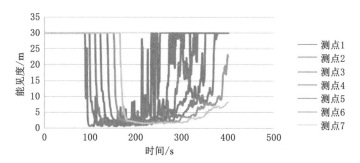

图 5-15 轨道巷各测点能见度随时间变化情况

从图 5-15 可以看出,火灾发生后 100 s 左右,烟气蔓延到轨道巷,紧接着测点 1～测点 7 位置的能见度相继下降到最低点,但是随着轨道巷新鲜风流的不断涌入,大约 200 s 以后,能见度有所恢复。从图 5-16 可以看出,将近 300 s 以后,能见度才发生变化,之后的能见度一直为零,这 300 s 是留给逃生人员的宝贵时间。

(5) 火灾发生后,灾变烟气的蔓延同样会引起 O_2 浓度的变化,但之前已验证了其并非影响人员逃生的主要因素。为了节约篇幅,这里只模拟了回风巷中各测点处 O_2 浓度的变化情况,如图 5-17 所示。

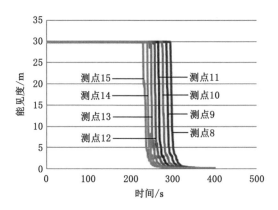

图 5-16　回风巷各测点能见度随时间变化情况

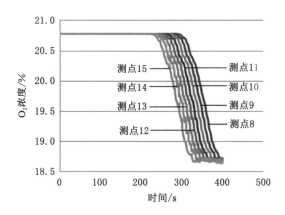

图 5-17　回风巷各测点处 O_2 浓度随时间变化情况

根据图 5-17 的数据显示，O_2 浓度变化幅度较小，对人员逃生的影响也不是很大。因此，通过这些参数变化的分析，确定了 CO 浓度和能见度作为逃生健康度模型对逃生路径进行定性分析的两大标准，从而确定最优逃生路径。

5.6　最优逃生路径的评估验证和选择

5.6.1　针对唐山沟煤矿 12# 煤层发火的 CA 模型构建

考虑矿井火灾对通风系统和灾变烟气控制设施的实际影响（如对通风系统中烟流控制措施或烟气流隔离方法的影响），能够更好地创造安全逃生环境，从而帮助矿工逃离危险。基于当前煤矿应急救援装备,在井下火灾发生后,矿工还可以使用自救器隔离有毒、有害气体。因此,将静态巷道困难度设置为改进 CA 模型的主要因素,并将巷道动态健康度设置为选择最佳逃生路径的次要因素。

根据之前唐山沟煤矿 12# 煤层的巷网简化结构图,建立唐山沟煤矿 12# 煤层通风系统的 CA 模型[用 $G(v,E)$ 表示],其中 v 表示路线节点,E 表示两个节点之间的巷道困难度 D。需要解算位于 v_{12} 处的逃生人员逃往出口 v_1 的最优路径。此时构造元胞自动机模型 $A=(L,S,N,f)$,其中,

元胞空间 $L=(v_1,v_2,\cdots,v_{12})$;

中心元胞 v_x 邻居 $N(v_x)=\{v\,|\,(v_x,v)\in E \bigvee (v,v_x)\in E \bigvee v=v_x\}$,易知 $|N(v_x)|$ 为 $N(v_x)$ 的长度;

状态集 $S=\{S\text{-}N,S\text{-}G,S\text{-}B,S\text{-}M\}$。

5.6.2 最优逃生路径的筛选

根据火灾烟气迁移的数值模拟结果,将火灾影响范围内的巷道以烟气有毒、有害气体的危害严重度作为划分烟气污染区域的标准。考虑通风系统没有变化,将死亡区标记为深黑色,其中考虑了限制通过时间;浅灰色部分显示了危险区域,这一区域受到人员逃生速度和烟流蔓延速率的限制;灰色区域表明这是一个安全区域,其中只考虑静态困难度。使用改进的 CA 模型计算上述 3 个优化的逃逸路线,图 5-18 为受烟流影响的主要逃生路线图。

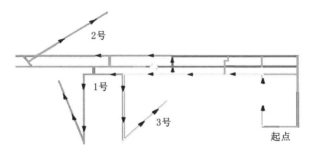

图 5-18　受烟流影响的主要逃生路线

逃生路径选择的计算程序由 MATLAB 软件编写,根据之前统计的各分支巷道困难度(表 5-1 和图 5-18)可以得知:1 号逃生路线为 V_{12}—V_{11}—V_{10}—V_4—V_1,道路总静态困难度为 39.73,评估该条路线易受火灾烟气影响;2 号逃生路线为 V_{12}—V_{11}—V_2—V_1,道路总静态困难度为 44.67,评估该条路线易受火灾烟气污染;3 号逃生路线为 V_{12}—V_{11}—V_{10}—V_{13},道路总静态困难度为 36.31,评估该路线易受火灾烟气污染。

从图 5-18 可以明显看出,在没有烟气控制措施的情况下,火灾烟气将迅速污染气流下游。在死亡区域,矿工无法通过受到高浓度烟流污染、长度超过 1 000 m 的巷道,从而阻碍了人员逃生。在危险区域,处于危险中的矿工必须在烟气流到达之前进入安全区域。只有新鲜的气流环境才能被视为安全区域,为了尽快到达安全区域,矿工必须在限定时间内通过一个短暂的死亡区域。

通过所建立的健康度模型,分析这几条逃生路径可知:在火灾烟气不同时刻蔓延图(图 5-11)中,当时间 $t=248.8$ s 时,灾变烟流便开始通过联络巷蔓延到轨道巷中,在这么短时间内,工作面的人员是无法从 V_{12} 逃到轨道巷的;当 $t=365.2$ s 时,烟气开始蔓延到工作面,严重威胁工作人员的安全;而在 $t=940$ s 时,火灾烟气才通过 $12^{\#}$ 煤层 8207 工作面蔓延到回风巷,工作人员有足够的时间从 1 号路线逃生。因此,考虑胶带巷着火位置和烟流蔓延所带来的能见度、CO 浓度的综合影响,可知 1 号逃生路径 $V_{12}-V_{11}-V_{10}-V_4-V_1$ 为人员逃生最优路径,而 2 号路线和 3 号路线是不可取的。

为了验证由巷道困难度模型和健康度模型所筛选的最优逃生路径的有效性,选择了 6 名矿工(他们年龄大约 40 岁,身体健康,在煤矿井下工作 10 年以上,体重约 70 kg)。通过在煤矿井下进行的步行实验,使用秒表测量行走时间,并且从工作面节点 V_{12} 沿着到安全出口的不同路径执行逃生,测量结果如表 5-3 所列。最终结果显示,逃生路线 $V_{12}-V_{11}-V_{10}-V_4-V_1$ 到达安全出口的距离较短,逃生时间短,巷道困难度相对也较小。因此,步行实验也验证了通过两个模型分析和利用 CA 算法筛选出的最优路径是准确的。

表 5-3　逃生路线演习时间统计

逃生路径	距离/m,困难度/%	逃生时间/min
$V_{12}-V_{11}-V_{10}-V_4-V_1$	2 383,39.73	29.17
$V_{12}-V_6-V_3-V_1$	3 232,59.72	45.92
$V_{12}-V_9-V_7-V_5-V_2-V_1$	2 919,52.35	39.07
$V_{12}-V_9-V_7-V_5-V_6-V_3-V_1$	2 496,51.31	34.05
$V_{12}-V_{11}-V_2-V_1$	2 369,44.67	34.52
$V_{12}-V_{11}-V_{10}-V_{13}$	1 798,36.31	25.63

通过前面的内容,针对唐山沟煤矿 $12^{\#}$ 煤层建立的火灾静态困难度和动态健康度所筛选出的路径结果,可以总结如下:

(1)通过优化 CA 模型,获得最佳路径选择。没有选择大凸凹度和高障碍度道路。通过现场检查,发现该区域有许多设施,矿工在这种情况下不易逃生。

（2）比较所有逃生路线，未选择 V_{12}—V_9—V_7—V_5　V_6—V_3—V_1 这一路线。根据通风网络结构，可以发现路径 V_{12}—V_9—V_7—V_5—V_2—V_1 远离出口方向，并且矿工在逃生时倾向于选择与安全出口相同方向的路线。

（3）由于路径 V_{12}—V_{11}—V_2—V_1 在逃生路线中的道路具有较长的上坡距离，因此未选择此路径。而最佳路线 V_{12}—V_{11}—V_{10}—V_4—V_1 中，V_{10}—V_4 路段是下坡路，身体耗能和摄氧量较低。

5.7　本章小结

由于煤矿井下条件比较复杂，事故救灾的难度系数大而且危险性高，因此火灾发生后的人员疏散是救灾的关键。鉴于煤矿井下的特殊环境，在井下进行大规模火灾实验是不可取的，因此本书利用 FDS 数值模拟进行了巷道实体建模，建立巷道困难度模型，利用元胞自动机选择最优逃生路径。在此基础上，通过 FDS 数值模拟掌握火灾发生后的烟流移运规律，从而确定最佳逃生路径。通过井下正常时期巷道环境主要参数（巷道坡度、行走速度、风流速度、逃生出口距离等）对于人员逃生的影响，建立了巷道逃生困难度模型，利用火灾时期巷道环境参数（温度、有毒有害气体浓度）建立了人员健康度模型，从而可以定性、定量地分析井下火灾时期各环境参数对人员逃生路径选择的影响量，具体结论如下：

（1）分析了元胞自动机在最佳避险路径选择方面的应用，建立了矿井通风网络节点最短路径选择的元胞自动机模型，并以唐山沟煤矿为例，验证了元胞自动机模型在矿井灾变逃生中最短路线搜索算法中的合理性。

（2）通过 FDS 火灾动力学软件对巷道进行火灾模拟，分析了井下火灾发生后的温度、CO 浓度、CO_2 浓度、O_2 浓度、能见度等火灾参数随着火势发展的变化规律，并研究了这些参数的变化对于井下灾变逃生的影响。

（3）定量分析了巷道中上下坡路段、水平平缓路段、凹凸障碍路段对于人员逃生时的能量消耗影响，定性分析了火灾发生后的高温、CO 浓度、能见度等因素对人员健康的影响。

（4）建立巷道困难度模型，引入巷道困难度这一概念来量化复杂恶劣的井下环境。对唐山沟煤矿井下人员逃生疏散案例进行研究，验证了所建的巷道困难度模型是可以用来量化逃生人员在复杂恶劣的巷道环境下逃生的难易程度。

（5）矿井火灾时期最优逃生路径选择技术在唐山沟煤矿的应用，通过建立的巷道逃生困难度模型，计算出了各分支巷道的困难度，利用元胞自动机计算方法筛选出 3 条困难度较低的逃生路径，然后根据人员健康度模型限定了逃生路径，得出了灾变后的最优逃生路径为 V_{12}—V_{11}—V_{10}—V_4—V_1。

6 远程应急救援系统的研发与应用

6.1 引　　言

　　根据矿井通风系统的特点和火灾发生后的烟流流动规律,在各通风联络巷内预置多道电控气动救灾风门,并由地面监控中心远程控制其开关状态,组成一个灾害应急救援系统。根据通风系统情况,常开救灾风门开度大小不得影响正常通风及过车行人;常闭救灾风门通过监控分站在行人及车辆通过时实现自动闭锁。当进风巷火灾发生时,通过地面监控中心远程控制救灾风门开闭状态,处于常开状态的救灾风门立即关闭,切断两个进风联络巷之间的风流交换,同时阻止烟流进入采区人员集中的地方。为有效控制有毒、有害气体的污染范围,避免灾害的进一步扩大,将原来处于闭锁状态的两道救灾风门同时打开,迅速地将有毒、有害气体导入采区总回风巷,达到救灾和烟流控制的目的。

　　由于我国煤矿针对特定事故应急救援系统设备的研发起步较晚,国家也没有出台统一的标准,但远程应急救援系统作为灾变条件下烟流控制的关键设备,灾变时必须能够稳定可靠地启动运行,并实现井下环境参数和系统运行状态的地面远程监控。救灾系统要实现整个通风网络的调节和控制,涉及设备较多、分布区域较广,在设计系统过程中需要在可靠性和冗余设计方面进行深入的研究。就门体结构而言,要考虑矿压导致巷道变形对其产生的影响,采用气动风门必须使用常规压气和备用气源相结合。灾变井下停电的条件下,救灾所用的监控系统必须能够持续工作2 h以上,通信和监控系统在井下部分必须考虑将光缆尽量铺设在回风巷。系统在安装完成后,必须进行模拟火灾演习并测定各项参数,计算系统对风网调节后的风量分配情况,分析评价其合理性,正常使用后每季度进行一次系统演习,保证灾变条件下能顺利运行。

6.2　远程应急救援系统的硬件设计及关联设备组合

6.2.1　对开风门结构设计

风门是井下控制风量达到预期分配的主要通风设施,是一种常用且经济有效的控风手段。结合大型矿井巷道断面比较大的实况,使用独扇风门开闭比较困难,采用双扇门作为救灾风门,比较常见的 4 种双扇门体及其结构如下:

(1) 对开式同步开关双扇门。该门结构简单、动作灵活、美观大方、漏风少、动力源可靠,易于自动控制;但是当巷道较小时需开凿巷道,安装过程烦琐。

(2) 双气缸推拉式双扇门。该门结构简单、易安装、动作灵活、开关时间短、美观大方、漏风少,易于实现自动控制;但是执行机构与门板刚性连接,开关过程中易发生碰撞和变形,影响门的开关灵活性,此外受压气影响后,开关可能不同步,风门运行空间较大,容易受周围环境影响,故障率比较高。

(3) 双扇推拉门。该门易安装、具有防夹装置、钢丝绳牵引、动作灵活、开关时间短、传感器和执行机构的隐蔽性好,美观大方和漏风少、易于实现自动控制;但是,其结构复杂且风门运行空间较大容易受周围环境影响。

(4) 双扇推拉压力平衡门。由于该门靠自重关闭,不易实现自动控制,因此本方案不采用。

分析认为对开式同步开关双扇门可靠性高并且易于实现自动控制。根据井下风门运行的优缺点,综合考虑灾变条件对门体结构的要求,本书设计了一种新型的气动电控防夹风门,图 6-1 是对开式电控气动防夹风门的后视图和正视图。

6.2.1.1　门体结构的各部件及其组合关系

(1) 门框内嵌设有两扇对开门,一侧设有行人小门,其上安装自动锁门器,另一侧设有气缸。与活塞连接的门称为主动门,另一扇门称为从动门。气缸上方设有手动开关,连接着防夹装置,在现场运行时只需旋动右侧手柄,防夹传感器感应信号,风门在控制器触发电磁阀的作用下会自动打开。

(2) 门框的四个角上分别设有导向滑轮,钢丝绳一端固定于门框上、另一端固定在两扇对开门上,通过导向滑轮连接成联动系统。门框下部槽钢内设有固定滑轨,通过四个滑轮使两扇对开门分别卡在上下滑轨上(上部滑轨由弹簧拉紧,上下可调),通过电磁阀控制汽缸的气源,由活塞推杆传动主动门,由钢丝绳牵引被动门完成风门的开启与关闭。门框上部槽钢的下侧设有可调滑轨,中间设有靠螺栓紧固的滑道,受矿压影响后门框下滑,同时弹簧收缩上拉可调导轨,使门体的运动空间不变。

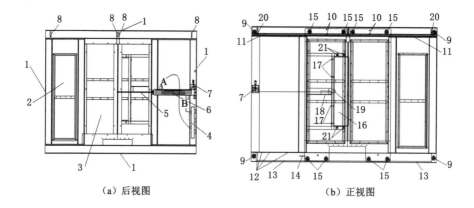

（a）后视图   （b）正视图

1—门框；2—行人小门；3—对开门；4—本安电磁阀；5—活塞推杆；6—气缸；
7—手动开关；8—门框下移滑道；9—导向滑轨；10—钢丝绳固定轴；11—可调滑轨；
12—行程传感器；13—固定滑轨；14—行程磁铁；15—对开门运动滑轮；16—防夹框；
17—压力弹簧；18—开关传感器；19—磁铁；20—拉力弹簧；21—防夹框滑轮。

图 6-1 对开式电控气动防夹风门的后视图和正视图

（3）为了实现风门开度可调，在门框的主动门一侧下部槽钢上间隔设有多个固定位置传感器的孔，在主动门的底端外侧设有能与多个位置传感器相触动的感应磁铁，磁铁与主动门同步运动而不与其他部位摩擦碰撞；主动门的中部设有防夹传感装置，由防夹框、开关传感器、弹簧、滑轮和滑轨等组成。

（4）三位五通的电磁阀固定在右侧门框的槽钢内，当控制器触发后由井下压气管路及备用高压气瓶给气缸供气。

6.2.1.2 新型风门的功能特点分析

（1）随着矿井采深的加大，矿压及冲击地压的显现将会更加频繁，其导致的井下巷道变形，将会导致自动风门的门框直接承压下移变形，使得运行在门框内部的风门被卡住，无法完成正常的开关动作。因此，本书设计的门体结构中，上横梁增加了竖向可调的滑道，同时为了不改变对开门运动的空间，上滑轨设置为由弹簧拉紧的可调滑轨，一旦受压上横梁下移，上滑轨在弹簧收缩拉力作用下上移，保证上下滑轨之间的距离不变。设计上横梁最大可以向下移动 80 mm 左右，足以应付矿压导致的一般巷道变形。

（2）在大中型矿区自动闭锁风门应用比较广泛，但出现了多次风门关闭过程中夹人或夹车的现象，造成不同程度的人员伤亡和机械故障事故。本书利用电梯门的防夹人原理，设计了防夹传感装置，在主动门上开槽嵌入固定防夹框的滑道，防夹框上下由 4 个滑轮支撑，嵌入滑道中，正常状态下由弹簧顶着，探出主动门前方 100 mm 左右，内部设置一磁性开关传感器及磁铁，传感器与磁铁处于非感应区,在关门过程中,一旦两扇对开门间有障碍物,接触防夹框后给予压力,防夹框在滑道里运动挤压弹簧,弹簧收缩直至传感器与磁铁处于感应区,传感器发出信号至控制器,控制器触发电磁阀,停止风门的关闭动作并重新开启。

（3）从机械摩擦力学的角度分析,对开门在运动的过程中,其摩擦阻力的方向始终与风流动力的方向垂直,通风负压增加了其运动的摩擦阻力;但是固定滑轨和运动滑轮之间的摩擦阻力系数非常小,为 0.05 左右。通过现场测试,高压气体压力为 0.4 MPa 时,风门运行平稳且开关速度比较快,而井下压气正常压力为 0.6 MPa,所以随着风量加大,负压升高摩擦阻力增大,系统正常运行且还有一定的余地。

（4）在对开门受各种因素影响,无法正常打开的情况下,行人可以打开行人小门通过,对开门在打开时先检测行人小门的状态。如果行人小门处于开启状态,系统将报警提示关闭,以免重新启动对开门时发生夹人事故,行人小门上安装自动锁门器,以免人员通过后忘记关闭行人小门。

（5）由于要做到救灾过程中的风网调节和控制,实现风量的最佳分配,所以要对风门的开度进行调控。在门框结构上设置有 5 个磁性传感器固定口,在对开门的主动门上设计磁铁固定架,磁铁随着门体一起运动,当运动至传感器位置后,将触发信号传递给控制器分站,确定风门的开度位置。

本风门系统利用地面输送到井下的高压气体或者备用高压气瓶作为风门的动力源,驱动气缸带动主动门开关,通过钢丝绳绕过滑轮连接从动门,从而实现两扇门同步对开;对开门的受力点位于门板的中间,保证了门的受力均衡;利用气动电控的方式保证自动闭锁风门在矿井通风系统风路调节中的可靠性,采用手动开关和触动式防夹传感装置,有利于来往行人或车辆安全通过;门框上的行人小门方便救灾期间的避灾和救灾人员的通行。自动闭锁风门在正常情况下不会同时打开,但是在发生灾害后井下无电无气的情况下,可以远程控制并将其全部打开。在各种故障发生时,人员可以通过行人小门进出,不会导致风流紊乱,其结构简单、开启方便,使用安全可靠。现场使用的对开式双扇门开关状态的实物如图 6-2 所示。

6.2.2 平衡风门结构设计

现有压力平衡风门实现异向同步开闭的装置稳定差、风门关闭过快、易伤过往行人和容易损坏风门,且在控风决策支持系统中需要两道风门同时开启时不能解除机械闭锁。鉴于以上普通风门的不足及不能满足在特定情况下控制风流的要求,本书设计了一种既能手动开启又能应用于控风决策支持系统中远程控制两道风门同时开启的救灾压力平衡风门。因此,提出了救灾压力平衡风门的三维整体设计(图 6-3)。救灾压力平衡风门主视示意图如图 6-4 所示。

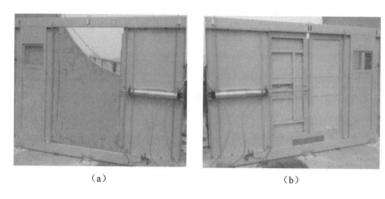

（a）　　　　　　　　　　　　　（b）

图 6-2　对开式双扇门开关状态的实物图

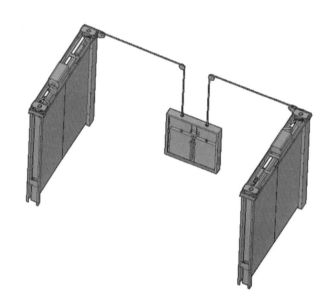

图 6-3　救灾压力平衡风门三维整体设计

　　救灾压力平衡风门既能满足正常通风时期保证行人过车的要求，又能满足在特定情况作为常闭风门组预先布置在特定巷道中，同时控制风流、解除闭锁、开启导通巷道风流的目的。风门门体开关状态实物如图 6-5 所示。

　　救灾压力平衡风门的各个模块传动机构与门框、门扇实现了风门启闭的整体功能。模块结构包括风门门框、传动装置、门扇、门轴、机械闭锁装置等 6 部分，保证了安装过程中的简便可行。当风门的某一部分有故障时仅限于对此模块的维修，并且各个模块拆卸简单，机械配件易于更换。风门的模块化组成特点如下：

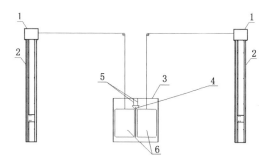

1—传动机构；2—门框；3—闭锁箱；

4—闭锁三角块；5—恢复闭锁限位弹簧；6—重锤。

图 6-4 救灾压力平衡风门主视示意图

（a）风门打开　　　　　　　　　（b）风门关闭

图 6-5 风门门体开关状态实物图

（1）门框和传动装置。门框较为简单的设计，实现了无压平衡风门其他模块结构在门框上的固定。仅需要将门框固定好后，把实现风门异向同步开启的传动装置固定到门框上方即可。

（2）门扇与门轴。每一个门扇上固定两个门轴，门轴与门扇上连接门轴的位置相固定。门扇上方的门轴与传动装置内部的传动轮相嵌入，使得传动系统中的传动轮可以带动门轴使门扇呈 $90°$ 转动开启，组成了其中一道风门。救灾无压平衡风门的模块化设计使得无压平衡风门安装过程及后期维护维修简单方便，可操作性强。

（3）救灾压力平衡风门实现两个门扇异向同步开启的核心机构是风门传动

装置。传动装置中的传动轮与门扇上部的门轴相嵌入,从而将作用在风门上的风压通过传动机构转化为一种内力并得到平衡,保证了风门打开时省力、方便、灵活。

(4)动力气缸通过缸杆连接件与传动杆连接,将门开到位挡板作为动力气缸伸长的长度限位。当有压气为动力气缸提供动力时,动力气缸伸到门开到位挡板风门呈开启状态,气缸伸到门开到位挡板的距离为传动轮周长的四分之一。

(5)重锤通过滑轮与其中一个轮固定于一点,当控制系统发出关门命令后,重锤牵引传动轮执行关门动作。当执行关门动作时,缓冲气缸作用于杆上与动力气缸相反方向,缓冲气缸实现关门缓冲作用主要是通过安装在缓冲气缸上的限流阀实现的,使两扇门关闭时不会过快,不会伤到过往行人和损坏风门。

(6)当有其中一扇门要开启时,通过本传动装置传递给另外一扇风门做与之相反的开启动作,实现两扇风门异向同步开启的联动作用。当行人或行车通过后,利用重锤自重带动传动轮将风门关闭。通过这种平衡风门传动装置,达到安全可靠、平稳地开启两门扇的效果。

(7)风门机械闭锁装置是通过第一重锤滑块、第二重锤滑块和限位三角块来实现闭锁功能的。第一重锤滑块通过钢丝绳与其中一道风门的传动机构的传动轮相连,第二重锤滑块通过钢丝绳与另一道风门的传动机构的传动轮相连。当其中一道风门开启时,与其连接的重锤滑块被提起,在重锤滑块向上的推动作用下,限位三角块绕其连接的闭锁失效动作气缸输出轴转动,并抵靠在另一滑块上,限制另一滑块的滑动,从而限制了另一道风门的开启。

(8)当风门进入救灾模式时,控制系统发出控制命令,驱动电磁阀使闭锁失效,动作气缸将闭锁三角块推出,随后发出控制命令将两扇风门同时打开。当闭锁三角块被推出后,闭锁三角块由两根恢复闭锁限位弹簧牵引使其被推出后不会旋转,以便救灾结束后恢复机械闭锁。当救灾模式结束后,先将两道风门关闭,随后由控制系统发出命令恢复机械闭锁。

6.2.3　控制器分站设计

远程应急救援系统对所使用的控制器的可靠性要求更高,一旦某一局部系统出现故障,整套系统的救灾功能将全部受到影响。井下风门的控制机理属于典型的过程控制,所以,整套救灾系统的井下分站和地面中心站的控制中心均选用 PLC 作为核心器件,组成自动控制系统。

根据远程应急救援系统的性能要求和 PLC 本身的性能特点,本书的 PLC 选用 S7-200 系列,开发和设计了适用于灾变条件下的地面远程监控中心站与风门控制器分站。井下环境对控制器的参数要求:分站在井下危险场所使用的设备必须设计成矿用本安兼隔爆型;在灾变条件下井下停电,必须设计备用电源及电源切换系统,并保证灾变停电条件下,整套系统能够持续工作 5 h 以上;系统必须具备远程通信和监控功能。根据救灾风门控制器分站的性能要求和 S7-200-CPU224 的性能特点,设计了控制器主机。其由隔爆箱体、可编程控制器、模拟量输入模块 EM231、数字光端机、隔离安全栅、开关电源、充电器、铅酸蓄电池、变压器、固态继电器、电源切换电路、蓄电池过度放电保护电路、开盖断电装置等主要零部件组成。控制器箱体及内部元器件实物图如图 6-6 所示。

（a）控制器箱体　　　　　　　　　　（b）内部元器件

图 6-6　控制器箱体及内部元器件实物图

　　控制器主机的主要作用是监测救灾风门的开关状态及风门的开度情况;监测周围环境的烟气浓度情况并与其内部设定的阈值进行比较,出现超过阈值现象将进行报警和井下火灾情况分析;在风门开关状态出现故障,以及前方风门打开后方风门需要等待时将会发出声光报警和提醒;触发三位五通电磁阀改变压气通断状态,控制风门的开关状态及开度大小;分站随时保持与上位机的通信和信息交换,有效实现救灾系统的远程监控;各分站之间也保持通信,在灾变导致远程通信故障时,救灾系统通过分站通信延时自动启动,实现救灾系统灾变启动的双保险。在使用过程中,正常状态下分站使用井下电源供电,当井下停电时,系统自动切换至蓄电池供电。在系统设计过程中,控制器及关联设备选型均考虑了微功耗,保证蓄电池为系统正常供电时间超过 5 h。采用两套行程开关,完成双电源系统的开盖断电功能,根据矿用产品防爆设计的要求,在设备安装或者维修过程中,若打开防爆盖,控制器的外接电源和内置蓄电池系统都要自动断电;控制器内部使用隔离安全栅,实现控制器内部设备与外部关联设备之间的本质安全化隔离,所以控制器所连接的开关量输入、模拟量输入和开关量输出信号皆是本安信号。在设备选型时,必须选用矿用本质安全型产品。监控分站作为控风决策支持系统中的环境监测和执行机构,其控制器能够实现的主要功能如下:

（1）救灾门处于自动风门工作模式时，行人和车辆通过实行自动控制，实现自动风门的基本功能。

（2）检测胶带巷中烟雾、CO、温度、风速等传感器的信号，并对监测信号进行分析处理，时刻掌握井下风流状态和胶带运行状态，发现异常信号及时输出声光报警信号，同时进行后续处理。

（3）检测救灾门传感器的状态信号、输出电控气阀的动作信号。通过救灾门传感器监测救灾门的开关状态和开度的大小，通过对电控气阀的控制来间接控制救灾门的开关动作和开度的大小。

（4）检测消防水压的压力信号、输出电控气阀的动作信号。通过压力传感器时刻掌握消防水压力状态，如果压力过低则提前预警，便于及时排除故障；通过对电控气阀的控制来控制启动球阀的开闭，从而控制喷淋的开闭。

（5）随时保持与上位机的通信和实现救灾系统的远程控制。通过光纤环网实现控制器间信息的共享并把信息实时传给上位机，上位机利用救灾决策系统对信息进行实时分析，做出救灾决策并通过井下控制器执行决策，从而实现救灾系统的远程控制。

（6）正常状态下，监控分站由井下供电系统供电，当灾害破坏井下供电系统时，自动切换到备用电源供电，并且保证备用电源能在灾变时期有超过 5 h 的供电能力。

（7）监控分站内部设计有两个行程开关，实现井下供电和备用电源供电的开启防爆箱盖的断电设计。防爆设计要求设备在安装检修过程中，必须保证监控分站内部断电，达到本安设计的目的。

（8）控制器内部使用隔离安全栅，实现了内部电路与外部电路的本质安全化隔离。其不仅隔离了监控分站隔爆箱体内部的危险能量进入井下特殊易爆炸环境，还使得系统具有较大的抗干扰能力。

6.2.4　地面中心站设计

矿井火灾远程应急救援系统作为灾变过程中调节通风网络的关键系统，其组成与井下采区巷道布置及火灾频发点分布情况相关，一般由 3～8 个控制器分站组成。为了提高系统的可靠性，设计硬件启动和软件启动相结合的双保险方式，保证灾变过程中救灾设备的顺利启动。地面中心站的控制面板实物图如图 6-7 所示。

根据救灾系统的要求，在地面设置中心站，完成各分站与上位机之间的硬件连接与过渡。其主要功能就是完成对井下各分站信息的汇总并将数据反馈给上位机，接收上位机的执行命令；分析命令在需要的情况下调用分站并执行命令。

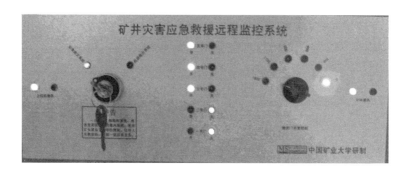

图 6-7 地面中心站的控制面板实物图

地面中心站本身设置救灾系统启动旋钮和风门开度调节旋钮,可以独立完成救灾系统的启动和灾变风量的调控。地面中心站的控制面板内容还包括各分站控制救灾风门的开关状态和开度大小情况显示,中心站与各分站之间的通信状态,中心站与上位机的通信状态,井下灾变发生或者风门运行故障时的地面报警信息。因此,地面中心站的控制中心器件应选取功能更为强大且具有两个通信口的 S7-200-CPU226。地面中心站的内部电气原理图如图 6-8 所示。

6.2.5 关联设备组合及功能分析

远程应急救援系统在完成灾变烟流控制时,除了使用风门、井下各分站、中心站、上位机外,还包括气缸、电磁阀、语音声光报警器、烟雾传感器、磁性开关传感器、本安电源、井下电源和通信系统等关联设备,所有电气设备选型都须选取矿用本安型,其中本安电磁阀由分站提供电源。为了降低能耗、提高设备在井下环境的可靠性和系统断电后备用电源的工作时间,磁性开关传感器选取无源型的(不用电),用于监测过车行人和风门的开关到位(状态)情况。本安电磁阀选取德国进口产品,用于控制气缸的动作,最大动作电流为 20 mA,静态工作电流只有 1 mA。语音声光报警器选用矿用本安兼隔爆型,用于风门开关状态及故障报警,利用井下电源供电,但在灾变井下停电时无法动作。烟雾传感器选用矿用本安型,用于对周围烟雾环境采样,监测火情,利用矿用隔爆兼本安型电源供电(时间超过 5 h)在井下灾变断电时能够正常工作。

通信系统是实现远程监控的关键,包括通信设备和光缆。鉴于救灾系统的特殊性,监控光缆单独铺设,为了加强保护,由回风井入井,且在易着火及气体灾害区域采取埋地的方式铺设。通信设备使用光端机,选取 TFC142 型国防军用的高可靠性光端机,其和 PLC 之间采用 RS-485 通信,集成在控制器(分站)和中

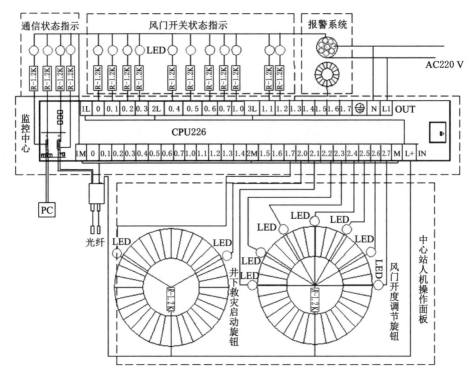

图 6-8　地面中心站的内部电气原理图

心站内部。各分站与中心站通过光缆组成的分布式通信系统如图 6-9 所示,中心站与各分站之间采用 PPI 通信协议,上位机通过自由口协议调度各分站,分站数最多拓展 129 个,远程应急救援系统的分站数一般在 10 个以内,其特点如下:

（1）地面中心站可以随机读取各分站的信息并可以写入指令,但是通信方式只能实现半双工,对所有的救灾风门状态及周围环境信息进行集中监控。

（2）井下的各救灾风门控制器分站也可单独工作,实现对其连接救灾风门的控制,在接受火情后长时间没有启动救灾指令,可以自发启动实现组合救灾功能。

（3）上位机通过自由口通信亦可以随时调用各分站读取信息和实现救灾功能。

通风设施的控制动力采用井下压缩空气,压力为 0.5～0.7 MPa,常态下 24 h 供应,并且采用一用一备的空气压缩机保障气源供应,充分保障常态下的通风调控。在灾变状态下,为了保障通风设施的正常运行,设计了压缩空气瓶作

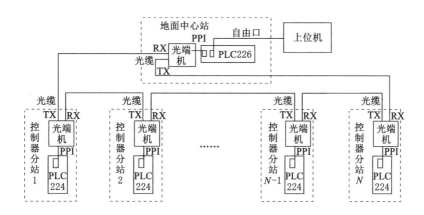

图 6-9　通信系统的环路实现原理图

为备用动力。研发了压气管路与备用压气瓶鉴定自动切换装置,实现了常态下使用压风管路作为动力源,在压风管路压力不足时自动切换为压缩气瓶作为动力。经验证,一罐容积 40 L、压力 10 MPa 的压缩气瓶,足够风门和风窗同时开关 30 次以上,保障了压气断供条件下的矿井火灾风烟流区域联动调控。压气管路与备用压气瓶鉴定自动切换装置如图 6-10 所示。

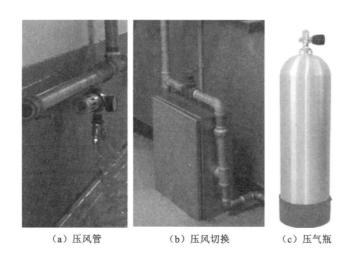

（a）压风管　　　　　（b）压风切换　　　　　（c）压气瓶

图 6-10　压气管路与备用压气瓶鉴定自动切换装置

6.3 远程应急救援系统集成监控功能的实现

6.3.1 实现分站功能的软件开发

综合分析远程应急救援系统配置情况及各分站的功能参数要求,井下风门的状态有常开和常闭两种。每一台分站必须实时保持与上位机或中心站通信,常开风门控制器分站的程序非常简单,主要完成通信及灾变过程的风门关闭驱动,监测周围环境参数和风门开关状态并将信息反馈。闭锁风门除了实现风门的闭锁和基本开关动作外,在灾变条件下还要实现远程风量调节和开度控制,程序非常复杂。下面就以控制闭锁风门的分站为例分析其软件开发。

6.3.1.1 系统设备配置情况及功能实现方法

结合井下进回风联络巷和运输矿车的长度,闭锁风门及传感器的安装位置如图 6-11 所示。系统工作原理:控制器上电后首先检测风门状态,如风门处于打开状态将触发电磁阀将其关闭。矿车从图 6-11 左方向右方通过与从右方向左方通过原理一致,传感器安装在道轨上,矿车通过传感器 S_1(冗余设置 2 个),控制器接到信号并触发电磁阀将风门打开,当控制器检测到运动门体上的开到位信号,则停止驱动电磁阀,触发其前方语音声光报警器提示"风门已打开"。控制器在风门开到位后开始计时,延时时间至触发风门关闭,当矿车通过 S_3 传感器而 FM_1 风门还没有关到位时,FM_2 风门前方的语音声光报警器提示"前方风门打开请稍后",控制器对检测信号进行记忆,待 FM_1 风门关到位再停止报警同时触发 FM_2 风门的电磁阀开门,控制器计时,延时时间到 FM_2 风门关闭,完成本次矿车通过的自动闭锁。控制器的延时时间是根据车速、车长、风门的开关速度设定的,本设计按车长 10 m,即车头加 4 节车厢,基本能满足日常运输的要求。如果车长过长则在通过风门的过程中关闭风门,夹住矿车后再重新打开后,才能走到另一道风门时再等待,但车长不能超过 20 m。井下分站自动控制与远控系统功能框架图如图 6-12 所示。为了提高系统可靠性,设置了系统运行过程的自检程序,运用逻辑错误检测法检查系统运行状态,若两道风门既不处于闭锁状态又没有检测到过车行人信号,则故障检测程序将触发语音声光报警器,在系统响应启动救灾后,此故障自动排除。救灾系统启动救灾后,由上位机或采样阈值信号触发,调用开度调节子程序,门体结构上的开度调节传感器才能发挥作用,在调节过程中采用最大开度状态逐级下调的方式进行,在火势波动较大的情况下相邻两级之间可以上下调节。

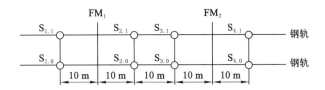

图 6-11 风门(FM)及各传感器(S)安装位置示意图

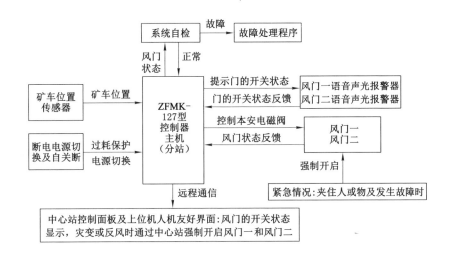

图 6-12 井下分站自动控制与远控系统功能框架图

6.3.1.2 系统自动工作状态的功能分析

在风门系统无故障或矿井无事故时,系统处于自动闭锁工作状态。由于井下环境恶劣,对系统干扰性很大,增加一些提高系统可靠性的子程序,实现系统的稳定可靠运行。为了提高对矿车信号检测的准确性,设置传感器监测矿车信号的冗余检测子程序,用于监测系统运行逻辑正确性和风门闭锁状态的服务子程序,以及处理系统工作期间故障的故障处理子程序等。

各监测过车处设置两个传感器,冗余检测子程序(COMP)比较两个信号,当两个信号相同时,才把它们的状态转化到 V 存储器区对应位的状态。S_1 测点输入信号冗余检测。$S_{1.0}$—$S_{4.0}$ 的故障标志位分别为 $M_{1.0}$—$M_{1.3}$,$S_{1.1}$—$S_{4.1}$ 的故障标志位分别为 $M_{2.0}$—$M_{2.3}$。当某一个故障标志位被置位时,说明它对应的传感器出现了故障,需要修复,监测判断流程如图 6-13 所示。

服务子程序包括车经过风门 FM_1、FM_2 的子程序 SUN_1 和 SUN_2。程序

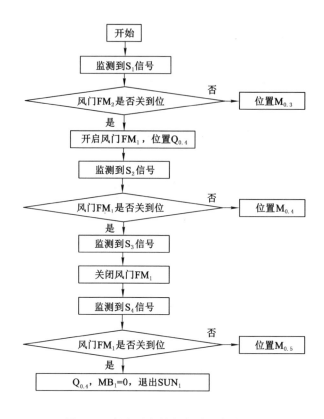

图 6-13　行人过车的服务子程序流程图

SUN_1 流程图见图 6-13。程序 SUN_1 中，当 $MB_4 = 0$ 时，说明矿车不在 S_1—S_4 区间内，此时该子程序无动作；当检测到 S_1 有信号，则 MB_4 在主程序中被赋值 1，进入 SUN_1 子程序中。为保证两道风门闭锁，开启风门 FM_1 前，首先判断风门 FM_2 是否关到位，如果 $I_{1.3} \neq 1$，则风门 FM_2 没关到位，其未关闭故障标志位 $M_{0.3}$ 置位；若有故障标志位被置位，说明系统存在故障，此时 $MD_0 > 0$，系统调用故障处理子程序。程序 SUN_1 执行期间，$Q_{0.4}$ 处于置位状态，此时语音声光报警提示。

6.3.2　通信系统功能分析

6.3.2.1　通信协议概述

S7-200 系列 CPU 支持多样化的通信方式，在由多个分站组成的网络中，可支持一个或多个协议：点到点（Point-to-Point）接口（简称 PPI）；多点（Multi-

Point)接口(简称 MPI);Profibus 协议;自由口(用户定义协议)通信。

(1) PPI 协议是一个主/从协议。在本协议通信中,主站向从站发送申请,从站进行响应,网络上的所有 S7-200 CPU 都作为从站。当用户程序中允许 PPI 主站模式时,S7-200 CPU 在运行模式下可作主站。

(2) MPI 支持主/主协议和主/从协议,协议的操作与设备类型相关,例如 S7-300 CPU 都是网络主站,就建立主/主模式。而 S7-200 CPU 是从站,就要建立主/从连接。MPI 协议建立的总是两个相互通信的设备之间连接,可能是两个设备之间的非公用连接,但另一个主站无法干涉两个设备之间已经建立的连接。

(3) Profibus 协议主要用于分布式 I/O 设备的高速通信。Profibus 网络通常由一个主站和多个 I/O 从站组成,主站的配置要知道其所连接的 I/O 从站的型号和地址,主站初始化整个网络并核对网络上各从站设备的配置是否匹配。主站连续读取从站的输入数据并把输出的数据写到从站。

(4) 自由口(用户定义协议)通信是通过用户自定义程序控制 S7-200 CPU 通信口的操作模式,利用自由口模式,用户可以通过编制通信协议的方式实现连接多种智能设备。在自由口模式下,通信协议完全由用户程序来控制。

以上几种通信协议的特点如下:采用 PPI 协议实现 PLC 系统与上位机通信,在无须编程的条件下可以读写所有数据区,快捷方便,但是无法获取 PPI 协议的编程格式。采用 MPI、Profibus 方式接口编程也比较困难,鉴于此,在火灾远程应急救援系统的井下分站采用自由口模式与上位机通信,提高了可视化功能的自主开发能力。利用 Visual Basic 6.0 开发上位机通信程序运行效率非常高,其本身数据处理能力和图像显示能力也非常强大,方便了人机友好界面的开发。

6.3.2.2 上位机与中心站通信的软件实现

在 Visual Basic 6.0 中,MSCOM 控件提供了许多标准通信命令接口,它通过计算机的 COM 口可连接到其他通信设备。通过建立串口通信,可进行数据交换、发送命令、监视和响应通信过程中发生的各种错误和事件,为应用程序和通信设备提供高效实用的串行通信功能。

(1) 上位机通信软件的实现

上位机通信开发的 VB 程序主要包括窗体程序和标准模块程序。上位机通信软件的程序流程如图 6-14 所示。

窗体程序主要完成系统初始化(包括串口及通信参数初始化)、打开端口、与数据库建立连接、数据获取与处理、监测参数显示和刷新、将数据写入数据库等。

① 串口及通信参数初始化的部分关键代码

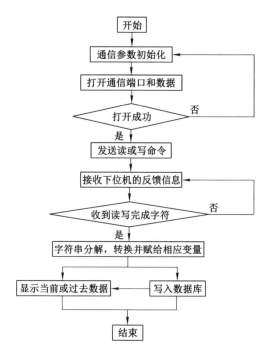

图 6-14 上位机通信软件的程序流程图

Private Sub For M_Load（）

With Form1. MS Comm1

. Settings ＝ "9600，n，8，1"

. In Buffer Count ＝ 0 Comm Port ＝ 1

. Input Mode ＝ com Input mode Binary

End With End Sub

② 部分数据收发子程序

上位机循环读取一次 PLC 中的数据,其时间间隔为 0.1 s,然后将接收的数据放入 RCV_Data 变量中。接收数据后对其进行正确性检验,当接收到结束字符时,就显示数据并将其存入数据库,否则将数据丢弃,重新接收。当数据接收时间超过 0.2 s 或接收字符串超过 236 个就会自动终止。

窗体程序中的部分关键性代码:

Private Sub TiMer1_TiMer（）

TiMer1. Interval ＝ 100

´设定读取时间为 0.1 s

```
If Mono Double Flag = "1" Then
RCV_Data=Communication Connect_1 ("<")
'选择1号分站,调用的通信函数
If Right (RCV_Data,2) = "OK" Then
…'获数据处理并显示
If Check Date TiMe_1 = True Then
If Communication Connect_1 ("@") = "@" Then
…'时间校验 End Sub
```

标准模块程序中的部分关键性代码：

```
Public Function Communication Connect_1(By Val str Sign As String) As
String'1号分站的通信函数
DiM sng Delay Time As Date
Sng Delay Time = Timer + 0.2
Communication Connect_1 = ""
Select Case str Sign
'选择通信命令 Case "<"
Form1. MS Comm1. Output=str Sign
Do Do Events
If Form1. MS Comm1. In Buffer Count>=236 Then
Exit Do End If
Loop Until Timer>=sng Delay Time
Communication Connect_1=Form1. MSComm1. Input
Case "@"…'写入上位机的时间
End    Function
```

③ 将数据写入 SQL Server 2005 数据库

上位机所接收的井下风门状态、烟雾情况、关键巷道风量等数据必须存于数据库中,以便救灾过程的数据存储和日后查询分析。VB 6.0 通过引用 Microsoft ActiveX Data Objects 2.1 Library 控件与 SQL Server 2005 数据库建立连接。上位机将数据存入数据库的关键代码：

```
DiM Cn As New ADODB. Connection
Cn. Open"driver={sqlserver};server=服务器名;database=数据库名;uid=
sa;pwd=密码"Execute ("update 表 set 字段="& 对应字段的数据 & """)
```

(2) 中心站(PLC)通信软件的实现

中心站的通信程序流程图如图 6-15 所示。

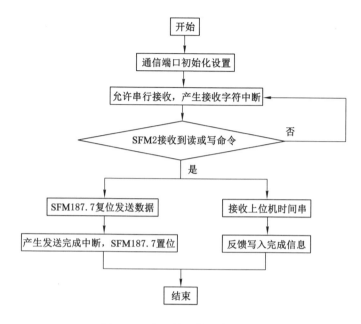

图 6-15 中心站通信程序流程图

利用 Step7-Micro/WIN 软件给中心站编程,系统使用 CPU226 模块,有 Port1 和 Port0 两个端口,为了与计算机 COM 口高速通信,将 Port1 设置成自由端口 (mm-01),9600 波特(bbb-001),无奇偶校验(pp-00),每个字符 8 位(d-0)。

远程应急救援系统的地面中心站作为上位机与各分站通信的中介,需要完成信息中转和传递。读取分站采集的监测数据参数,将数据处理发送给上位机,在获取参数超过设定阈值时,触发声光报警器;读取上位机指令,将上位机指令识别整理,写入指定分站。

远程应急救援系统的启动是灾变过程中对通风系统进行的重大调整,会出现局部区域风量不足,正常情况下不能有误动作。为了提高其可靠性,在启动救灾和井下风量调控(风门开度调节)的控制方式上,采用上位机软件自动控制和中心站控制面板的人工控制双保险控制方式。救灾系统的监控中心放置在调度室,为了防止采集信息失误导致的误操作(如井下焊接等烟雾情况),救灾系统一般由中心站进行人工控制,在烟雾超限报警后由调度人员对烟雾情况进行核实、汇报上级部门,由领导决定是否启动救灾系统。

6.3.3 矿井灾变风烟流区域联动功能分析

矿井火灾风烟流区域联动调控系统包括地面远程监控中心、工业以太网通信子系统、风烟流智能调节装置、井下分布式区域联动监控子系统,如图6-16所示。系统通过井下分布式区域联动监控子系统实时监测拟定区域的通风参数、环境参数、通风设施状态,通过工业以太网通信子系统将数据传输给地面远程监控中心。当分布式监控站点监测到井下风烟流信息或其他灾害信息时,迅速将相关信息传输至地面远程监控中心,并发出报警;同时根据以太网通信研判各分布式分站的状态,为应急指令的发布和联动调控做好准备。

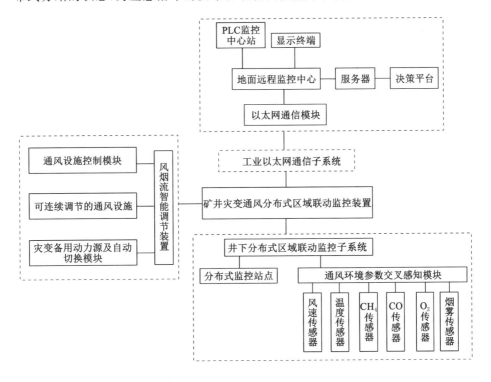

图6-16 矿井火灾风烟流区域联动调控系统组成

为了实现灾变风烟流的区域联动调控,通风设施设计了风门+风窗的方式,上部风窗用于风烟流的连续调节,下部风门用于灾变状态下烟气隔离和排烟,常态下用于过车行人。风门采用压气作为动力,使用气缸推拉主动门,通过钢丝绳实现联动,四周门框设计了可调滑轨,能够有效地克服巷道变形,保障风门处于可靠的运行状态。风窗通过动力气缸和定位气缸实现运移空间的精确调控,从而实现分支风量的连续调节。

当矿井灾变通风分布式区域联动监控装置的以太网通信正常时,地面远程监控中心将井下异常分支的通风环境参数进行数据分析与深度挖掘。关键信息输入地面监控中心决策平台后,会自动生成灾变风烟流的综合性区域联动与智能调控方案;同时,服务器终端显示综合性决策方案的细节内容,并提供"一键式"的远程区域联动与智能调控服务。通过地面远程监控中心下达应急决策命令后,矿井风烟流智能调节装置执行动作,并实时反馈井下灾变风烟流受控后的通风环境参数和通风设施状态;同时,根据关键分支的需风量要求,对灾变区域的风烟流进行智能调节,达到最佳的风烟流控制效果。通过对灾区风烟流参数与通风设施状态的动态监控,实现井下灾变风烟流区域联动与智能调控的可视化。

当矿井灾变通风分布式区域联动监控装置的以太网通信异常时,将监控分站内部和故障预测与健康管理技术相融合,运用预计、监测、诊断、预测流程,保障监控分站内部各组件的协同可靠工作,实现装备运行状态的修复、自主式保障、异常感知与响应。分站间发展机器学习、超高容错技术,通过定义异常问题、预处理感知数据、融合超高容错信息,结合站点间通信状态,温度、烟雾、风烟流组分中的 CH_4 浓度、CO 浓度、O_2 浓度信息交叉感知,实现分布式站点协同区域联动的自主分析与研判。

为了实现灾变过程中关键分支风量的按需分配,设计了级差可调风门和双气缸联动精确定位技术实现风量连续调节,利用三位五通电磁阀与行程开关对风门的运行状态进行监控,研发了智能调控分站及其关联监控装置。灾变区域环境参数及关键分支的风量信息,通过监控系统实现远程平台与灾变信息的交互。矿井灾变通风分布式区域联动监控装置将主要通风机运行工况参数、区域通风参数的交叉感知信息、简化风网的实时解算结果、智能调控的超前模拟方法、开度可调风门的联动控制模型等多元信息融合到远程智能调控平台上。运用 FS_1、FS_2 的动态风量参数和风机运行参数、简化风网结构等信息进行风网的迭代解算,获取动态火风压;通过全通风网络的实时解算,并将信息反馈到矿井灾变风烟流智能调控系统可视化窗体。运用火风压等参数计算烟流区与非烟流区的风量分配,在监控平台数据库中设置理想风量阈值,当监测参数超出设置阈值的 10% 时,系统进行远程智能化调控,到达最佳风量分配。

煤矿井下风窗双气缸式自动调控系统及其控制方法,适用于煤矿井下智能精确控制卷帘风窗通风面积大小,是一种煤矿井下通风装置。

针对上述现有技术中存在的问题,本书提供一种煤矿井下风窗双气缸式自动调控系统及其控制方法,可实时监测巷道风量大小。当风量不满足巷道生产需要的风量范围(Q_{min},Q_{max})时,控制系统通过其自动化、定量化调节风窗通风面积大小,来精确控制巷道风量,并以风量差值 $|(Q_{min}+Q_{max})/2-Q|$ 为风量调节值,避免了以 $Q-Q_{min}$ 或 $Q_{max}-Q$ 为风量调节差值而增加风窗调节频率的问

题,提高设备使用寿命和使用效率的同时降低了成本,满足了井下风量易变场所的通风要求,有效分配井下通风量。

煤矿井下风窗双气缸式自动调控系统包括信号采集系统和控制调节系统。信号采集系统包括风速传感器、拉线式位移传感器、与拉线式位移传感器顺序连接的 PLC 控制器。控制调节系统包括风窗卷帘闸、移动式卷帘风窗、定位气缸、离合锁母、动力气缸、第一电磁阀、第二电磁阀、PLC 控制器、辅助元件和气源等。风窗卷帘闸内框设有风窗轨道,风窗轨道上设有移动式卷帘风窗,且移动式卷帘风窗的一侧与动力气缸的活塞推拉杆连接。离合锁母分别与动力气缸和定位气缸的推拉杆连接。第一电磁阀两个输出端分别与所述动力气缸的气缸前腔和气缸后腔相连,第二电磁阀的两个输出端分别与定位气缸的气缸前腔和气缸后腔相连,第一电磁阀和第二电磁阀的控制端均与 PLC 控制器相连接。气源通过辅助元件分别与动力气缸和定位气缸的输入端连接,并为气缸提供气体。拉线式位移传感器的输入端通过牵引绳与移动式卷帘风窗连接,风速传感器和拉线式位移传感器的输出端均与 PLC 控制器的输入端相连接。风速传感器布置在距风窗前方 $14\sim16$ m 稳定风流处,其探头与风窗中心点处于同一水平线上;风速传感器测量探头牢固地安装在测量位置,进风方向与风速传感器探头垂直。拉线式位移传感器采用 MPS-M-4000 拉线式位移传感器。PLC 控制器的 CPU 采用 S7-226 CNPLC 控制器。辅助元件为过滤器、减压阀和油雾器。离合锁母包括底座、转动连接于底座上的两个相同转动座、定位气缸的活塞推拉杆一、设于推拉杆一另一端定位气缸的进出气管、复位弹性元件、转动座上的半圆制动锁紧板和弹簧固定板,所述推拉杆一穿过转动座顶端并与另一转动座顶端固定连接。两转动座上固定的弹簧固定板之间设有复位弹性元件,两半圆制动锁紧板组成的圆腔内穿设有动力气缸的活塞推拉杆二。复位弹性元件包括伸缩杆和弹簧,弹簧设于所述伸缩杆外围,且伸缩杆和弹簧分别与两转动座上固定的弹簧固定板连接。

对于煤矿井下风窗双气缸式自动调控系统的控制,主要有以下步骤:

(1)启动装置。在控制器 PLC 的操作面板上设定满足巷道生产所需要的风量范围(Q_{min},Q_{max})。

(2)控制器 PLC 利用风速传感器,实时采集该巷道的风量值,并判断采集的风量值能否满足巷道的需风要求。

(3)如果风量满足需风要求,则无须调节。

(4)如果风量不满足需风要求,则:

① 控制器 PLC 根据实时采集的风量与该巷道所需风量进行比较,并计算风窗移动方向及距离。如果实时风量值 $Q>Q_{max}$,则控制器 PLC 卷帘风窗向左

移动,减小风窗的通风面积,并根据差值$|(Q_{min}+Q_{max})/2-Q|$计算风窗移动的距离;如果实时风量值$Q<Q_{min}$,则控制器 PLC 将卷帘风窗向右移动,增大风窗的通风面积,并根据差值$|(Q_{min}+Q_{max})/2-Q|$计算风窗移动的距离。

② 控制器 PLC 将指令传输给第一电磁阀。第一电磁阀启动后,打开动力气缸,控制推拉杆移动。

③ 拉线式位移传感器实时监测风窗移动距离,并将数据传输给控制器 PLC,控制器 PLC 判断风窗移动距离是否满足要求。

如果风窗移动距离不满足要求,则转向进行步骤③;如果风窗移动距离满足要求,则控制器 PLC 将指令传输给第二电磁阀,第二电磁阀启动,打开定位气缸,定位气缸打开且推拉杆向前移动,使离合锁母抱紧动力气缸的推拉杆,让卷帘风窗立即停下。同时,控制器 PLC 停止动作指令传输给第一电磁阀,关闭动力气缸。

6.3.4　矿井灾变风烟流区域联动可靠性保障分析

为了保障远程灾变区域联动控制系统的可靠性,本书分析调控系统的故障节点,将故障数据应用到贝叶斯网络的自主学习中,建立基于贝叶斯网络的调控系统可靠性评估模型。运用 Netica 贝叶斯仿真软件,分析故障因子导致系统失效的主要因素,为系统可靠性保障措施提供指导。

根据远程灾变风烟流区域联动控制系统的组成,从故障原因、故障模式、故障影响等方面进行故障模式影响分析,联动控制系统故障影响因子分析如表 6-1 所列。

表 6-1　联动控制系统故障影响因子分析

单元 U	故障原因 C	故障模式 M	故障影响 E
远程监控平台	网络解算故障 C_1 灾情分析故障 C_2	上位机调控故障 M_1	远程调控故障 E_1
远程中心站	通信故障 C_3 控制故障 C_4	中心站故障 M_2	
井下控制分站	控制故障 C_5 通信故障 C_6 感知故障 C_7	控制器分站故障 M_3	联动调控故障 E_2
风门	电控故障 C_8 动力故障 C_9 机械故障 C_{10}	风门故障 M_4	

　　根据故障影响分析,绘制灾变区域联动控制系统故障树示意图,如图6-17所示。远程调控和联动调控发生故障都会造成灾变调控顶事件 T 失效;上位机调控和中心站调控同时发生故障则会导致远程调控失效;控制器分站和风门发生任一故障都会造成联动调控故障。上位机调控受风网解算和灾情监控影响,中心站调控受中心站通信系统和控制系统影响,控制器分站故障受分站控制系统、分站通信系统、数据采集系统影响,风门故障受风门启动装置、动力系统、机械系统影响。

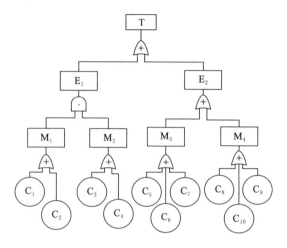

图 6-17　灾变区域联动控制系统故障树示意图

　　结合灾变区域联动控制系统的组合功能现状,根据贝叶斯网络模型,在不采取可靠性保障措施的条件下,将特定故障因子的发生概率进行量化,分析系统的故障概率,如图6-18所示。图6-18中,该系统的综合可靠性为89.4%。

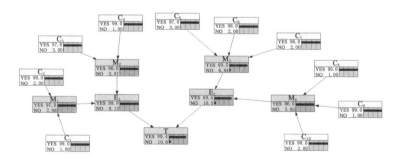

图 6-18　不采取保障措施时灾变区域联动控制系统可靠性分析

　　假设灾变区域联动控制系统发生故障，即节点 T 在 NO 状态下的为 100％，对模型中的关键影响因子进行逆向分析。图 6-19(a)中远程调控节点 E_1 的故障概率为 1.11％，联动调控节点 E_2 的故障概率为 98.9％，可见灾变区域联动控制系统在双保险作用下可靠性较低。对 M 层节点进行分析，图 6-19(b)中显示

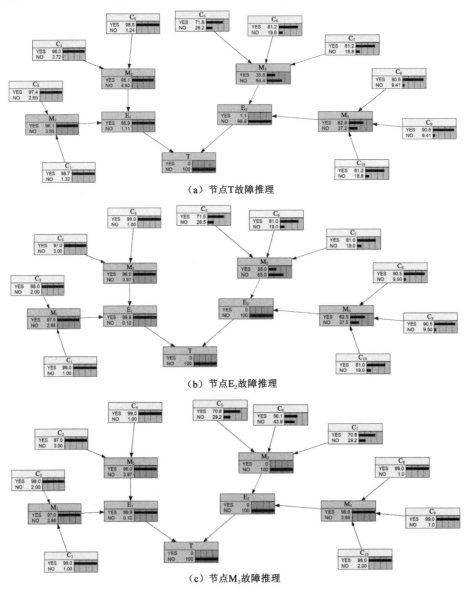

（a）节点 T 故障推理

（b）节点 E_2 故障推理

（c）节点 M_3 故障推理

图 6-19　灾变区域联动控制系统故障逆向分析

控制器分站 M_3 故障率为 65.0%,风门 M_4 故障率为 37.5%,M_1、M_2 的概率非常小,说明在此层级中控制器分站为主要故障。对 C 层节点进行分析,图 6-19(c)显示分站通信故障率 43.9%,分站感知与控制故障率分别为 29.2%,综合分析不同层级故障概率分布,发现分站通信引起系统故障的概率最高。

针对矿井灾变风烟流远程联动控制系统故障率高的问题,本书采用多元因子交叉感知与灾情研判技术,通过站点间通信状态、远程指令、温度、烟雾等多元信息感知分析,运用决策树学习方法,建立多元因子树形模型,实现对监测区域信息的动态分析。地面远程监控中心按照灾变风烟流区域联动控制方案,通过建立区域联动关键参数点感知测点分布模型,实时监测感知井下通风状态与异常灾变信息。鉴于井下灾变过程瞬息万变,通过定义异常问题、预处理感知数据、融合超高容错信息,形成常态远程控制+异常自主决策双保险的区域联动控制。结合分站内部关键组件,设计了状态监测电路和研判软件,实时分析通信模块、电源切换模块、本安电路模块的运行状态,实现设备运行状态修复、自主式保障、异常感知与响应等功能。应用故障预测与健康管理技术,运行预计、监测、诊断、预测流程,保障监控站点内部各组件协同可靠工作。当远程通信中断时,各监控分站点间采用机器学习、超高容错技术,分析通信状态和区域环境的监测数据。在确认灾变信息后,通过分站内的自主决策程序实现灾变风烟流的区域联动控制。在井下巷网灾变条件下,在远程监控中融入专家系统,实时研判系统状态和井下的灾变信息。通过辅助决策系统,研判预测灾情演化状态,做出灾变风烟流调控的应急决策方案。当发生通信故障时,通过灾变信息交叉感知和异常灾情研判,执行区域联动控制的决策,通过三级保障提高联动系统决策执行的可靠性。矿井灾变风烟流区域联动控制系统工作原理如图 6-20 所示。

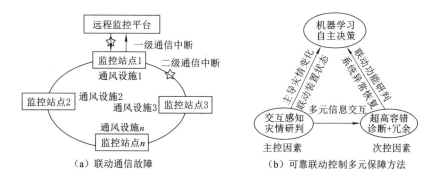

图 6-20　矿井灾变风烟流区域联动控制系统工作原理

6.4 远程应急救援系统人机交互界面及风量智能调控的开发

上位机既是远程应急救援系统的信息采集、处理、指令发送的控制中心，又是井下各种灾害参数及风门状态的显示中心，还肩负着救灾过程中，通风系统各分支风量的动态显示和风量的智能化调控功能。鉴于远程应急救援系统在正常时期和救灾时期上位机功能的区别，且矿井灾变的可能性非常小、持续时间也非常短，为了提高软件的运行效率，将上位机软件分为远程应急救援系统运行状态监控的人机友好界面和灾变风量智能调控界面。界面的运行包含后台程序的运行。在正常时期，只启动远程应急救援系统的运行状态监控人机界面，当启动救灾以后才运行灾变风量智能调控的人机界面。

6.4.1 运行状态监控的人机界面设计

为了提高灾变响应速度和救灾效率，远程应急救援系统的地面监控中心设置在调度室，由上位机、地面中心站、显示器和工业用控制柜组成。上位机选用研华科技的 610H 工控机，兼做服务器使用。正常状态下，远程应急救援系统运行状态人机界面及后台程序持续运行，实现对救灾系统各项采样参数的不间断监测和通信。主要进风巷火灾远程应急救援系统地面监控中心配置情况如图 6-21 所示。

上位机对远程应急救援系统进行状态监控，主要有以下功能：

（1）上位机实时向中心站发送指令，读取各分站信息，监测整套系统的实时通信。一旦出现故障，上位机通过复位通信器件（光端机）进行修复；同时，进行声光报警。

（2）读取井下各分站采集到的过车、行人及烟雾浓度信息，对采集的信息进行处理并存储，选择性地将处理的信息显示在人机友好界面上。

（3）实时读取各分站监测的救灾风门开关状态，并通过人机友好界面显示井下救灾风门的运行状态，实时显示井下通风系统的风流流动状态和方向。

（4）在人机友好界面上设置自动启动救灾系

图 6-21 主要进风巷火灾
远程应急救援系统
地面监控中心配置图

统和手动启动救灾系统（中心站旋钮启动）软件按钮；后台配置启动救灾和救灾结束（恢复正常通风系统）功能，将操作指令写入各分站，实现上位机和中心站对井下各分站的远程控制。

（5）实时显示救灾系统的运行状态，对上位机读取各分站信息时出现的各种通信故障进行记录，并显示故障日志。在救灾过程中，对各分站控制风门开关状态的次数进行记录并导出日志。

根据以上监控功能要求设计的应急救援系统，其运行状态的人机友好界面如图 6-22 所示。

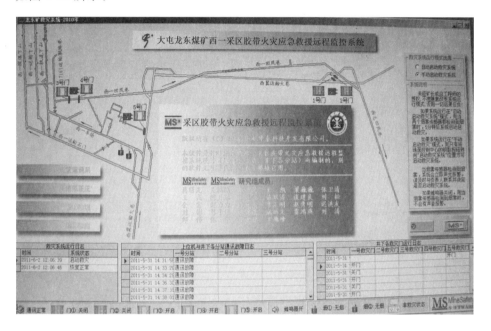

图 6-22　应急救援系统运行状态的人机友好界面

由图 6-22 可以看出，人机界面将井下远程应急救援系统所在区域（大屯龙东煤矿西一采区）的主干路线的局部通风系统图融入其中；标明了正常通风条件及灾变救灾过程的风流方向，以标志点沿巷道运动的方式实现风流的动态显示；人机友好界面中的救灾风门表示其在井下通风系统的实际位置，实时显示着其开关状态及开度大小。为了提高系统的可靠性，降低故障率和误操作率，在人机界面中只设置两个操作按钮——自动启动救灾系统和手动启动救灾系统（选择时需要输入密码验证）。自动启动救灾系统的原理是在监测到烟雾信号后，进行延时判断，延迟时间到，上位机就会将启动救灾指令写入各分站，执行救灾动作。其他参数都按照基本要求进行显示，远程应急救援系统状态监控软件的编程思路框架结构如图 6-23 所示。

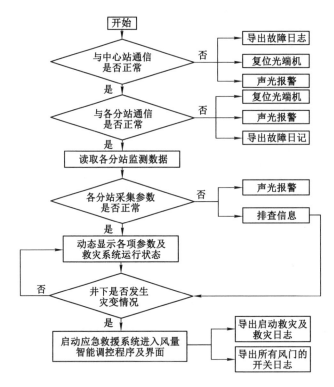

图 6-23 远程应急救援系统状态监控软件的编程思路框架结构图

6.4.2 风量智能调控的动态显示设计

灾变烟流智能调控系统的智能化主要体现在后台操作,首先将救灾期间简化风网结构、分支风阻、主要通风机性能曲线、实际网络结构、各分支实际风阻等实时数据嵌入系统后台数据库;同时体现在动态数据 FS_1、FS_2 的实时风量、风机运行工况的在线监测数据上。通过中心站缓存处理后进入数据库,连续迭代运算后获得救灾过程中巷道各分支的实时风量。通过模拟火灾过程,计算出该采区救灾过程中关键巷道的理想风量,根据理想风量设置阈值。当实际监测风量与理想风量误差超过 10% 时,系统自动发送调整风门开度的指令,促使救灾系统对风量进行调整。主进风巷火灾烟流智能调控系统程序执行框架结构如图 6-24 所示。灾变烟流智能调控系统在现场应用后,进行了 3 次模拟火灾演习。现场测定的结果、模拟计算结果、窗体显示结果具有非常好的耦合性,该套系统功能均有良好实现。

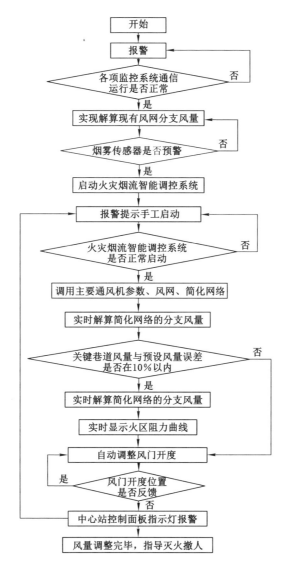

图 6-24 远程应急救援系统风量智能调控程序执行框架结构图

6.5 远程应急救援系统的配置方法及应用效果分析

矿井主进风巷火灾远程应急救援系统的配置原理比较简单,即在两进风巷道联络巷之间设置常开风门,将易发生火灾的巷道与回风巷导通(一般都有联络巷)并设置闭锁风门。灾变时将常开风门关闭,阻断烟流进入新鲜风流,使部分新鲜风流由未着火巷道进入采区,保障井下工作人员的安全撤离。常闭风门打开,将烟流短路导入回风巷,为高效进行排烟过程控制和风网结构中的风量分配,保障火灾区的顺利灭火和非火灾区域的人员撤离,将闭锁风门的开度设置为可调。但是,在现场使用过程中,由于通风系统的配置情况复杂,井下易发生火灾地点的差异较大等因素,在采区工作面胶带巷或机轨合一巷道兼做进风巷道发生火灾时,远程应急救援系统启动后,可能会导致局部区域无风,人员撤离就要首先进入避难硐室,等待灭火后的进一步救援和恢复通风系统后再撤离。远程应急救援系统自产品研发成功后,就被广泛应用于矿区。鉴于通风系统差异对救灾系统方案配置的影响,选取比较典型的潞安集团常村煤矿(N_3 采区)、中煤平朔井工二矿(一采区)、神东大柳塔煤矿二盘区、中煤中新唐山沟煤矿、中煤大屯龙东煤矿(西一采区)胶带巷火灾远程应急救援系统建设情况,对其方案实施、功能实现及应用效果进行分析。

6.5.1 通风系统分析及救灾方案配置

6.5.1.1 常村煤矿胶带巷火灾远程应急救援系统方案

常村煤矿位于山西省屯留县境内,主采 $3^{\#}$ 煤层,平均厚度 6.02 m,可采储量 94 399.2 万 t。2007 年核定生产能力为 700 万 t。矿井为立井多水平盘区式开拓,大断层将 $3^{\#}$ 煤层分割为两个水平,+520 m 水平和+470 m 水平,分别为其深部和浅部,采区由中央向南北两翼扩展。现有 S_{5-8}、N_{3-8} 两个综放工作面和 S_{3-4} 下分层综采工作面。矿井通风系统由南、北两翼并联构成,由中央主、副立井和西坡进风立井进风,中央回风立井和西坡回风立井抽出式回风,形成"进风早汇合,回风晚分开"的分区式独立通风系统。在某一风井风机发生故障时,打开井下分区风门,单翼风机能够保障全矿井的安全风量,提高了通风系统运行的可靠性。

常村煤矿在 PCPR[源头预防(prevention)、过程控制(control)、安全防护(protect)、应急救援(rescue)]新型安全防护体系建设过程中,对各种危险源进行分析论证,提出相应的控制措施及救灾方法。对于近几年频发的主进风巷火灾事故,没有具体有效的火灾烟流控制方法和手段,随着矿井产量的逐年稳定增加,胶带及电缆故障率升高。决定在储量较大且产量较为稳定的 N_3 采区预先建立胶带巷火灾远程应急救援系统,从而扩展到全矿井,建立完善的安全应急救援体系。

常村煤矿 N_3 采区胶带巷火灾应急救援系统风门设置如图 6-25 所示。在 N_3 胶带上山机尾后方设置闭锁救灾风门 FM_1、FM_2;在 N_3 胶带巷与回风巷的联络巷内设置闭锁救灾风门 FM_3、FM_4;为了实现救灾过程的烟流智能调控,这两组救灾风门的开度可调。分别在 N_{3-8} 瓦斯排放巷、轨道巷设置常开救灾风门 FM_5、FM_6、FM_7、FM_8;在 N_{3-2} 瓦斯排放巷设置常开救灾风门 FM_9、FM_{10}、FM_{11}、FM_{12}。根据 N_{3-3} 瓦斯排放巷、轨道巷的配置情况,在回采该工作面时,救灾系统不用重新配置,FM_{11}、FM_{12} 还能起作用。一台救灾风门控制器(分站)控制两道救灾风门,各救灾风门控制器(分站)与地面中心站之间通过光纤实现环网通信。在 N_3 胶带巷和 N_3 胶带上山的胶带机头、机尾处分别设置 2 个 CO 传感器和 2 个烟雾传感器(为提高系统的可靠性,每处冗余设计两套),传感器与邻近的控制器分站连接。

6.5.1.2　中煤平朔井工二矿胶带巷火灾远程应急救援系统方案

中煤平朔井工二矿位于安家岭露天矿的北侧,由安太堡露天矿的采区组成,主采 4#、9# 煤层,煤厚平均 10 m 以上。矿井采用中央并列式通风,长壁后退式综合放顶煤开采,主副斜井为主进风巷,主斜井为主运巷安装胶带机及电缆,副斜井由无轨胶轮车运料和拉人。主运胶带全长 1 800 m,每天平均运行时间超过 20 h,矿井机械化程度高,大型设备多,电缆负荷大。一旦发生火灾,烟流进入采区将会酿成灾难,给矿井安全生产带来严重威胁。2010 年 10 月 11 日,中煤平朔井工二矿发生地面胶带分煤塔机头着火事故,造成 1 人死亡,直接经济损失 150 多万元。如果火灾发生在井下胶带巷,烟流进入采区则后果不堪设想。鉴于此,根据中煤平朔井工二矿通风系统特点,在一采区建立胶带巷火灾远程应急救援系统,提高系统的抗灾变能力。该矿二采区带式输送机设置在回风巷中,烟流不会进入采区。

中煤平朔井工二矿一采区胶带巷火灾远程应急救援系统风门设置如图 6-26 所示。在主运巷和辅运巷、联络巷之间设置 4 组常开救灾风门 FM_1、FM_2、FM_3、FM_4,为了减少救灾风门关闭状态的漏风量,每组设置两道救灾风门;在主运巷与回风巷联络巷之间设置两组闭锁救灾风门 FM_5、FM_6,闭锁救灾风门只有在灾变救灾时才可同时打开且开度可以远程调节和控制。火灾发生时为迅速地监测烟流,分段设置烟雾传感器探头 YW_1、YW_2、YW_3、YW_4,每处两台(冗余设计),悬挂在胶带两侧的正上方,方便烟雾信号的监测。

6.5.1.3　龙东煤矿胶带巷火灾远程应急救援系统方案

龙东煤矿位于苏鲁交界的微山湖畔,井田被 F_2、F_8 采区边界断层划为东翼、中央及西翼三大块。矿井核定生产能力为 120 万 t/a。矿井采用立井盘区跨石门开采,工作面采用走向长壁后退式开采。分层开采,上分层采用自然垮落法管理顶板,并采用金属网及注浆为下分层做假顶。西一采区采用"一进两回"的通风方式,由西一轨道下山进风,西一运输下山和西一探煤下山回风。西翼运输大巷为西一采区和西扩采区的唯一进风巷道,内置胶带与轨道,该巷肩负着运煤、下料、通风三大任务。一旦西翼运输大巷内的胶带或电缆等可燃物发生火灾,烟流顺风进入西

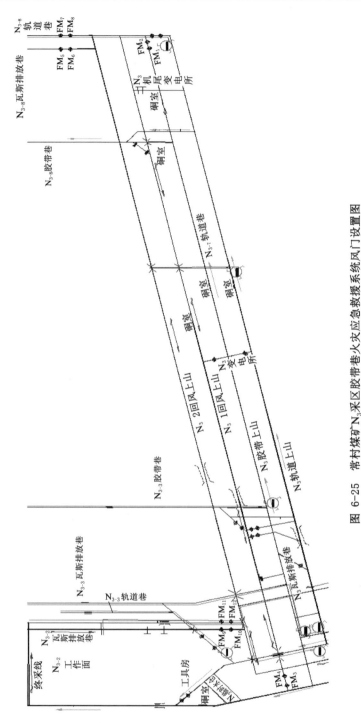

图 6-25　常村煤矿 N_3 采区胶带巷火灾应急救援系统风门设置图

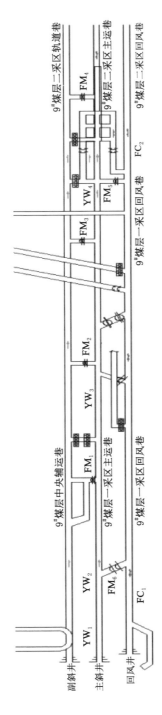

图 6-26　中煤平朔井工二矿一采区胶带巷火灾远程应急救援系统风门设置图

一采区和西扩采区后将会造成灾难性的后果。

　　根据矿井西一采区的运输胶带及通风系统的配置情况,建立龙东煤矿西一采区胶带巷火灾远程应急救援系统,风门设置如图 6-27 所示。该系统在西一回风巷设置一组常开风 FM_1、FM_2;在西翼轨道大巷与西翼总回风巷联络巷内设置一组开度可调的闭锁风门 FM_3、FM_4;为了避免火灾散热及明火对炸药库的影响,在炸药库门口设置一道常开风门 FM_5;在西翼运输巷的机头、机尾分别设置两个烟雾传感器。

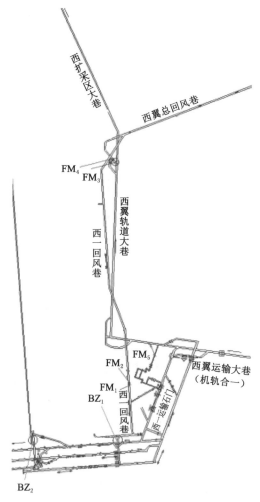

图 6-27　龙东煤矿西一采区胶带巷火灾远程应急救援系统风门设置图

6.5.1.4 唐山沟煤矿胶带巷火灾远程应急救援系统方案

唐山沟煤矿 12# 煤层综采工作面长度为 150 m,采煤高度 1.82 m,工作面年推进度 1 584 m,年生产能力 90 万 t。

1206 采区煤炭运输系统:采煤工作面→运输平巷→胶带下山→+1 120 m 西翼胶带大巷→井底煤仓→主斜井。

根据井下已有巷道布置,结合通风和辅助运输的需要,唐山沟煤矿 12# 煤层救灾单元布置图如图 6-28 所示。在 1120 胶带巷和 5120 轨道巷之间的联络巷设置了 3 道常开自动风门,分别为风门 FM₁、FM₂、FM₃。1120 胶带巷和 5120 轨道巷均为 12# 煤层各采区的进风巷。同时,在 5120 轨道巷和 1120 回风巷之间设置了一道闭锁风门 FM₄。风门 FM₁、FM₂、FM₃ 的开度大小并不影响煤矿井下的正常通风及过车行人,风门 FM₄ 可以通过监控分站在行人及车辆通过时实现自动闭锁,在胶带机头、机尾相应位置安装烟雾传感、CO 传感器,用以监测火灾的早期信息。

6.5.2 远程应急救援系统功能实现的原理分析

矿井外因火灾发生具有随机性、突发性和发展迅猛的特点,所以救灾系统应建立在不影响通风系统及生产运输系统基础之上。救灾系统正常状态下和发生火灾状态下的配置原理基本一致,但受通风系统影响,救灾系统启动后的烟流运动及人员撤离方式有所差异,下面分别进行论述。

6.5.2.1 常村煤矿胶带巷火灾远程应急救援系统的救灾原理

常村煤矿 N₃ 采区胶带巷火灾远程应急救援系统主要完成 N₃ 胶带巷与 N₃ 胶带上山两部胶带巷的火灾烟流控制工作。当井下烟雾和 CO 信号超限报警后,调度人员核实并上报井下火灾发生。当 N₃ 胶带巷发生火灾时,由矿长或总工程师授权,开启救灾系统 1# 中心站救灾旋钮,常开救灾风门 FM₉、FM₁₀、FM₁₁、FM₁₂ 自动关闭,常闭救灾风门 FM₁、FM₂ 自动打开,烟流短路进入 N₃ 回风巷,N₃₋₂ 工作面处于无风状态,N₃₋₈ 工作面正常通风。为了保证 N₃₋₈ 工作面的稳定通风及对 N₃ 胶带巷火灾的风量控制,提供较好的灭火条件,对救灾风门 FM₁、FM₂ 进行开度控制。此时,N₃₋₂ 工作面及周围烟流区工作人员需要尽快进入最近的避难硐室,无法及时进入避难硐室的人员靠压风自救器等待救援;N₃₋₈ 工作面的工作人员可以沿进风路线陆续撤离;地面救灾人员等待风流稳定后择机下井灭火救灾。当核实 N₃ 胶带上山发生火灾时,经矿长或总工程师授权后,开启 2# 地面中心站的救灾旋钮,常开救灾风门 FM₅、FM₆、FM₇、FM₈ 自动关闭,常闭救灾风门 FM₃、FM₄ 自动打开,烟流短路进入 N₃1#、2# 回风上山,N₃₋₈ 工作面处于无风状态,N₃₋₂ 工作面风流正常。为了保证 N₃₋₂ 工作面的稳定通风及对 N₃ 胶带上山火灾的风量控制,提供较好的灭火条件,对救灾风门 FM₃、FM₄ 进行开度控制。此时 N₃₋₈ 工作面及周围

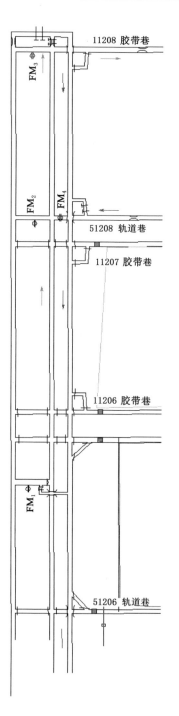

图 6-28 唐山沟煤矿 12#煤层救灾单元布置图

烟流区工作人员需尽快地进入就近的避难硐室,无法及时进入避难硐室的人员靠压风自救器等待救援;N_{3-2} 工作面的工作人员可以沿进风路线陆续撤离;地面救灾人员等待风流稳定后择机下井灭火救灾。救灾结束后,通过地面中心站旋钮恢复通风系统,进入正常通风状态。

6.5.2.2　中煤平朔井工二矿胶带巷火灾远程应急救援系统的救灾原理

中煤平朔井工二矿一采区在建立主运巷火灾远程应急救援系统时具有得天独厚的优势,其"两进一回"的通风方式使得当主运巷进风发生火灾时,只要将烟流隔断,新鲜风流可以由辅运巷进入。所以,对其灾变的救灾功能开发也比较深入,将机头与机尾着火进行分段控制,高效地控制了火情及烟流运动路径,大大提高了救灾效率。当井下烟雾传感器探头信号超限报警后,调度人员核实并上报井下火灾发生情况。经矿长或总工程师授权,通过地面中心站旋钮,启动远程应急救援系统,常开风门 FM_1、FM_2、FM_3、FM_4 全部关闭。通过上位机判断,如果 T_1、T_2 同时监测到信号,T_3、T_4 无信号,证明机头着火,则打开闭锁风门 FM_6,烟流直接导入回风巷,新鲜风流由辅运巷进入采区。根据地面监控中心的智能化调控界面观察各巷道的风量分配情况,进行风门开度的调节和控制,直至达到理想风量分配,即主运巷的风量能够保证不出现烟流滚退,不助推火灾蔓延,采区风量不低于原有配风量的 40%。救灾人员下井灭火救灾,井下工作人员由轨道巷至副井回撤。如果 T_3、T_4 同时监测到信号,或者所有探头同时监测到信号,证明机尾着火或者机头着火已经发展到迅猛蔓延的程度,则强制打开闭锁风门 FM_5,将烟流直接导入回风巷,新鲜风流由辅运巷进入采区。救灾人员下井灭火救灾,井下工作人员由轨道巷至副井回撤。两组救灾风门 FM_5、FM_6 不可同时打开,每道风门上均设有逃生小门,用于救灾风门关闭后灾区人员逃向非烟流区。

6.5.2.3　龙东煤矿胶带巷火灾远程应急救援系统的救灾原理

龙东煤矿西翼主运巷是主副井进入西一采区和西扩采区的唯一通道,胶带总长达 3 000 m。当监测到火灾并核实后,经矿长或总工程师授权启动地面中心站救灾按钮,井下常开风门 FM_1、FM_2、FM_5 自动关闭,西一采区各工作面处于无风状态,工作人员需要躲入临近避难硐室或使用井下压风自救系统等待救援;闭锁风门 FM_3、FM_4 同时打开,将烟流排入西一回风巷。为了防止风流短路后,西翼主运巷风流过大,导致灭火困难并影响东翼和中段风流的稳定性,将救灾风门 FM_3、FM_4 设置为远程开度可调,对风量进行控制。在系统启动救灾后进入风量智能化调控状态,地面监控中心人机友好界面动态显示井下各巷道的风量分配情况,并与关键巷道的理想风量进行对比,误差超过 10% 时,系统将对风量进行自动调节直至达到理想效果。待风流较为稳定时,组织救灾人员下井灭火及救援,待救灾结束后由地面中心站恢复通风系统。

6.5.2.4 唐山沟煤矿胶带巷火灾远程应急救援系统的救灾原理

在唐山沟煤矿井下巷道各联络巷内安设救灾风门,并通过上位机系统控制救灾风门的开关状态,形成一个巷网火灾远程应急救援系统。在 1120 胶带巷和 5120 轨道巷之间的联络巷设置了 3 道常开自动风门,分别为风门 FM_1、FM_2、FM_3。同时,在 5120 轨道巷和 1120 回风巷之间设置了一道闭锁风门 FM_4。安设在采区胶带巷与轨道巷联络巷之间的常开风门,其开度大小并不影响煤矿井下的正常通风及过车行人;而安设在采区胶带巷与回风巷联络巷之间的闭锁风门,在行人及车辆通过时闭锁风门,可以通过监控分站实现自动闭锁。当 12# 煤层采区发生火灾时,通过远程控制系统,立即关闭风门 FM_1、FM_2 及 FM_3,并打开闭锁风门 FM_4,切断了 1120 胶带巷和 5120 轨道巷之间的风流交换,阻止高温烟流进入人员分布集中的地方,且将有毒、有害气体导入 1120 回风巷,最终有效地控制有毒、有害气体的污染范围,避免灾害的进一步扩大。

6.5.3 远程应急救援系统的应用效果分析

大屯煤电公司龙东煤矿安装使用矿井主要进风巷火灾远程应急救援系统后,开展了 3 次救灾系统风流控制的演习活动。演习中,各处的风门都能按照预定的功能进行开闭,风流也能按照设计的路径运移。由于模拟火灾非常困难,并且有引发灾害的可能性,所以在演习中只研究不受火风压影响的风网结构变化及各分支风量的分配情况。演习时,启动救灾系统达到预定功能后,对关键巷道的风量进行测定,与正常通风时期的风量情况及监测解算风量进行对比,校准各传感器的线性系数,确保灾变时的最佳调控效果。远程应急救援系统启动前后关键巷道的风量配置如表 6-2 所列。

表 6-2 远程应急救援系统启动前后关键巷道的风量配置表

阶段	各地点风量配置/$(m^3 \cdot min^{-1})$							
	西大巷	西一回风巷	西翼总回风巷	东翼总回风巷	南段回风石门	中段回风石门	北段回风石门	北辅回风巷
正常时期	2 156.2	2 089.3	2 312.6	4 172.3	1 934.3	1 541.28	650.8	734.2
灾变时期	3 218.5	97.2	3 436.8	3 372.0	1 592.7	1 083.2	350.7	296.4
调整风量	2 578.6	110.1	2 612.8	3 865.8	1 814.2	1 238.6	490.3	417.2

表 6-2 中的灾变时期是指救灾系统刚启动完成动作时,即闭锁风门位置的两道风门完全打开时。由于龙东煤矿整个西翼采区的风量在 2 400 m^3/min 左右,联络巷的断面在 9 m^2 左右,风门的最大开度设置为 1.6 m×2 m。由表 6-2

中的数据可以看出,救灾系统启动后,西大巷风量迅猛增加,西翼总回风量超出原来总回风量的 60% 左右,而东翼总回风量则降低了 40% 左右。经调整后,东、西两翼的风量变化控制在 15% 以内,此时的风门开度为 0.8 m×2 m。这表明在不受火风压影响时,风网结构达到了最佳风量分配。在实际救灾中,风门的开度还要加大,用以补偿火风压造成的阻力增加。通过研究几种不同风门开度下的风量分配情况,为关键巷道阈值的确定提供依据。

矿井主进风巷火灾远程应急救援系统的建立,完善了矿井安全监测监控网络及自动化控制系统,提高了火灾事故的预警和应急救援能力,为矿工的生命安全提供保障,减轻了矿工在井下工作的思想压力,提高了安全效益,具体有益效果如下:

(1)主要进风巷火灾远程应急救援系统的建立和运行,为减少井下火灾事故的人员伤亡,降低经济损失带来了可能,并为地面人员及时做出救灾决策提供了有效的参考信息。

(2)实现风门的自动化和远程控制,系统通过远程通信技术和 PLC 控制技术实现了风门的自动化运行,在地面可随时监视各个风门的运行状态和通信状态,减少了系统维护的人力投入。

(3)在胶带巷发生火灾时,通过主要进风巷火灾远程应急救援系统的配置和运行,控制风流的流向,将有毒、有害烟气导入总回风巷,尽可能地减少人员伤亡,从而降低事故损失,节约了安全生产成本。

6.6 矿井火灾烟流控制与人员逃生信息融合平台构建

近些年来,煤炭行业正处于由粗放分散式生产向高水平、集约化生产转变。过去的几十年,煤矿井下通风系统关键参数的监测方法大多采用人工观测、人工数据分析、人为调控等手段,已经不能完全满足当下生产的迫切需求。现在我国煤炭行业对矿井通风系统内所含有的丰富信息的提取率低,其相关的利用水平不高,监测参数的深度挖掘远远不够,仅仅限于普通的统计处理和超限报警功能,更无从谈起利用监测系统的实时信息对通风系统进行自动调控的功能。目前,煤矿通风系统调控技术仍然依靠传统的"通风参数人工观测→数据经验分析→人为调控"的技术思路进行,体现出监测参数不准确、控制效果时效性差、自动化程度低等诸多问题。因此,在通风系统中研发参数自动监测、数据自动采集技术,异常数据分析技术,矿井通风系统故障评估技术,通风智能调控系统平台研发等研究技术无疑会成为提高煤矿智能化、自动化、高效化的有力手段。因此,本章设计了针对煤矿火灾期间人员逃生和远程控制灾变烟流的多元信息融合救灾平台,但由于缺少在煤矿现场的实践应用,所以后面所展示的窗口成果图只是本书期望能够达到的功能效果。

基于人员信息融合的矿井火灾救灾平台,可以分为硬件系统和软件系统两个部分。图 6-29 为多元信息融合的救灾平台结构图,主要包括井下监控子系统、烟流运移模拟子系统、逃生路径选择子系统、救援逃生指挥引导系统远程调风救灾子系统等。监控系统由地面中心站和井下各种传感器组成,实时监测温度、瓦斯、烟气参数。烟流运移模拟系统通过软件模拟井下火灾烟气的动态演化规律。逃生路径选择子系统运用元胞自动机建立矿井风网结构实况的数学物理模型,动态量化复杂巷道环境和烟气污染范围,计算逃生效率并确定最佳的逃生路线。救援逃生指挥引导子系统是结合逃生路径的计算结果为井下逃生人员提供引导,利用上位机和井下语音报警系统将最优逃生路径反馈给井下人员。这几个系统的有机组合,相互配合形成一个整体,从而全面提高逃生效率,最大限度地减少人员伤亡。

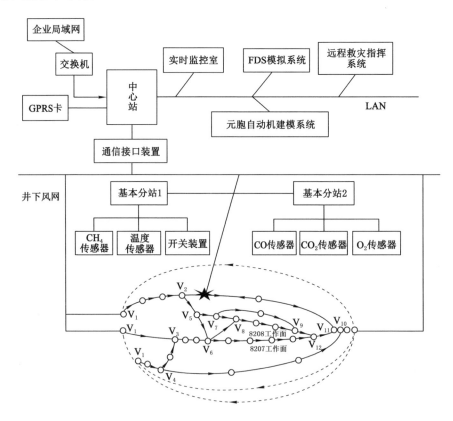

图 6-29　多元信息融合的救灾平台结构图

硬件系统主要通过以下步骤完成矿井火灾时的救灾活动。

步骤一：建立监测监控系统。对井下风网结构和巷道环境结构进行分析，在井下所需实时监控的节点上设置温度传感器、CH_4浓度传感器、CO_2浓度传感器、CO浓度传感器、O_2浓度传感器和烟雾传感器，传感器与地面中心站、监控中心上位机构成监测监控系统。当井下发生火灾时，巷道中的传感器实时采集灾变现场的烟雾、温度、CH_4浓度、CO_2浓度、CO浓度、O_2浓度等信息，设置报警参数阈值。监控系统判断井下是否发生火灾，当采集数据大于阈值后与声光报警器通信并报警，启动灾变烟流演化模拟系统。

步骤二：构建3D巷道网络模型。根据井下采掘通风系统中巷道分布情况，利用 Thunderhead Engineering PyroSim 软件建立基于三维巷道网络的模型。

步骤三：模拟火灾烟气的动态演化规律。构建同比例巷道网络模型，以相关流体力学方程为基础，并参考相关的燃烧和辐射换热计算公式，从而建立可以准确描述巷道内灾变烟流蔓延规律、温度和有毒有害气体浓度变化的计算模型。

步骤四：构建逃生困难度模型。首先，对影响逃生因素中的温度、能见度、巷道路段崎岖度和有毒有害气体浓度进行权重划分并构建逃生困难度模型，并用层次分析法，计算逃生困难度的综合权重；然后，利用上述这些参数表征人员逃生时各路段的巷道困难度，建立基于复杂通风网络的逃生困难度模型，编制相关计算程序；最后，将监测和模拟计算的相关结果导入计算程序，通过计算机计算逃生效率，为逃生路径的元胞自动机优化计算提供基础数据。

步骤五：利用元胞自动机模型建立最优逃生路径选择模型。火灾巷道内的网络图用$G(v, E)$表示（假设该网络图有n个节点），其中v表示路线节点，E表示两个节点之间的权值，运用复杂通风网络的逃生巷道困难度的相关量化结果，计算从源点到目标点的最优路径，用以指导遇险人员逃生。

步骤六：运用远程风门救灾系统进行灾变区域的风量调控。对灾变区域风烟流进行控制，从而更好地完成火灾人员救援工作。图6-30是唐山沟煤矿火灾多元信息融合救灾平台的窗口展示图。

本书设计了唐山沟煤矿火灾多元信息融合救灾平台，从而实现对井巷网络的实时动态监控和海量参数处理，为远程控制烟流救灾系统的运行提供了数据处理、信息传输和决策执行的有力后台，更好地服务救灾活动。

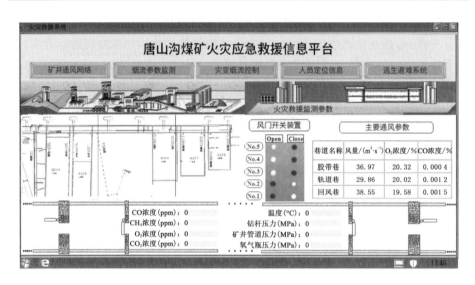

图 6-30　唐山沟煤矿火灾多元信息融合救灾平台的窗口展示图

6.7　本 章 小 结

本章通过对远程应急救援系统各组成部分的结构设计、硬件设计、软件开发、现场应用方案、应用效果等进行深入的研究与分析，得到如下结论：

（1）分析了现场使用风门门体结构的优缺点，设计了具有克服巷道变形、防止夹住行人或矿车、开关断面可调、运行在同一平面等功能的门体结构，结合现场需求设计了对开式推拉门和平衡风门两种风门。根据远程应急救援系统的需求，开发了一套灾变条件下（无电）能够实现远程监控的矿用本安兼隔爆型控制器，具有多路监测输入和控制输出功能，控制器及其关联设备在断电后能持续工作 5 h 以上。

（2）配置地面中心站和上位机人机友好界面，实现救灾系统远程人工控制、智能控制和井下自动控制相结合的三保险。救灾过程分支风量动态显示软件具有风量自动采集、简化风网迭代解算、火区动态风阻显示、灾变风网各分支风量迭代解算及显示功能。

（3）针对 4 个典型煤矿远程应急救援系统现场建设的实况，分析了其配置方案、工作原理及应用效果，确定了远程应急救援系统与不同通风系统之间的耦合关系。通过龙东煤矿的多次演习，分析了救灾系统的应用效果以及启动前后关键巷道风量的变化情况，体现了救灾过程中远程风量智能调控技术的作用。

（4）为了能够迅速高效地进行应急救援，本书设计了远程控制烟流救灾系统。基于矿井环境的变化和多种灾害因素的存在，建立了多元信息融合的应急平台，从而可以让救灾系统对海量数据和异常参数进行筛选，预警系统及时对灾情报警。通过控制风门开度大小进行远程控制灾变烟流，在唐山沟煤矿建立了巷道火灾模型，对烟气蔓延、温度、能见度等逃生关键因素进行模拟后，对比开启救灾系统前后的结果，验证了该系统对火灾烟流有着显著的控制效果。

7 研究展望

7.1 主要成果

根据煤矿火灾和瓦斯爆炸等热动力灾害事故救灾过程难度系数大、技术要求高、危险性强的特点,运用通风学、流体动力学、燃烧学、化学动力学、爆炸动力学、电气及自动化等相关理论,对煤矿热动力灾害进行了大量的实验研究、数值模拟、理论分析,研发了关键技术装备,开发了多元信息融合的远程监控平台并应用于现场。本书具体研究成果如下:

(1) 分析了火灾发生后燃烧物的热力学参数特征和固体表面火蔓延模型,推导了顺流、逆流、不同倾角条件下火灾蔓延速度计算公式。对各种因素造成无因次滚退距离变化的影响进行了定性分析,计算了特定通风系统中的临界风速;分析了火源热释放率、风速、巷道倾角与烟流滚退距离之间的关系,利用火灾动态数值模拟软件 FDS 对不同条件下的烟流滚退距离进行了模拟,得到平巷热释放速率、风速与烟流滚退距离之间的关系;模拟了平巷临界风速条件下不同倾角斜巷的烟流滚退情况,分析了倾角对滚退距离的影响。

(2) 瓦斯、煤尘等爆炸会导致通风网络的局部失效,爆炸超压传播、热风压的形成会导致矿井通风网络异常复杂,如控制不当,灾害将扩散到整个通风网络。本书研究爆炸冲击波的主要动力学特征、爆炸冲击波在不同特征的巷道传播规律及瓦斯爆炸对矿井通风系统网络结构的影响,分析了爆炸超压传播、热风压的形成规律。通过研究矿井爆炸在受限空间的超压特性、传播特性、衰减特性、产物组合、危害特性等,揭示矿井爆炸对通风系统的破坏效应及其对矿工的危害,为灾变通风快速恢复技术与联动系统设计提供了基础理论支撑。

(3) 提出了通过智能调控井下风门开度来调控井下各网络分支风量分配的方法,提高了火灾救灾过程中烟流调控系统与通风系统之间的耦合性。对影响烟流控制的因素进行了深入分析,简化了救灾系统启动前后的通风网络变化模型。结合中煤平朔井工二矿实际,利用静态火区风阻、不同调节风阻、简化风网结构、风机特性曲线,模拟解算了救灾过程的风量分配,得出风门为 1.6 m×

2.4 m时,风量分配达到最佳效果。利用动态监测关键巷道风量和风机工况迭代解算出动态火区阻力,再对救灾过程的通风网络进行迭代解算,得到各巷道分支的动态风量结果,为救灾系统的远程风量调控提供依据。

(4) 根据矿井巷道瓦斯爆炸特性衰减模型,计算出距离爆源 1 000 m 处的超压值为 89.16 kPa,传播速度瞬时值为 26.21 m/s,能够轻易破坏通风设施。探讨了自动泄压复位风门设计思路,在爆炸冲击超压作用下打开风门实现大断面泄压;冲击波通过后风门在弹力和自重作用下自动复位,隔断烟流与火焰,为快速恢复通风系统提供了保障。同时,设计了开关运行在同一平面易于"藏"入巷壁内且能克服巷道变形的门体结构,开发了基于 PLC 和光通信的本安兼隔爆型控制器,实现了风门在爆炸冲击波过后的自动关闭功能。

(5) 通过对比有无弱面板的瓦斯爆炸超压峰值,在管路模型实验结果中,无玻璃板场景中,爆炸初期超压峰值明显滞后,并且前 3 个测点呈现下降趋势。这说明起爆端堵口超压波出现反射激励现象,分段平均火焰速度呈上升趋势。分岔传播时正向传播超压值高于弯道上超压值,分岔后超压值存在先降低后升高的趋势,分段平均火焰速度也呈现先降低后升高趋势,最大达到 459.77 m/s。分析瓦斯爆炸破坏效应的统计方法,按照片度统计法分析爆炸超压对玻璃板的破坏能力,根据弱面板破坏片度和超压值分布情况确定了瓦斯爆炸破坏优先级。

(6) 实验结果表明:随超压峰值的提高,玻璃的碎片数增加,特别是小面积(1 cm^2 及以下)的碎片剧增,大面积碎片减少。实验模型中加装不同厚度玻璃板后,爆炸冲击波特性趋势与无玻璃板基本一致,初期超压值明显上升,但不受玻璃板厚度影响。在测点 3 至 4 出现峰值时,玻璃板破碎,玻璃板厚度越大后部超压峰值升高越明显。直巷内玻璃板对超压峰值的影响明显大于弯巷内,且随厚度增加,超压峰值增大明显。在分段平均火焰速度方面,玻璃板破碎加速明显,双玻璃板场景中最大火焰速度达到 579.71 m/s。

(7) 根据元胞自动机固有的特性,分析了元胞自动机在最佳避险路径选择方面的应用,建立了矿井通风网络节点最短路径选择的元胞自动机模型,并以唐山沟煤矿为例,验证了元胞自动机模型在矿井灾变逃生中最短路线搜索算法中的合理性。通过火灾动力学软件 FDS 对巷道进行火灾模拟,分析了井下火灾发生后的温度、CO 浓度、CO_2 浓度、O_2 浓度、能见度等火灾参数随着火势发展的变化规律,并研究了这些参数的变化对于井下灾变逃生的影响,为矿区应急救援方案的制订提供了理论依据。

(8) 定量分析了巷道中上下坡路段、水平平缓路段、凹凸障碍路段对于人员逃生时的能量消耗影响;定性分析了火灾发生后的高温、CO 浓度、能见度等因素对人员健康的影响。建立巷道困难度模型,引入巷道困难度这一概念来量化复杂恶劣的井下环境,研究唐山沟煤矿井下人员逃生疏散案例,验证了巷道困难度是可以用来衡量在复杂恶劣的巷道环境下人员逃生的难易程度。

(9) 在唐山沟煤矿应用矿井火灾时期最优逃生路径选择技术,建立了巷道逃生困难度模型,计算出了各分支巷道的困难度,利用元胞自动机计算方法筛选出 3 条困难度较低的逃生路径;根据人员健康度模型定性分析了火灾发生后,CO 浓度、温度和巷道环境能见度对逃生路径的综合影响,得出了灾变后的最优逃生路径为 V_{12}—V_{11}—V_{10}—V_4—V_1。

(10) 分析了当前现场使用风门门体结构的优缺点,设计了具有克服巷道变形、防止夹住行人或矿车、开关断面可调、运行在同一平面等功能的门体结构,并结合现场需求,设计了对开式推拉门和平衡风门两种类型。根据远程应急救援系统的要求,开发了一套灾变条件下(无电)能够实现远程监控的矿用本安兼隔爆型控制器,具有多路监测输入和控制输出功能,控制器及其关联设备在断电后能持续工作 5 h 以上。配置地面中心站和上位机人机友好界面,实现救灾系统远程人工控制、智能控制和井下自动控制相结合的三保险。

(11) 针对 4 个典型煤矿远程应急救援系统现场建设的实况,分析了其配置方案、工作原理及应用效果,确定了远程应急救援系统与不同通风系统之间的耦合关系。研发了救灾过程中,分支风量动态显示软件,具有风量自动采集、简化风网迭代解算、火区动态风阻显示、灾变风网各分支风量迭代解算及显示功能。最后,通过龙东煤矿的多次演习,分析了救灾系统的应用效果以及救灾系统启动前后关键巷道风量的变化情况,体现了救灾过程远程风量智能调控技术的作用。

(12) 分析了矿井救灾决策技术的应用现状,提出了 ES-DSS 自主救灾决策技术,实现了自主决策和辅助决策技术的结合,满足了矿井胶带巷发生火灾后,及时、快速、科学救灾的要求。基于变化的矿井环境和多种灾害因素,设计了远程控制烟流救灾系统,建立了多元信息融合的应急平台,从而让救灾系统对海量数据和异常参数进行筛选,预警系统及时对灾情报警。通过控制风门开度大小远程控制灾变烟流,在唐山沟煤矿建立的巷道火灾模型中,通过对烟气蔓延、温度、能见度等逃生关键因素的模拟,对比分析了开启救灾系统前后的变化,验证了该系统对火灾烟流有着显著的控制效果。

7.2 主要创新点

(1) 研究了主要进风巷火灾远程应急救援系统建设原理,提出由被动抗灾转向主动救灾的思想。通过 FDS 软件模拟平巷火灾中不同风速和热释放速率的烟流滚退距离,拟合出三者关系式为 $L=19.43\ln(0.911QD/v^3)$;计算了特定巷道内抑制火焰蔓延和烟流滚退的最低风速,提出救灾过程中灭火撤人的风量分配及调控方法。动态监测简化网络中的关键风量,迭代解算反演出火风压的动态值,将其代入救灾风网中迭代解算,获取救灾过程各分支风量的动态结果。远程调控风门开度,实现烟流区和非烟流区的最佳风量分配。

（2）提出在可能发生瓦斯爆炸的区域,易于破坏的关键通风设施位置选择性预"埋"常开风门,灾变后自动关闭恢复通风。同时,探讨了自动泄压复位风门设计思路,在爆炸冲击超压作用下打开风门,实现大断面泄压;在冲击波通过后,风门在弹力和自重作用下自动复位,隔断烟流与火焰,为快速恢复通风系统提供了保障。实验研究了现场局部通风系统破坏模型,对不同模型弱面通风设施的破坏效应进行实验,根据超压值和破坏片度统计结果,确定了多处通风设施的破坏优先级,为通风设施防爆配置提供了参考。

（3）根据矿井灾变风烟流演化特性,定量分析巷道中上下坡路段、水平平缓路段、凹凸障碍路段对人员逃生的能量消耗影响,融合火灾烟流高温、CO浓度、能见度等动态特性,建立矿井风网节点最短路径优选的元胞自动机模型,验证了元胞自动机模型在矿井灾变逃生中最短路线搜索算法中的合理性;提出多元信息融合的应急平台构建方法,实现矿井复杂通风网络灾变风烟流调控与人员逃生动态引导的融会贯通。

（4）开发了热动力灾害远程监控系统,其软、硬件都具备创新性。防火风门具有克服巷道变形、防夹、开度可调功能,防爆风门具备自动化多次泄压复位、电磁锁解等功能;动力采用井下压气和备用高压气瓶双保险;控制器分站及关联设备断电后能工作5 h,融合主备一体化自动切换功能。矿井灾变风烟流智能化联动系统融合故障预测与健康管理（PHM）策略,机器学习和故障诊断技术,实现远程人工控制、智能控制和井下自动控制的三保险。远程监控平台实现救灾过程中风量远程调控及分支风量动态显示。

7.3　研究展望

煤矿热动力灾害控制机理及远程应急救援系统设备的研究与开发涉及的关键科学问题较多,如非稳定性通风、受限空间内的火灾燃烧、风量的远程调节与控制、灾变信息的判断与获取等。作为一个多学科交叉的课题,本书从燃烧学、通风学、化学动力学、机械与控制技术方面进行了理论分析、数值模拟、实验研究和设备的开发与应用。本书在设备的硬件设计和软件开发方面均投入了大量精力,但仍有诸多不足之处,结合现场应用效果分析,在以下方面还需要进一步的探索:

（1）以本书为基础,继续深入研究煤矿热动力灾害控制机理。矿井外因火灾随机发生,需研究不同场景火灾烟流演化规律及其与风网动态的耦合特性,分类确定最佳控风排烟方案;按照物质隔离型补偿方法驱动关联通风设施控风排烟,就需要联动系统协同控制且在灾变条件下可靠运行。掌握矿井火灾风烟流可靠联动调控理论,支持通风智能化防灾、减灾、救灾体系建设。

(2)研究大型、复杂通风网络模型条件下,瓦斯爆炸破坏通风系统机理。应大量统计瓦斯爆炸事故的调查材料,将实验结果与现场结合,分析超压波破坏通风设施的影响因素,确定每种参数的重要度和自由度,建立瓦斯爆炸破坏通风系统的评判模型,为通风设施配置提供量化资料,进一步细化研究成果,尽快地推广到现场使用。

(3)通过研究灾变过程中的风量智能调控技术,建立矿井智能风网调控系统。将矿井瓦斯涌出量、关键巷道分支风量、各类通风设施状态、风机运行工况等影响通风的各类参数综合监测,设定系统运行的各类参数的阈值,通过变频调节风机运行工况、级差调节通风设施、全面调节风网结构等技术,达到既能提高通风系统的安全可靠性和抗灾能力,又能节约能量。

参 考 文 献

[1] 国家统计局.中华人民共和国2019年国民经济和社会发展统计公报[N].中国信息报,2020-03-02(2).

[2] 黄玉治.奋力推进煤矿安全治理体系和治理能力现代化 为全面建成小康社会创造良好安全环境[J].中国煤炭工业,2020(2):4-9.

[3] 张祖敬,刘林,王克全.矿山应急救援人员自身伤亡原因及应对策略[J].中国煤炭,2016,42(1):88-91.

[4] PERERA I E,LITTON C D. Impact of air velocity on the detection of fires in conveyor belt haulageways[J]. Fire technology,2012,48(2):405-418.

[5] LITTON C D,PERERA I E. Evaluation of criteria for the detection of fires in underground conveyor belt haulageways[J]. Fire safety journal,2012,51:110-119.

[6] 牛会永,邓军,周心权,等.矿井火灾事故调查综合分析技术[J].中南大学学报(自然科学版),2012,43(12):4812-4818.

[7] 李晶.矿井火灾事故调查关键技术难题及对策分析[J].矿业安全与环保,2016,43(1):111-114.

[8] 王文平.矿山应急救援人员自身伤亡原因与应对策略研究[J].科技风,2019(3):228.

[9] 姜伟,周心权,刘亚楠.矿井火灾应急救援能力评价[J].矿业安全与环保,2009,36(5):25-27,30.

[10] 周心权,朱红青.从救灾决策两难性探讨矿井应急救援决策过程[J].煤炭科学技术,2005,33(1):1-3,68.

[11] 蒋军成.矿井火灾烟气流动分析及防救灾决策支持系统研究[D].徐州:中国矿业大学,1996.

[12] 王省身.矿井火灾时的风流控制[J].冶金安全,1978(6):16-19,45.

[13] 席健,吴宗之,梅国栋.基于ABM的矿井火灾应急疏散数值模拟[J].煤炭学报,2017,42(12):3189-3195.

[14] 李丽,陈志平,刘新,等.复杂通风网络矿井反风技术分析及火灾应急对

策[J].煤矿安全,2019,50(10):177-180.

[15] 赵长青.矿山应急救援人员自身伤亡原因及应对策略探究[J].内蒙古煤炭经济,2017(12):85-86.

[16] 王德明.煤矿热动力灾害及特性[J].煤炭学报,2018,43(1):137-142.

[17] EDWARDS J C,HWANG C C.CFD Analysis of mine fire smoke spread and reverse flow conditions [C]//Proceedings of the 8th US Mine Ventilation Symposium. Rola: University of Missouri-Rolla Press, 1999: 417-422.

[18] 周延,王省身.水平巷道烟流滚退发生条件的研究[J].煤炭学报,1998,23(4):28-31.

[19] 王德明,周福宝.井巷网络火灾过程中回燃现象的研究[J].中国矿业大学学报,2003,32(3):227-231.

[20] 煤科总院重庆分院灾变通风课题组.巷道火灾时期的通风状态[J].煤炭工程师,1992,19(4):1-8.

[21] 傅培舫.实际巷道火灾过程热物理参数变化规律与计算机仿真的研究[D].徐州:中国矿业大学,2002.

[22] 周延.矿井火灾时期风流及烟流运动规律的研究[D].徐州:中国矿业大学,1997.

[23] 驹井武,辛文.关于实际规模巷道火灾的蔓延特征研究[J].煤矿安全,1991,22(7):49-57.

[24] 傅培舫,周怀春,俞启香,等.巷道火灾燃烧过程热动力与热阻力特性的研究[J].中国矿业大学学报,2004,33(4):443-447.

[25] 邱长河,周延.水平巷道火灾时期烟气逆流发生条件的研究[J].矿业安全与环保,2003,30(6):14-16.

[26] 马洪亮.基于区网耦合模拟的矿井通风系统抗灾能力分析[D].北京:中国矿业大学(北京),2008.

[27] WU Y,BAKAR M Z A. Control of smoke flow in tunnel fires using longitudinal ventilation systems:a study of the critical velocity[J]. Fire safety journal,2000,35(4):363-390.

[28] 王凯.煤矿热动力灾害控制机理及远程应急救援系统研究[D].徐州:中国矿业大学,2012.

[29] WANG K,JIANG S G,MA X P,et al. Numerical simulation and application study on a remote emergency rescue system during a belt fire in coal mines[J]. Natural hazards,2016,84(2):1463-1485.

［30］马洪亮,周心权.矿井火灾燃烧特性曲线的研究与应用[J].煤炭学报, 2008,33(7):780-783.

［31］宋卫国,范维澄.回燃及其对腔室火灾过程的影响[J].火灾科学,2000,9 (3):28-34.

［32］齐乌尔津斯基.矿井火灾的模拟[C]//第四届国际矿井通风会议论文集.北 京:中国统配煤矿总公司,1989:276-281.

［33］王省身,张国枢.矿井火灾防治[M].徐州:中国矿业大学出版社,1990.

［34］王德明,程远平,周福宝,等.矿井火灾火源燃烧特性的实验研究[J].中国 矿业大学学报,2002,31(1):30-33.

［35］王志刚,倪照鹏,王宗存,等.设计火灾时火灾热释放速率曲线的确定[J]. 安全与环境学报,2004,4(增刊1):50-54.

［36］布德雷克.矿井通风学[M].王省身,译.北京:中国工业出版社,1964.

［37］CHANG X. The transient state simulation of mine ventilation system [D]. Houghton:Michigan Technology University,1987.

［38］YANG H. Computer-aided system for rapid and automatic determination of a mine fire location [D]. Houghton: Michigan Technology University,1992.

［39］张国枢,王省身.火风压的计算及其影响因素分析[J].中国矿业学院学报, 1983,12(3):81-87.

［40］李传统.火风压机理及烟流参数变化规律的研究[D].徐州:中国矿业大 学,1995.

［41］王德明,周福宝,周延.矿井火灾中的火区阻力及节流作用[J].中国矿业大 学学报,2001,30(4):328-331.

［42］山尾信一郎,崔林.与矿山救护工作有关的井下火灾一些问题[J].煤矿安 全技术,1982,9(4):83-88,82.

［43］中川祐一,山尾信一郎,赵永生,等.井下火灾期间的风阻变化、通风预测及 其计算:与格鲁尔方法相比较[J].煤炭工程师,1989(6):61-66.

［44］张兴凯.矿井火灾燃烧过程及其风流流动状态的研究[D].沈阳:东北大 学,1993.

［45］吴兵.火风压的实验研究[D].徐州:中国矿业大学,1991.

［46］傅培舫,周怀春.非稳定流巷道火灾试验系统的研制[J].安全与环境学报, 2004,4(3):7-10.

［47］LAAGE L W,YANG H. Mine fire experiments at the Waldo mine:heat flow[C]//Proceedings of the 5th US Mine Ventilation Symposium.

[S. l. : s. n.],1991:46-52.

[48] 傅培舫,周怀春,俞启香. 火灾节流过程参数变化时序及其影响因素的研究[J]. 中国安全科学学报,2005,15(7):108-112.

[49] KURNIA J C,SASMITO A P,MUJUMDAR A S. Simulation of a novel intermittent ventilation system for underground mines[J]. Tunnelling and underground space technology,2014,42:206-215.

[50] ZHOU L H,LUO Y. Improvement and upgrade of mine fire simulation program MFIRE[J]. Journal of coal science and engineering(China), 2011,17(3):275-280.

[51] HANSEN R,INGASON H. Heat release rate measurements of burning mining vehicles in an underground mine[J]. Fire safety journal,2013,61: 12-25.

[52] TILLEY N,MERCI B. Numerical study of smoke extraction for adhered spill plumes in atria:impact of extraction rate and geometrical parameters [J]. Fire safety journal,2013,55:106-115.

[53] LITTON C D,PERERA I E. Evaluation of criteria for the detection of fires in underground conveyor belt haulageways[J]. Fire safety journal, 2012,51:110-119.

[54] 王文才,姜宇鸿,张博,等. 巷道中煤燃烧时热释放速率的研究[J]. 煤矿安全,2013,44(12):40-42.

[55] 文虎,张铎,郑学召. 煤矿平巷火灾数值模拟及其特征参数研究[J]. 煤炭科学技术,2017,45(4):62-67.

[56] 张玉涛,陈晓坤,张喜臣,等. 矿井火灾烟气蔓延特性的多维混合模拟研究[J]. 煤矿安全,2015,46(8):15-18.

[57] 李美婷,邓红卫,李杰林,等. 基于 Ventsim 的井下火灾模拟研究[J]. 防灾减灾工程学报,2017,37(2):308-313.

[58] 程卫民,姚玉静,吴立荣,等. 基于 Fluent 的矿井火灾时期温度及浓度分布数值模拟[J]. 煤矿安全,2012,43(2):20-24.

[59] 张圣柱,程卫民,张如明,等. 矿井胶带巷火灾风流稳定性模拟与控制技术研究[J]. 煤炭学报,2011,36(5):812-817.

[60] 李翠平,曹志国,钟媛. 矿井火灾的场量模型构建及其可视化仿真[J]. 煤炭学报,2015,40(4):902-908.

[61] 李翠平,曹志国,李仲学,等. 地下矿火灾烟流蔓延的三维仿真构模技术[J]. 煤炭学报,2013,38(2):257-263.

[62] ROWLAND J H,VERAKIS H C,HOCKENBERRY M A,et al. Stoppings:technology developements and mine safety engineering evaluations [C]//Proceedings of the 11th U. S. /North American Mining Ventilation Symposium. Pennsylvania:University Park,PA,2006:565-568.

[63] VAUQUELIN O, MICHAUX G, LUCCHESI C. Scaling laws for a buoyant release used to simulate fire-induced smoke in laboratory experiments[J]. Fire safety journal,2009,44(4):665-667.

[64] TEACOACH K A,ROWLAND J H,SMITH A C. Improvments in conveyor belt fire suppression systems for US coal mines[J]. Transactions of the society for mining, metallurgy, and exploration, inc, 2011, 328: 502-506.

[65] 李士戎,邓军,陈晓坤,等.煤矿井下胶带摩擦起火危险点分布规律[J].西安科技大学学报,2011,31(6):679-683.

[66] 李宗翔,王雅迪,高光超,等.巷道火灾火焰局部阻力模型构建及参数识别[J].煤炭学报,2015,40(4):909-914.

[67] 李宗翔,王双勇,贾进章.矿井火灾巷道通风热阻力计算与实验研究[J].煤炭学报,2013,38(12):2158-2162.

[68] 刘剑,王银辉,李静,等.倾斜巷道内火灾逆流层变化规律数值模拟[J].安全与环境学报,2015,15(4):94-97.

[69] 黄刚,王玉怀,赵启峰,等.多火源状态下巷道烟气流动规律的数值模拟[J].华北科技学院学报,2017,14(3):34-40.

[70] SUVAR M C,LUPU C,ARAD V,et al. Computerized simulation of mine ventilation networks for sustainable decision making process[J]. Environmental engineering and management journal,2014,13(6):1445-1451.

[71] DZIURZYŃSKI W, KRACH A, PAŁKA T. Airflow sensitivity assessment based on underground mine ventilation systems modeling[J]. Energies, 2017,10(10):1451.

[72] GHAFFARI S,AGHAJANI G,NORUZI A,et al. Optimal economic load dispatch based on wind energy and risk constrains through an intelligent algorithm[J]. Complexity,2016,21(S2):494-506.

[73] NYAABA W, FRIMPONG S, EL-NAGDY K A. Optimisation of mine ventilation networks using the Lagrangian algorithm for equality constraints[J]. International journal of mining, reclamation and environment,2015,29(3):201-212.

[74] HUGHES R O,MORTIMER B M,HANSEN D M. Use of ventilation air methane exhausted during mining of non-combustible ore in a surface appliance:US9677398[P]. 2017-06-13.

[75] WIDZYK C E,WATSON B. Agnew gold mine expansion mine ventilation evaluation using VentSim[C]//Proceedings of the Seventh International Mine Ventilation Congress. Crakow,Poland:[s. n.],2001:117-128.

[76] WIDIATMOJO A,SASAKI K,SUGAI Y,et al. Assessment of air dispersion characteristic in underground mine ventilation:field measurement and numerical evaluation[J]. Process safety and environmental protection,part B,2015,93:173-181.

[77] SUVAR M,CIOCLEA D,GHERGHE I,et al. Advanced software for mine ventilation networks solving[J]. Environmental engineering and management journal,2012,11(7):1235-1239.

[78] ZHAO Y,KATO S,ZHAO J. Numerical analysis of particle dispersion characteristics at the near region of vehicles in a residential underground parking lot[J]. Journal of dispersion science and technology,2015,36(9):1327-1338.

[79] KOZYREV S A,OSINTSEVA A V. Optimizing arrangement of air distribution controllers in mine ventilation system[J]. Journal of mining science,2012,48(5):896-903.

[80] DZIURZYŃSKI W,KRACH A,PAŁKA T. A reliable method of completing and compensating the results of measurements of flow parameters in a network of headings[J]. Archives of mining sciences,2015,60(1):3-24.

[81] 徐景德. 矿井瓦斯爆炸冲击波传播规律及影响因素的研究[D]. 北京:中国矿业大学(北京),2003.

[82] 叶青. 管内瓦斯爆炸传播特性及多孔材料抑制技术研究[D]. 徐州:中国矿业大学,2007.

[83] WANG K,JIANG S G,MA X P,et al. Study of the destruction of ventilation systems in coal mines due to gas explosions[J]. Powder technology,2015,286:401-411.

[84] 王从银,何学秋. 瓦斯爆炸传播火焰高内聚力特性的试验研究[J]. 中国矿业大学学报,2001,30(3):217-220.

[85] 徐景德,周心权,吴兵. 矿井瓦斯爆炸传播的尺寸效应研究[J]. 中国安全科学学报,2001,11(6):36-40.

［86］林柏泉,张仁贵,吕恒宏.瓦斯爆炸过程中火焰传播规律及其加速机理的研究[J].煤炭学报,1999,24(1):58-61.

［87］冯长根,陈林顺,钱新明.点火位置对独头巷道中瓦斯爆炸超压的影响[J].安全与环境学报,2001,1(5):56-59.

［88］KOMLJENOVIC D, LOISELLE G, KUMRAL M. Organization:a new focus on mine safety improvement in a complex operational and business environment[J]. International journal of mining science and technology, 2017,27(4):617-625.

［89］CASTELLANOS D,CARRETO-VAZQUEZ V H,MASHUGA C V,et al. The effect of particle size polydispersity on the explosibility characteristics of aluminum dust[J]. Powder technology,2014,254:331-337.

［90］AJRASH M J, ZANGANEH J, MOGHTADERI B. Methane-coal dust hybrid fuel explosion properties in a large scale cylindrical explosion chamber[J]. Journal of loss prevention in the process industries,2016,40: 317-328.

［91］林柏泉,周世宁,张仁贵.障碍物对瓦斯爆炸过程中火焰和爆炸波的影响[J].中国矿业大学学报,1999,28(2):104-107.

［92］毕明树,尹旺华,丁信伟.圆筒形容器内可燃气体爆燃过程的数值模拟[J].天然气工业,2004,24(4):94-96.

［93］郭文军,崔京浩,雷全立.密闭空间燃气爆炸升压计算[J].煤气与热力,1999,19(2):42-44,47.

［94］魏引尚,常心坦.沼气爆燃向爆轰转变的化学动力学研究[J].西安科技学院学报,2000,20(1):21-24.

［95］杨国刚,丁信伟,王淑兰,等.管内可燃气云爆炸的实验研究与数值模拟[J].煤炭学报,2004,29(5):572-575.

［96］张艳,任兵,常熹钰,等.激波诱导可燃气体爆燃的数值模拟[J].国防科技大学学报,2001,23(2):33-37.

［97］胡湘渝,张德良.易燃混合气体爆炸完全基元反应模型数值模拟[J].安全与环境学报,2001,1(5):22-27.

［98］PEIDE S. Study on the mechanism of interaction for coal and methane gas [J]. Journal of coal science & engineering (China),2001,7(1):58-63.

［99］MAREMONTI M,RUSSO G,SALZANO E,et al. Numerical simulation of gas explosions in linked vessels[J]. Journal of loss prevention in the process industries,1999,12(3):189-194.

[100] PARK S,JEONG B,LEE B S,et al. Potential risk of vapour cloud explosion in FLNG liquefaction modules[J]. Ocean engineering,2018,149: 423-437.

[101] JIANG B Y,LIU Z G,SHI S L,et al. Influences of fuel concentration, fuel volume, initial temperature, and initial pressure on flame propagation and flameproof distance of methane-air deflagrations[J]. International journal of numerical methods for heat & fluid flow,2016,26 (6):1710-1728.

[102] ZHU C J,GAO Z S,LU X M,et al. Experimental study on the effect of bifurcations on the flame speed of premixed methane/air explosions in ducts[J]. Journal of loss prevention in the process industries,2017,49: 545-550.

[103] YU M G,WAN S J,ZHENG K,et al. Effect of side venting areas on the methane/air explosion characteristics in a pipeline[J]. Journal of loss prevention in the process industries,2018,54:123-130.

[104] ZIPF R K Jr,GAMEZO V N,SAPKO M J,et al. Methane-air detonation experiments at NIOSH lake Lynn laboratory[J]. Journal of loss prevention in the process industries,2013,26(2):295-301.

[105] 刘如成,朱云飞.煤矿长壁工作面瓦斯爆炸全尺寸模拟[J].中国安全科学学报,2018,28(12):58-64.

[106] 周利华.矿井火区可燃性混合气体爆炸三角形判断法及其爆炸危险性分析[J].中国安全科学学报,2001,11(2):47-51.

[107] 王从银.瓦斯爆炸火焰高内聚力特性与火焰传播机理研究[D].徐州:中国矿业大学,2001.

[108] 桂晓宏,林柏泉.瓦斯爆炸过程中激波产生的影响因素及其热力动力分析[J].煤矿安全,2000,31(9):19-22.

[109] 徐景德,田思雨,刘振乾,等.甲烷爆炸传播过程膜状障碍物的激励效应研究[J].中国安全生产科学技术,2019,15(7):69-74.

[110] 叶青,贾真真,林柏泉,等.管内瓦斯爆炸火焰加速机理分析[J].煤矿安全,2008,39(1):78-80.

[111] 翟成,林柏泉,叶青,等.结构异常管路对瓦斯爆炸传播特性的影响[J].西安科技大学学报,2008,28(2):274-278.

[112] JIANG S G,WU Z Y,LI Q H,et al. Vacuum chamber suppression of gas-explosion propagation in a tunnel[J]. Journal of China University of

Mining and Technology,2008,18(3):337-341.

[113] 吴征艳.真空腔对瓦斯爆炸抑制作用研究[D].徐州:中国矿业大学,2007.

[114] WU Z Y,JIANG S G,SHAO H,et al. Experimental study on the feasi-
bility of explosion suppression by vacuum chambers[J]. Safety science,
2012,50(4):660-667.

[115] ZHU C J,LU Z G,LIN B Q,et al. Effect of variation in gas distribution
on explosion propagation characteristics in coal mines[J]. Mining science
and technology (China),2010,20(4):516-519.

[116] ZHU C J,LIN B Q,YE Q,et al. Effect of roadway turnings on gas explosion
propagation characteristics in coal mines[J]. Mining science and technology
(China),2011,21(3):365-369.

[117] 杨书召,景国勋,贾智伟,等.矿井瓦斯爆炸高速气流的破坏和伤害特性研
究[J].中国安全科学学报,2009,19(5):86-90.

[118] 王海燕,曹涛,周心权,等.煤矿瓦斯爆炸冲击波衰减规律研究与应用[J].
煤炭学报,2009,34(6):778-782.

[119] 郭德勇,刘金城,姜光杰.煤矿瓦斯爆炸事故应急救援响应机制[J].煤炭
学报,2006,31(6):697-700.

[120] BAKER W E,COX P A,KULESZ J J,et al. Expiosion hazards and
evaluation[M]. Amsterdam:Elsevier Scientific Publishing Co.,1983.

[121] DAVIES P A. A guide to the evaluation of condensed phaseexplosions
[J].Journal of hazardous materials,1993,33(1):1-33.

[122] TANG M J,BAKER Q A. A new set of blast curves from vapor cloud
explosion[J]. Process safety progress,1999,18(4):235-240.

[123] CLEAVER R P,HUMPHREYS C E,MORGAN J D,et al. Development
of a model to predict the effects of explosions in compact congested
regions[J].Journal of hazardous materials,1997,53(1/2/3):35-55.

[124] HJERTAGER B H,SOLBERG T. A review of computional fluid
dynamics (CFD) modeling of gas explosions[J]. Prevention of hazardous
fires and explosions,1999,32(2):77-91.

[125] NEHZAT N. Gas explosion modelling for the complex geometries[D].
Sydney:University of New South Wales,1998.

[126] LEA C J,LEDIN H S. A review of the state-of-the-art in gas explosion
modelling[R]. Buxton,UK:Health and Safety Laboratory,2002.

[127] NAAMANSEN P. Modelling of gas explosions using adaptive mesh

refinement[D]. Denmark：Aallborg University，2002.

[128] NAAMANSEN P，BARALDI D，HJERTAGER B H，et al. Solution adaptive CFD simulation of premixed flame propagation over various solid obstructions[J]. Journal of loss prevention in the process industries，2002，15(3)：189-197.

[129] ARNTZEN B J. Modelling of turbulence and combustion for simulation of gas explosions in complex geometries[D]. Trondheim：Norwegian University of Science and Technology，1998.

[130] BAKKE J R，HJERTAGER B H. The effect of explosion venting in empty vessels[J]. International journal for numerical methods in engineering，1987，24(1)：129-140.

[131] VAN DEN BERG A C. Loss prevention and safety promotion in the process industries[C]//Proceedings of the 8th International Symposium. Antwerp，Belgium：[s. n.]，1995.

[132] VAN WINGERDEN K，HANSEN O R，FOISSELON P. Predicting blast overpressures caused by vapor cloud explosions in the vicinity of control rooms[J]. Process safety progress，1999，18(1)：17-24.

[133] 刘永立,陈海波.矿井瓦斯爆炸毒害气体传播规律[J].煤炭学报,2009,34(6)：788-791.

[134] 焦宇,周心权,段玉龙,等.瓦斯爆炸烟流浓度和温度的扩散规律[J].煤炭学报,2011,36(2)：293-297.

[135] 王德明,李永生.矿井火灾救灾决策支持系统[M].北京：煤炭工业出版社,1996.

[136] 胡敬东,李学来,刘凤茹.煤矿应急救援技术研究若干新进展[J].煤矿安全,2005,36(5)：33-35.

[137] 李希建,林柏泉.基于GIS的煤矿灾害应急救援系统的应用[J].采矿与安全工程学报,2008,25(3)：327-331.

[138] 金永飞,邓军,文虎.基于SDSL传输技术的煤矿多媒体救灾系统研究[J].中国安全科学学报,2007,17(6)：125-128.

[139] 刘维庸,戚宜欣.专家系统技术在矿井火灾救灾中的应用[J].煤炭学报,1994,19(3)：243-249.

[140] 卢新明.矿井通风智能化技术研究现状与发展方向[J].煤炭科学技术,2016,44(7)：47-52.

[141] 陈开岩,王超.矿井通风系统可靠性变权综合评价的研究[J].采矿与安全

工程学报,2007,24(1):37-41.

[142] 王德明,张广文,鲍庆国.矿井火灾时期的风流远程控制系统[J].中国安全科学学报,2002,12(1):60-63.

[143] 张卅卅,任高峰,张聪瑞,等.深部开采矿井通风智能感知及风机远程集中安全监控系统[J].武汉理工大学学报,2015,37(1):104-108.

[144] WANG K,JIANG S G,MA X P,et al. Information fusion of plume control and personnel escape during the emergency rescue of external-caused fire in a coal mine[J]. Process safety and environmental protection,2016,103:46-59.

[145] 李宗翔,张慧博,路宝生,等.矿井系统下行风流火灾实验与 TF1M3D 平台仿真研究[J].中国安全生产科学技术,2018,14(1):30-34.

[146] 刘剑,郭欣,邓立军,等.基于风量特征的矿井通风系统阻变型单故障源诊断[J].煤炭学报,2018,43(1):143-149.

[147] 张庆华.我国煤矿通风技术与装备发展现状及展望[J].煤炭科学技术,2016,44(6):146-151.

[148] 王国法,王虹,任怀伟,等.智慧煤矿 2025 情景目标和发展路径[J].煤炭学报,2018,43(2):295-305.

[149] TONG R,LIU Y,YANG S,et al. Numerical simulation for variation law of gas distribution during mine fire period[J]. Disaster advances,2013(6):131-138.

[150] WANG K,JIANG S G,ZHANG W Q,et al. Destruction mechanism of gas explosion to ventilation facilities and automatic recovery technology[J]. International journal of mining science and technology,2012,22(3):417-422.

[151] 魏连江,周福宝,沈龙,等.矿井通风仿真系统开放式架构研究[J].煤炭科学技术,2008,36(4):77-80.

[152] 朱华新,魏连江,张飞,等.矿井通风可视化仿真系统的改进研究[J].采矿与安全工程学报,2009,26(3):327-331.

[153] 司俊鸿,陈开岩.基于无向图的角联独立不相交通路法[J].煤炭学报,2010,35(3):429-433.

[154] 程卫民,张圣柱,刘祥来,等.矿井胶带巷火灾灾变预警与风流控制系统的研究[J].矿业安全与环保,2009,36(5):18-20,24.

[155] ZHOU G,CHENG W M,ZHANG R,et al. Numerical simulation and disaster prevention for catastrophic fire airflow of main air-intake belt

roadway in coal mine：a case study[J]. Journal of Central South University，2015，22(6)：2359-2368.

[156] 王凯，蒋曙光，张卫清，等. 矿井火灾应急救援系统的数值模拟及应用研究[J]. 煤炭学报，2012，37(5)：857-862.

[157] 王凯，蒋曙光，张卫清，等. 矿井火灾救灾中风量远程调控技术及数值分析[J]. 煤炭学报，2012，37(7)：1171-1176.

[158] 何新建，蒋曙光，吴征艳，等. 龙东煤矿西翼运输巷远控气动火灾应急救援系统[J]. 煤炭科学技术，2008，36(8)：53-54，90.

[159] 陈学习，韩玉春，邹恒义，等. 基于虚拟现实的矿井瓦斯爆炸模拟关键技术研究[J]. 华北科技学院学报，2004，1(2)：1-6.

[160] 耿继原. 矿井火灾时期烟流动态过程的数值模拟[D]. 阜新：辽宁工程技术大学，2007.

[161] 陈鹏. 典型木材表面火蔓延行为及传热机理研究[D]. 合肥：中国科学技术大学，2006.

[162] 朱传杰. 爆炸冲击波前流场扬尘特征及其多相破坏效应[D]. 徐州：中国矿业大学，2011.

[163] 许浪. 瓦斯爆炸冲击波衰减规律及安全距离研究[D]. 徐州：中国矿业大学，2015.

[164] HIRANO T，NOREIKIS S E，WATERMAN T E. Postulations of flame spread mechanisms[J]. Combustion and flame，1974，22(3)：353-363.

[165] BUSCHMAN A，DINKELACKER F，SCHTFER M，et al. Proceedings of Twenty-Sixth Symposium (Internatinal) on Combustion[C]. Pittsburgh，PA：The Combustion Institute，1996：437-445.

[166] SAITO K，QUINTIERE J，WILLIAMS F. Upward turbulent flame spread[J]. Fire safety science，1986，1：75-86.

[167] HASEMI Y，DELICHATSIOS M，CHEN Y，et al. Similarity solutions and applications to turbulent upward flame spread on noncharring materials[J]. Combustion and flame，1995，102(3)：357-370.

[168] BREHOB E G，KULKARNI A K. Experimental measurements of upward flame spread on a vertical wall with external radiation[J]. Fire safety journal，1998，31(3)：181-200.

[169] HJERTAGER B H. Computer modelling of turbulent gas explosions in complex 2D and 3D geometries[J]. Journal of hazardous materials，1993，34(2)：173-197.

[170] MERCX W P M, VANDEN B A C, Hayhurst C J, et al. Developments in vapour cloud explosion blast modeling[J]. Journal of hazardous materials, 2000, 71(1/2/3): 301-319.

[171] HABIBI A, KRAMER R B, GILLIES A D S. Investigating the effects of heat changes in an underground mine[J]. Applied thermal engineering, 2015, 90: 1164-1171.

[172] RYBANIN S. The dependence of the flame spread rate over solid fuel on Damköhler number and heat loss[J]. Symposium (international) on combustion, 1996, 26(1): 1487-1493.

[173] RYBANIN S. The structure and spread limits of a diffusion flame over thin solid fuel[J]. Symposium (international) on combustion, 1998, 27(2): 2791-2796.

[174] SIBULKIN M, KIM J. The dependence of flame propagation on surface heat transfer Ⅱ. upward burning [J]. Combustion science and technology, 1977, 17(1/2): 39-49.

[175] 王海晖, 王清安, 黄强. 木材燃烧火焰传播的实验研究[J]. 中国科学技术大学学报, 1991, 21(2): 254-259.

[176] QUINTIERE J G. The effects of angular orientation on flame spread over thin materials[J]. Firesafety journal, 2001, 36(3): 291-312.

[177] FREDLUND B. Modelling of heat and mass transfer in wood structures during fire[J]. Fire safety journal, 1993, 20(1): 39-69.

[178] BABRAUSKAS V, WETTERLUND I. The role of flame flux in opposed-flow flame spread[J]. Fire and materials, 1995, 19(6): 275-281.

[179] MOGHTADERI B, NOVOZHILOV V, FLETCHER D, et al. An integral model for the transient pyrolysis of solid materials[J]. Fire and materials, 1997, 21(1): 7-16.

[180] VARGHESE R J, KOLEKAR H, KISHORE V R, et al. Measurement of laminar burning velocities of methane-air mixtures simultaneously at elevated pressures and elevated temperatures[J]. Fuel, 2019, 257: 116120.

[181] AMYOTTE P R, CHIPPETT S, PEGG M J. Effects of turbulence on dust explosions[J]. Progress in energy & combustion science, 1988, 14(4): 293-310.

[182] RAZUS D, MOVILEANU C, BRINZEA V, et al. Explosion pressures of hydrocarbon-air mixtures in closed vessels[J]. Journal of hazardous

materials,2006,135(1/2/3):58-65.

[183] MITTAL M. Explosion pressure measurement of methane-air mixtures in different sizes of confinement[J]. Journal of loss prevention in the process industries,2017,46:200-208.

[184] AJRASH M J,ZANGANEH J,MOGHTADERI B. Effects of ignition energy on fire and explosion characteristics of dilute hybrid fuel in ventilation air methane[J]. Journal of loss prevention in the process industries,2016,40:207-216.

[185] CASTELLANOS D,CARRETO V,SKJOLD T,et al. Construction of a 36 L dust explosion apparatus and turbulence flow field comparison with a standard 20 L dust explosion vessel[J]. Journal of loss prevention in the process industries,2018,55:113-123.

[186] CYBULSKI W B. Coal dust explosions and theirsuppression[M]. Washington,DC:The Foreign Scientific Publications Department of the National Center for Scientific,Technical and Economic Information,1975.

[187] GENTH M. Research on explosion-proof bulkheads for mine fire control in German[D]. Essen:Verlag Gluckauf GmbH,1968.

[188] 刘贞堂.瓦斯(煤尘)爆炸物证特性参数实验研究[D].徐州:中国矿业大学,2010.

[189] 周福宝,王德明.巷(隧)道火灾烟流滚退距离的无因次关系式[J].中国矿业大学学报,2003,32(4):407-410.

[190] 周延,王德明,周福宝.水平巷道火灾中烟流逆流层长度的实验研究[J].中国矿业大学学报,2001,30(5):446-448.

[191] VANTELON J,GUELZIM A,QUACH D,et al. Investigation of fire-induced smoke movement in tunnels and stations:an application to the Paris metro[J]. Firesafety science,1991,3:907-918.

[192] 周延.一个新的水平隧道火灾烟气逆流层长度模型研究[J].中国矿业大学学报,2007,36(5):569-572.

[193] 谢之康,王省身.矿井外因火灾计算机控制及有待解决的若干问题[J].中国安全科学学报,1998,8(1):64-68.

[194] 刘雨忠,吴吉南,冯学武,等.煤矿胶带火灾救灾决策的研究与实施[J].北京科技大学学报,2000,22(6):501-504.

[195] 王海燕,周心权.平巷烟流滚退火烟羽流模型及其特征参数研究[J].煤炭学报,2004,29(2):190-194.

［196］MCGRATTAN K B,BAUM H R,REHM R G. Large eddy simulations of smoke movement［J］. Fire safety journal,1998,30(2):161-178.

［197］KIM J Y,KIM K Y. Experimental and numerical analyses of train-induced unsteady tunnel flow in subway［J］. Tunnelling and underground space technology,2007,22(2):166-172.

［198］周延.纵向通风水平隧道火区阻力特性［J］.中国矿业大学学报,2006,35(6):703-707.

［199］周福宝.井巷网络火灾特性及其应用研究［D］.徐州:中国矿业大学,2003.

［200］王德明,王省身,郭晋云.矿井火灾救灾决策支持系统研究［J］.煤炭学报,1996,21(6):624-629.

［201］贾进章,刘剑,赵千里.金川公司二矿区矿井火灾救灾决策支持系统研究［J］.中国安全科学学报,2006,16(4):131-135.

［202］周心权,陈国新.煤矿重大瓦斯爆炸事故致因的概率分析及启示［J］.煤炭学报,2008,33(1):42-46.

［203］邢玉忠.矿井重大灾害动态机理与救援技术信息支持系统研究［D］.太原:太原理工大学,2007.

［204］VON N J,BURKS A W. Theory of self-reproduction automata［M］. Champaign-Urbana:University of Illinois Press,1966.

［205］WOLFRAM S. Theory and applications of cellular automata［M］. Singapore:World Scientific Publishing Co. ,1986.

［206］杨立中,方伟峰,黄锐,等.基于元胞自动机的火灾中人员逃生的模型［J］.科学通报,2002,47(12):896-901.